华章图书

一本打开的书，一扇开启的门，

通向科学殿堂的阶梯，托起一流人才的基石。

# Apache SkyWalking实战

吴晟 高洪涛 赵禹光 曹奕雄 李璨 / 著

Apache SkyWalking in Action

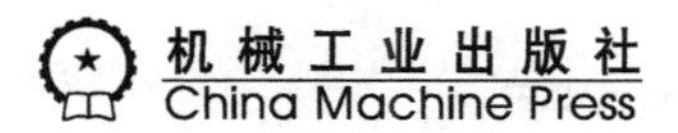

图书在版编目（CIP）数据

Apache SkyWalking 实战 / 吴晟等著 . —北京：机械工业出版社，2020.7（2021.10 重印）

ISBN 978-7-111-65906-8

I. A… II. 吴… III. 分布式操作系统 IV. TP316.4

中国版本图书馆 CIP 数据核字（2020）第 107190 号

# Apache SkyWalking 实战

出版发行：机械工业出版社（北京市西城区百万庄大街 22 号 邮政编码：100037）

责任编辑：罗词亮　　责任校对：殷　虹

印　　刷：北京捷迅佳彩印刷有限公司　　版　　次：2021 年 10 月第 1 版第 3 次印刷

开　　本：186mm × 240mm 1/16　　印　　张：15.25

书　　号：ISBN 978-7-111-65906-8　　定　　价：79.00 元

客服电话：（010）88361066 88379833 68326294　　投稿热线：（010）88379604

华章网站：www.hzbook.com　　读者信箱：hzjsj@hzbook.com

# *Preface* 前　言

## 为什么写作本书

从 2010 年开始，分布式架构几乎颠覆了整个 IT 架构。无论是早期的 SOA 体系，还是后来的微服务、容器化、Kubernetes 等，无一不是从分布式角度提升系统的容错能力和吞吐能力。然而不可避免地，监控难度也在随着分布式程度的加深而同比加大。基于日志、指标及静态部署架构的传统监控系统越来越难以跟上系统发展的步伐。

从 2012 年到 2015 年，我因为参与中国联通的首个全国集中系统，饱受分布式系统错误定位的困扰，也是在那时，我决定着手建立 SkyWalking 这个项目。2017 年年底，SkyWalking 作为中国的个人项目社区加入 Apache 孵化器，并于 2019 年年初毕业成为 Apache 顶级项目。

Apache SkyWalking 作为 Apache 顶级项目，有着强大的国际化的开发者社区，被很多世界 500 强公司采用。由于国际化的需要，官方文档和交流全部采用英语。与此同时，SkyWalking 在国内也有庞大的用户群体，几乎涵盖了包括互联网、ICT、银行、航空公司、保险、教育、电信、电力等在内的所有行业，而英文沟通和文档成了部分国内用户了解 SkyWaling 的障碍。SkyWalking 的 PMC 团队中的中国成员，在收到机械工业出版社杨福川的邀请后，决定在百忙之中抽出时间，将自己在项目中沉淀的知识、理解梳理成书，让国内读者能比阅读官方文档更加深入地理解 Apache SkyWalking，也为大家进行二次开发、参与项目贡献提供更为清晰的思路。

## 本书主要内容

本书将 Apache SkyWalking 使用方法、项目设计、架构模块和扩展实践进行了分组归纳，为大家展现了 Apache SkyWalking 的全貌。本书共 14 章，每章的主要内容如下。

- 第 1 章　全面认识 Apache SkyWalking

  本章概要介绍 SkyWalking 项目的使用场景、设计理念和设计思想。开源项目的发展往往不可预测，了解其核心理念将是与社区长久保持一致的重要基础。

- 第 2 章　SkyWalking 安装与配置

  本章引导大家从零起步，了解项目的安装部署过程及常用配置。

- 第 3 章　Apache SkyWalking 实战

  本章通过典型场景，对 SkyWalking 的功能进行系统性的展现，使读者全面认识其系统功能。

- 第 4 章　轻量级队列内核

  本章介绍 SkyWalking Java 探针中的内存级消息队列，阐述它的优势、设计目的和实现。

- 第 5 章　SkyWalking 追踪模型

  本章介绍 SkyWalking 专有的追踪模型。虽然项目模型脱胎于论文“Google Dapper”，但是针对分布式 APM 的场景，其设计与其他分布式追踪系统有明显的区别。

- 第 6 章　SkyWalking OAP Server 模块化架构

  本章介绍模块化——SkyWalking 设计中一个无处不在的理念在 OAP 中的落地实现。通过阅读本章，读者会对 OAP 的整体设计思想有清晰的认识。

- 第 7 章　Observability Analysis Language 体系

  本章介绍 OAL 这个虽简单但却是 SkyWalking 专有设计的编译型脚本语言。通过它，大家可以了解 SkyWalking 流式处理模型。

- 第 8 章　SkyWalking OAP Server 集群通信模型

  本章介绍 SkyWalking OAP Server 集群的工作方式、集群内数据通信模型、数据流向，帮助用户在进行超大规模部署时，更合理地规划网络和部署方式。

- 第 9 章　SkyWalking OAP Server 存储模型

  SkyWalking 不同于传统的应用，它拥有强大的模型扩展能力。本章将结合抽象概念和实例，介绍数据存储模型的定义方法、模型字段及模型扩展方式。

- 第 10 章　Java 探针插件开发

  本章介绍 SkyWalking 的 Java 探针工程结构、开发方法及开发示例。探针插件开发是最常用的二次开发扩展方式。

- 第 11 章　探针和后端消息通信模式开发

  本章为动手实践环节，探针和后端消息通信模式的扩展是个经常被讨论的话题。本章会详细阐述项目设计的缘由并带领大家进行代码实践扩展。

- 第 12 章　SkyWalking OAP Server 监控与指标

  本章将介绍一个高级特性：如何对 SkyWalking 后端进行监控。监控系统也需要被监控，这是 SkyWalking 大规模部署的常用特性。

- 第 13 章　下一代监控体系——SkyWalking 观测 Service Mesh

  Service Mesh 目前还处在技术栈发展的早期，但 SkyWalking 已经身先士卒，做好准备。本章将介绍如何在这种全新的架构和技术下完成观测。

- 第 14 章　SkyWalking 未来初探

  SkyWalking 7 于 2020 年 3 月发布，加入了很多新特性。本章将深入介绍 SkyWalking 7 中最核心的特性——代码性能剖析。

## 本书读者对象

本书适合所有的 Apache SkyWalking 初学者、使用者和二次开发者阅读。本书涵盖了从项目入门到设计理念、核心模块的多层次内容。如果你想系统学习和了解 Apache SkyWalking，本书是你的最佳选择。如果你想了解现代的分布式监控系统、分布式追踪的相关知识，本书也会在理论和实践层面给你启发。如果你想动手构建自己的分布式监控系统，Apache SkyWalking 也是值得你学习的典型案例和实现。

## 如何阅读本书

本书的章节按照先入门、快速上手实践，然后回顾设计理论，并逐步深入核心模块和高级特性的方式编排。读者不会因翻开书就读到枯燥的理论内容而打消学习的兴趣，同时，后半部分的深入讲解能让大家不局限在基本的使用上，而是更好地探究项目的实现，甚至打开参与开源贡献之门。

## 勘误与支持

由于作者团队的水平有限，写作时间仓促，再加上 Apache SkyWalking 为志愿者社区，开源项目存在多元化、开放和快速迭代的特性，书中难免出现不准确或者不再适用新版本的地方，恳请读者批评指正。你可以使用 SkyWalking Handbook 作为邮件主题的前缀，将对本书的疑问发送到 dev@skywalking.apache.org 进行讨论，也可以访问 https://lists.apache.org/list.html?dev@skywalking.apache.org 查询和搜索之前的问题讨论。如果你有关于本书的宝贵意见，也欢迎发送到以上邮件地址。随书代码可以从 https://github.com/book-apache-skywalking-in-action 获取。

## 致谢

首先感谢本书的4位联合作者高洪涛、曹奕雄、赵禹光、李璨，感谢你们对 SkyWalking 项目的持续贡献以及对本书的巨大贡献。

感谢我的妻子刘亚欣和我的其他家人。过去 4 年，从 SkyWalking 的创立，到领导社区发展和参与社区贡献，我投入了大量的时间和精力，感谢你们对我一如既往的支持。

感谢 Apache SkyWalking 社区的数百名代码贡献者，以及无数的布道师、博主、国内外各大会议的出品方、各大 IT 媒体对项目的支持。你们帮助传播项目理念，吸引了更多的新人，凝聚了强大的力量。

感谢机械工业出版社华章公司的杨福川在本书撰写、出版过程中提供的帮助和支持，让本书得以如期高质量地和读者见面。

吴 晟

2020 年 7 月

Contents 目　　录


前　言

第 1 章　全面认识 Apache SkyWalking …… 1

1.1　SkyWalking 介绍 …… 1

1.1.1　什么是 SkyWalking …… 1

1.1.2　SkyWalking 的发展历程 …… 2

1.1.3　SkyWalking 的适用场景 …… 3

1.1.4　SkyWalking 的社区与生态 …… 5

1.2　SkyWalking 的架构设计 …… 6

1.2.1　面向协议设计 …… 7

1.2.2　模块化设计 …… 8

1.2.3　轻量化设计 …… 9

1.3　SkyWalking 的优势 …… 9

1.3.1　传统分布式架构与云原生的一致性支持 …… 10

1.3.2　易于维护 …… 10

1.3.3　高性能 …… 11

1.3.4　利于二次开发和集成 …… 11

1.4　SkyWalking 开发必备知识介绍 …… 11

1.4.1　JavaAgent 介绍 …… 12

1.4.2　远程调试介绍 …… 18

1.4.3　Service Mesh 介绍 …… 19

1.5　本章小结 …… 21

第 2 章　SkyWalking 安装与配置 …… 22

2.1　项目编译与工程结构 …… 22

2.1.1　项目编译 …… 22

2.1.2　工程结构 …… 24

2.2　JavaAgent 安装 …… 27

2.2.1　安装方法 …… 27

2.2.2　配置参数 …… 29

2.2.3　插件介绍 …… 30

2.2.4　高级特性 …… 36

2.3　后端与 UI 部署 …… 43

2.3.1　SkyWalking 部署介绍 …… 43

2.3.2　快速启动 …… 45

2.3.3　application.yml 详解 …… 46

2.3.4　参数复写 …… 51

2.3.5　IP 和端口设置 …… 51

2.3.6　集群管理配置 …… 52

2.3.7 Kubernetes 部署 …… 56
2.3.8 后端存储 …… 58
2.3.9 设置服务端采样率 …… 62
2.3.10 告警设置 …… 63
2.3.11 Exporter 设置 …… 66
2.3.12 UI 部署详解 …… 66
2.4 UI 介绍 …… 67
2.4.1 Dashboard 介绍 …… 67
2.4.2 拓扑介绍 …… 69
2.4.3 Trace 视图 …… 70
2.5 本章小结 …… 71

**第 3 章 Apache SkyWalking 实战 …… 72**

3.1 SkyWalking 与单体应用架构 …… 72
3.1.1 什么是单体应用架构 …… 72
3.1.2 单体应用架构的优缺点 …… 74
3.1.3 SkyWalking 对单体应用架构的适用性 …… 74
3.2 SkyWalking 与微服务架构 …… 75
3.2.1 远程过程调用 …… 77
3.2.2 外部服务 …… 78
3.3 实战环境搭建 …… 79
3.3.1 SkyWalking 后台搭建 …… 79
3.3.2 实战集群搭建 …… 80
3.4 实战操作 …… 82
3.4.1 观察微服务中的各个维度 …… 82
3.4.2 观察指标 …… 83
3.4.3 观察系统架构 …… 85
3.4.4 提取关键路径 …… 90
3.4.5 查找失败服务或请求 …… 93
3.4.6 查找慢服务或请求 …… 96
3.4.7 处理告警 …… 101
3.5 本章小结 …… 105

**第 4 章 轻量级队列内核 …… 106**

4.1 什么是轻量级队列内核 …… 106
4.1.1 Buffer …… 106
4.1.2 Channel …… 107
4.1.3 DataCarrier …… 108
4.2 生产者—消费者如何协同 …… 108
4.2.1 生产消息 …… 108
4.2.2 消费消息 …… 111
4.3 本章小结 …… 115

**第 5 章 SkyWalking 追踪模型 …… 116**

5.1 追踪模型入门 …… 116
5.1.1 Dapper 与追踪模型 …… 116
5.1.2 典型的追踪模型 …… 119
5.2 SkyWalking 追踪模型与协议 …… 120
5.2.1 SkyWalking 追踪模型 …… 120
5.2.2 SkyWalking 数据传输协议 …… 122
5.3 SkyWalking 探针上下文传播协议 …… 124
5.3.1 传播模型 …… 124
5.3.2 传播上下文 …… 124
5.4 SkyWalking v3 协议 …… 125

5.5 本章小结 ··· 126

第 6 章 SkyWalking OAP Server 模块化架构 ··· 127

6.1 模块化框架 ··· 127
6.1.1 模块和模块实现 ··· 127
6.1.2 模块管理配置文件 ··· 129
6.2 模块启动与模块依赖 ··· 130
6.3 模块可替换性 ··· 131
6.4 模块实现选择器 ··· 132
6.5 新增模块 ··· 132
6.6 本章小结 ··· 133

第 7 章 Observability Analysis Language 体系 ··· 134

7.1 什么是 OAL ··· 134
7.2 OAL 实现原理 ··· 135
7.3 OAL 语法 ··· 137
7.3.1 指标计算定义语法 ··· 137
7.3.2 disable 语法 ··· 142
7.4 本章小结 ··· 143

第 8 章 SkyWalking OAP Server 集群通信模型 ··· 144

8.1 计算流 ··· 145
8.2 通信协议 ··· 146
8.3 集群协调器 ··· 148
8.4 本章小结 ··· 149

第 9 章 SkyWalking OAP Server 存储模型 ··· 150

9.1 模型结构介绍 ··· 150
9.1.1 注册模型结构 ··· 150
9.1.2 明细模型结构 ··· 152
9.1.3 指标模型结构 ··· 153
9.1.4 采样模型结构 ··· 154
9.2 存储模型间的联系 ··· 154
9.3 存储模型与 OAL 的关系 ··· 156
9.4 本章小结 ··· 159

第 10 章 Java 探针插件开发 ··· 160

10.1 基础概念 ··· 160
10.1.1 Span ··· 160
10.1.2 Trace Segment ··· 161
10.1.3 ContextCarrier ··· 162
10.1.4 ContextSnapshot ··· 162
10.2 核心对象相关 API 的使用 ··· 162
10.3 探针插件工程结构 ··· 168
10.3.1 工程结构简介 ··· 168
10.3.2 定义拦截形式 ··· 169
10.3.3 实现拦截形式的拦截器 ··· 171
10.4 探针插件开发实战 ··· 171
10.4.1 设计探针插件 ··· 172
10.4.2 Apache Dubbo 探针插件 ··· 173
10.4.3 Spring @Async 探针插件 ··· 177
10.5 本章小结 ··· 182

第 11 章　探针和后端消息通信模式开发 ························ 183

11.1　为什么官方默认不提供多种方式 ························ 183

11.2　通信机制分析 ························ 184

11.2.1　探针与后端的注册通信 ························ 184

11.2.2　探针与后端的数据上报通信 ························ 193

11.3　如何扩展通信模式 ························ 197

11.3.1　使用 HTTP 扩展注册通信 ························ 198

11.3.2　使用 Kafka 扩展数据上报通信 ························ 205

11.4　本章小结 ························ 214

第 12 章　SkyWalking OAP Server 监控与指标 ························ 215

12.1　针对 Trace 场景的监控指标 ··· 216

12.2　针对 Service Mesh 场景的监控指标 ························ 219

12.3　自监控 ························ 220

12.4　本章小结 ························ 221

第 13 章　下一代监控体系——SkyWalking 观测 Service Mesh ························ 222

13.1　SkyWalking 可观测性模型 ····· 223

13.1.1　监控指标 ························ 223

13.1.2　告警与可视化 ························ 224

13.1.3　分布式追踪和日志 ···· 225

13.2　观测 Istio 的监控指标 ························ 226

13.2.1　Mixer 模式集成 ························ 226

13.2.2　ALS 模式集成 ························ 227

13.3　观测 Istio 的技术发展 ························ 229

13.4　本章小结 ························ 229

第 14 章　SkyWalking 未来初探 ····· 230

14.1　SkyWalking 7 新特性 ························ 230

14.1.1　Java 探针不再支持 JDK 1.6 和 1.7 ························ 230

14.1.2　支持新的生产级存储实现 ························ 231

14.1.3　HTTP 请求参数采集 ························ 231

14.1.4　HTTP 收集协议和 Nginx 监控 ························ 232

14.1.5　Elasticsearch 存储的进一步优化 ························ 232

14.2　代码性能剖析 ························ 232

14.2.1　性能剖析基本原理 ···· 232

14.2.2　性能剖析的功能特点 ························ 233

14.2.3　使用场景 ························ 233

14.3　SkyWalking 8 Roadmap ········· 234

14.4　本章小结 ························ 234

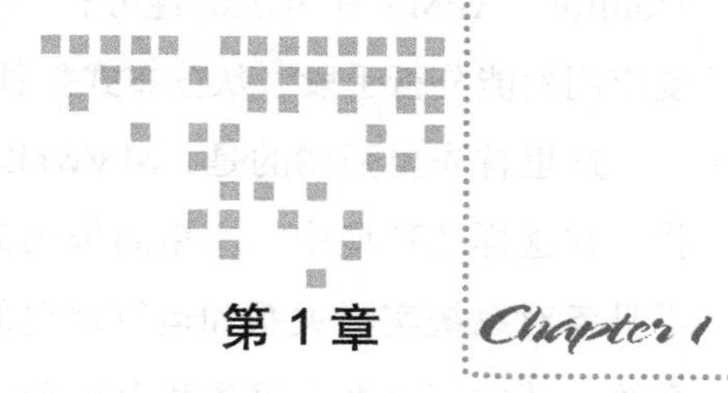

第 1 章 Chapter 1

# 全面认识 Apache SkyWalking

截至本书写作时，SkyWalking 是中国首个、也是唯一一个发展成为 Apache 顶级项目的个人开源项目。Apache SkyWalking 作为业界最为领先的开源 APM 项目之一，提供了以往只有商业 APM 或者监控公司才具有的功能特性，经历了大量企业的生产实践和考验，得到了非常广泛的运用和大量研发运维团队的支持。

本章主要介绍 SkyWalking 项目的建立背景、设计目标、发展历程等重要背景知识和理念。通过本章的学习，读者将会对 SkyWalking 的项目目标有个清晰的认识。本章虽然不涉及具体的技术细节和环境搭建，但是对于大家一步步地学习和理解项目，有着非常重要的作用。

## 1.1 SkyWalking 介绍

本节介绍 SkyWalking 的项目定位、适用场景和开源生态。这是最为概要性的描述，旨在帮助大家快速理解复杂技术背后的意图。

### 1.1.1 什么是 SkyWalking

SkyWalking 是一个针对分布式系统的应用性能监控（Application Performance

Monitor，APM）和可观测性分析平台（Observability Analysis Platform）。它提供了多维度应用性能分析手段，从分布式拓扑图到应用性能指标、Trace、日志的关联分析与告警。

这里首先要强调的是，SkyWalking 针对的是微服务和分布式服务，包括现在的容器化。在这样的环境中，应用间依赖关系复杂多变，无论是设计、开发还是运维团队，都不具备对系统实际关系和运行情况的理解能力。主流大型企业的内部系统都有几十个子系统，其中有上百个服务和上千个实例在运行，理解这套系统的依赖关系是 SkyWalking 要解决的第一大问题。

同时，随着技术的革新和进步，分布式框架层出不穷，以 Spring Cloud、gRPC、Dubbo 为代表的多语言 RPC 框架是当今的主流，以 Istio+Envoy 为代表的 Service Mesh 是未来发展的方向。统一的监控平台，对于用户理解复杂的分布式架构会起到至关重要的作用。

最重要的是，SkyWalking 保证了在生产环境中高压力情况下的可用性。常规百亿级别的处理能力、轻量级、可插拔、方便定制，是 SkyWalking 在短短 3 年时间内得到广泛应用的主要原因。

### 1.1.2 SkyWalking 的发展历程

SkyWalking 项目的建立和发展，在前期具有很大的偶然性。细心的成员会注意到，SkyWalking 3.2 之前的版本与后面的 5.x、6.x 有巨大的技术栈和设计差异，其原因即在于此。在 2015 年建立并开源时，SkyWalking 是一套针对分布式系统的培训类系统，用于辅助公司的新员工学习分布式的复杂性以及如何建立监控系统。

SkyWalking 3.2.x 是第一个里程碑版本，它建立了以轻量级架构为核心的设计理念，彻底放弃了 HBase 等大数据存储技术。SkyWalking 多语言探针协议 1.0 也是在那时建立的，并且一直被 SkyWalking 所支持。

2017 年 12 月，SkyWalking 成为国内首个进入 Apache 孵化器的个人项目，充分反映了 Apache 对于项目社区和项目未来的认可。

2018 年是项目高速发展的一年，项目团队在 2018 年发布了 SkyWalking 5，并得到华为、阿里巴巴等大厂的支持，初步开始被较为广泛地运用。2018 年年底，SkyWalking 社区迎来第一个生态子项目——SkyWalking 的 .NET Core 探针，这标志着 SkyWalking

Tracing 和 Header 协议正式被大家接受，并开始围绕此协议进行社区生态建设。

2019 年，为了迎合 Service Mesh 这个下一代分布式网络架构，SkyWalking 项目发布了新一代内核，版本升级为 SkyWalking 6。SkyWalking 6 总结了前三年开源社区发展的经验、需求和对未来的规划，通过大量的顶层设计，把面向协议、轻量化、模块化作为核心思想，为传统探针监控和 Service Mesh 提供了一致性的解决方案。

2020 年，SkyWalking 6 的大量特性和设计得到延续，社区推出了 SkyWalking 7（截至本书写作时，8 已在规划中），在特定技术方向上做出了进一步的强化。

社区化开源项目的历史，就是贡献者逐步参与、项目社区发展壮大的历史。SkyWalking 主库的代码贡献者从最初的 2 人，达到本书写作时的 210 人以上，项目的 GitHub star 数量也已超过一万，成为 GitHub 上排名最高的开源分布式追踪和 APM 项目。

### 1.1.3　SkyWalking 的适用场景

SkyWalking 是一个为微服务、容器化和分布式系统而生的高度组件化的 APM 项目。

早在 2010 年 SOA 开始兴起时，应用系统开发人员就注意到，系统的调试过程越来越复杂，在线运行程序出现故障时，面临的问题定位已经很难使用传统日志进行排查。之后随着微服务的兴起，去 IOE 及分布式架构的广泛采用，程序性能的监控和问题定位需求也越来越急迫。

这正是 SkyWalking 项目诞生的出发点，SkyWalking 受 Google Dapper 论文启发，整合多位初创成员在 APM 和互联网公司的工作经验，设立了基于分布式追踪的应用性能监控解决方案。同时，针对中国业务流量大和系统研发团队的特点，SkyWalking 首先提出在生产大流量环境下支持 100% 追踪采样。SkyWalking 也是目前唯一一个提出此支持的 APM 系统。

#### 1. SkyWalking 不是一个单纯的追踪系统

如 1.1.1 节所述，SkyWalking 首先是一个应用性能监控工具，它的目标是应用性能。很多人把 SkyWalking 和 Zipkin、Jaeger 作为开源界的竞争对手，而实际上这三个社区的核心成员都不这么看。

SkyWalking 在语言探针的场景下，具有自动化分布式追踪（distributed tracing）的能力，但这个能力是为应用性能监控服务的。它提供了高性能、自动探针解决方案，支持轻量级分析拓扑图、应用性能指标等功能。而 Zipkin 和 Jaeger 都专注于追踪本身，得到尽可能细致的调用链，并建议在高流量时开启采样。大家深入使用后会发现，双方系统提供的追踪结构有较大差别。

### 2. SkyWalking 不是一个以大数据为基础的 APM 系统

提到 APM，就不得不提早在 2012 年由韩国 Naver 公司开源的 APM 项目 Pinpoint。Pinpoint 曾经是 GitHub star 数最多的 APM 项目，直到 2019 年被 SkyWalking 超过。初看 Pinpoint 和 SkyWalking，大家会感觉功能有些类似，毕竟都是在 APM 领域，但是两者采用的技术栈反映了其本质差别：Pinpoint 立足于 HBase；SkyWalking 使用包括 Elasticsearch 在内的多种存储，却不支持任何一种大数据技术。

SkyWalking 在 3 之后的版本中就完全放弃了大数据技术栈，根本原因是，作为 Ops 的核心系统之一，轻量级和灵活性被放在首要位置上。SkyWalking 以监控千亿级流量为基础要求，自己不能反而成为整个大型分布式系统的部署和运维难点，而大数据技术却适得其反，会大幅增加运维和部署难度。

同时，SkyWalking 在超过 5000 TPS 下超级优良的性能，也是其与 Pinpoint 的较大区别。无论是官方测试还是网上大量的性能对比都能反映出巨大差异。SkyWalking 在设计之初，也是要保证探针能够在单进程 1 万 TPS 级别系统中，提供稳定的 100% 采样，以及合理的性能消耗（小于 10% 增幅）。高起点也要求 SkyWalking 必须能够完全控制自己的技术栈和运算模型，使其完全符合 APM 计算的要求。

除了类似的项目比较，还有一些比较核心的运用场景，可以帮助大家了解 SkyWalking。

### 3. SkyWalking 不是方法诊断系统

首先，从技术角度上说，方法级别追踪是 SkyWalking 技术栈能够做到的技术，但是官方并不推荐这样使用，特别是在生产环境中。方法级别追踪是性能诊断工具的工作，而不是 APM 系统要做的。APM 系统要求在有限性能消耗下，在生产环境长时间低消耗运行，而方法监控会消耗大量的内存和性能，并不适合大流量系统。

当然，SkyWalking 考虑到不同团队的使用场景，在可选插件中提供了对 Spring 托管的类进行方法级别追踪。

作为 APM 系统，SkyWalking 不建议做常规性新加 span 的方法诊断，而提供了更为高效合理的方式——性能剖析，用于生产环境的性能诊断。感兴趣的读者可以阅读 14.2 节，了解 SkyWalking 7 的这个新特性。

#### 4. SkyWalking 能够追踪方法参数

参数追踪和方法追踪类似，即使是针对 HTTP 请求的方法参数追踪，也会对应用系统和 APM 造成较大的压力。虽然目前 SkyWalking 的部分插件（如 MySQL）支持用户手动开启参数追踪，但依然提醒用户，要注意考虑性能消耗。

此外，SkyWalking 7 新推出了性能诊断功能，方法参数会被自动捕捉。

### 1.1.4 SkyWalking 的社区与生态

SkyWalking 社区以 Apache SkyWalking 项目及其子项目为主，包括以下库。

核心代码库：

- https://github.com/apache/skywalking
- https://github.com/apache/skywalking-rocketbot-ui
- https://github.com/apache/skywalking-nginx-lua

协议库：

- https://github.com/apache/skywalking-data-collect-protocol
- https://github.com/apache/skywalking-query-protocol

项目官网源码托管库：https://github.com/apache/skywalking-website

容器相关库：

- https://github.com/apache/skywalking-docker
- https://github.com/apache/skywalking-kubernetes

SkyWalking 的代码和文档都使用 GitHub Tag 来区分不同的版本。

SkyWalking 6.0.0-GA 的文档和代码分别是：

- https://github.com/apache/skywalking/tree/v6.0.0-GA
- https://github.com/apache/skywalking/blob/v6.0.0-GA/docs/README.md

SkyWalking 6.1 的文档和代码分别是：

- ❑ https://github.com/apache/skywalking/tree/v6.1.0
- ❑ https://github.com/apache/skywalking/blob/v6.1.0/docs/README.md

用户可以非常方便地下载和使用所有发行的代码及对应的文档。

另外 SkyWalking 项目还包括由 SkyAPM 和 SkyAPMTest 两个组织组成的非 Apache 官方生态组织。

- ❑ SkyAPM：项目地址为 https://github.com/SkyAPM；包含 SkyWalking 生态兼容的 .NET、Node.js、PHP、Go 语言探针，中文文档项目，Java 非 Apache 协议兼容的插件实现。
- ❑ SkyAPMTest：项目地址为 https://github.com/SkyAPMTest；包含尚未合并到 Apache 官方库的测试代码或测试工具，以及 SkyWalking 团队在各地会议分享时使用的示例代码。

## 1.2 SkyWalking 的架构设计

如图 1-1 所示，SkyWalking 官方架构图对 SkyWalking 的整体架构进行了非常直观的描述。SkyWalking 由以下 4 个核心部分构成。

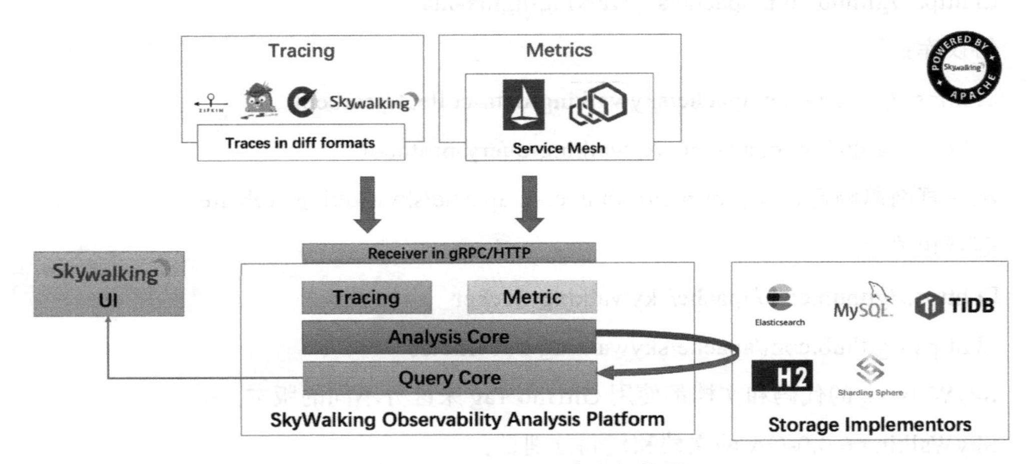


图 1-1 SkyWalking 官方架构图

- ❑ **探针**。探针（对应图 1-1 中 Tracing 和 Mestrics 部分）可以是语言探针，也可以是其他项目的协议。

- **OAP 平台**（Observability Analysis Platform），**或称 OAP Server**。它是一个高度组件化的轻量级分析程序，由兼容各种探针的 Receiver、流式分析内核和查询内核三部分构成。
- **存储实现**（Storage Implementors）。SkyWalking 的 OAP Server 支持多种存储实现，并且提供了标准接口，可以实现其他存储。
- **UI 模块**（SkyWalking）。通过标准的 GraphQL 协议进行统计数据查询和展现。

从设计角度而言，SkyWalking 总体遵循以下三大设计原则：

- 面向协议设计
- 模块化设计
- 轻量化设计

### 1.2.1　面向协议设计

面向协议设计是 SkyWalking 从 5.x 开始严格遵守的首要设计原则。SkyWalking 包含下列对外协议。

#### 1. 探针协议

探针协议分为四大类。

- 语言探针上报协议。此协议包括语言探针的注册、Metrics 数据上报、Tracing 数据上报、命令下行，以及 Service Mesh 中使用的 Telemetry 协议。所有基于语言（Java、.NET、Node.js、PHP、Go 等）的探针都需要严格遵守此协议定义。此协议从 v6 版本开始全部以 gRPC 服务方式对外提供。
- 语言探针交互协议。因为分布式追踪，探针间需要借助 HTTP Header、MQ Header 等应用间通信管道进行交互。此协议定义交互格式。所有基于语言（Java、.NET、Node.js、PHP、Go 等）的探针都需要严格遵守此协议定义。此协议从 v2 开始执行与 v1 不同的编码方法，加入了强制 Base64 的要求。将从 SkyWalking 8 开始执行的全新 v3 协议，简化了编码，提供了更多特性，比如透传业务信息、探针交互能力等。
- Service Mesh 协议。此协议是 SkyWalking 针对 Service Mesh 抽象的专有协议，任何 Mesh 类的服务都可以通过此协议直接上行 Telemetry 数据，用于计算服务

Metrics和拓扑图。

- 第三方协议。针对大型的第三方开源项目，尤其是Service Mesh核心平台Istio和Envoy，提供核心协议适配，支持针对Istio+Envoy的Service Mesh进行无缝监控。

#### 2. 查询协议

查询协议使用GraphQL格式定义的查询协议。多数读者可能更熟悉RESTful格式的查询，但SkyWalking考虑到更好的扩展性、更加灵活的组合查询模式，选择了由Facebook在2012年开源的GraphQL。GraphQL在开源和商业项目中已经得到了广泛运用。协议格式的预定义和多种查询组合使用提供了UI和第三方系统良好的集成能力。熟悉SkyWalking历史的读者会知道，SkyWalking在6.0.0-GA之后的版本，更换了全新的RocketBot UI作为默认UI，这个过程得益于GraphQL的灵活性，后端协议和实现可以完全不变。社区中已有大量公司基于此协议包装了云平台产品的UI。

查询协议分为以下6类。

- 元数据查询：查询在SkyWalking注册的服务、服务实例、Endpoint等元数据信息。
- 拓扑关系查询：查询全局或者单个服务或Endpoint的拓扑图及依赖关系。
- Metrics指标查询：线性指标查询。
- 聚合指标查询：区间范围均值查询及TopN查询等。
- Trace查询：追踪明细查询。
- 告警查询。

除了上述两大类协议外，部分模块也存在一些模块内协议，如导出的数据格式协议、告警协议、动态配置服务协议等。这些协议与执行模块的默认实现有关，属于SkyWalking默认对外集成协议的范围，考虑到模块化设计，这些协议本身也是可以替换的，这里就不一一描述了。

### 1.2.2 模块化设计

模块化设计，旨在以开源项目为内核，为更多的企业内部定制服务、商业产品的二次包装及插拔机制提供插拔机制与扩展点。开源项目的一致性升级至关重要，模块化设计，明确接口边界，使得扩展很容易跟上开源版本升级的节奏。对于商业包装和开源产品的迭代发展，这是必不可少的一环。

大型的开源项目，无一不是由大量的商业公司/商业目的推进，不可能由个人凭兴趣在业余时间完成。虽然SkyWalking在早期的一到两年是个人基于兴趣在推进，但随着社区的壮大和商业价值的体现，开放、包容、具有扩展性的架构是必不可少的特性。Apache SkyWalking作为Apache顶级项目，基于商业友好的Apache 2.0开源协议，在设计上也充分考虑了定制化及二次开发的可能性。

SkyWalking根据探针和服务端的不同特性，使用了两种不同的模块化机制。

Java探针端，Java使用了较为紧凑的实现，主要使用SPI将核心服务隔离成替换状态，用户可以像开发plugin一样，只需将新的服务实现放在plugin目录中，即可实现自动替换。

后端（OAP Server）使用YML定义的模块化。SkyWalking将模块化定义为模块（Module）和实现（Provider）两部分。模块为抽象概念，提供对外服务方法的定义和声明；Provider需要实现这些服务方法，同时声明此实现依赖的其他模块。值得注意的是，模块本身不声明依赖，依赖由实现（Provider）声明。这种模式允许用户替换和新增所需的模块，并进行组织。

### 1.2.3　轻量化设计

SkyWalking在设计之初就提出了轻量化的设计理念。APM虽然是运维端的核心系统，但放在整套业务架构下，属于二线支撑系统，不承担系统主要业务功能。而绝大多数的分析系统要求大数据作为其核心技术，但是技术团队应该都了解，大数据天然具有维护难度大和门槛高的问题。基于此背景，SkyWalking核心要求能够在非大数据架构下，使用最轻量级的jar包模式，形成强大的分析能力、扩展能力和模块化能力。

## 1.3　SkyWalking的优势

SkyWalking的优势在于它紧跟当前的技术发展趋势，保证同一套APM系统适用于传统架构和云原生架构。另外，在技术设计理念上，SkyWalking提供了较大的包容性和扩展性，适用于不同的用户场景和定制需求。

### 1.3.1 传统分布式架构与云原生的一致性支持

随着近十年服务化和微服务化的进程，以RPC和HTTP服务为通信技术核心，以注册中心作为服务注册与服务发现的架构，已经成为国内成熟的微服务“传统”架构。主流技术有Spring Cloud、Apache Dubbo等。SkyWalking从2015年项目诞生之初，就把这种传统的分布式架构及自动探针作为最为核心的功能。SkyWalking可以无缝支持已经稳定的分布式服务架构，方便替换传统的监控手段，而无须增加运维团队和开发团队的工作量。

同时，从2018年起，由Google、Lyft和CNCF的Istio与Envoy组成的Service Mesh方案开始流行，提供了在Kubernetes上创新的分布式服务管理、监控和安全管理能力。SkyWalking项目团队也一直关注这一动向，在Istio 1.0.4发布的同时发布了SkyWalking 6的测试版本，并在3个月后开始发布SkyWalking 6稳定版本。在6.x版本中，SkyWalking针对Istio和Envoy组成的Service Mesh方案提供了核心适配能力。用户可以认为Service Mesh构成了SkyWalking的一种新的语言无关的探针形式。利用SkyWalking的后端OAP平台以及UI，可以对Service Mesh管理中的服务提供同样的依赖拓扑、服务性能指标、告警等能力。90%以上的配置与使用其他语言探针（如Java探针）时完全一致。

这也是首个在开源软件中实现语言探针和Service Mesh一致性解决方案的项目。为不同公司的技术栈提供统一的监控能力，更有利于公司在未来系统架构升级中保持监控系统的一致性。这个一致性不单单指SkyWalking的使用，更是对于用户在SkyWalking构建的生态系统，如告警平台、AIOps、指标基线计算系统、弹性计算等，保持一致性。

### 1.3.2 易于维护

SkyWalking一直坚持以易于维护为核心需求，不引入过多的技术栈，以免成为一个过于复杂的监控系统。这其中的深层逻辑在于，监控系统作为二线甚至三线系统，应该利用有限的环境资源，提供尽可能大的监控价值，同时尽可能降低对于运维的要求。在SkyWalking集群模式下，大量公司每日需要采集超过百亿级别的监控数据及明细，SkyWalking不要求使用复杂的大数据平台，以减少系统的入门难度和维护负担。同时SkyWalking的构建集群架构比较简单，用户只要针对自己的数据量，对于不同的存储平台（如 MySQL、TiDB 或 Elasticsearch 等）具备基本的集群运维能力，就可以轻松监控百亿级的流量系统。

### 1.3.3　高性能

SkyWalking 并不会因为追求简单、易于维护而降低对性能的要求。SkyWalking 内置一套针对分布式监控专门设计的可扩展流计算框架（参见第 7 章），该计算框架针对监控数据特别设计了特定的流程，并利用字节码技术来兼顾扩展性和系统性能。

SkyWalking 在永辉超市的典型公开案例中，使用 15 台 OAP 节点和 20 台 Elasticsearch 节点，就支撑了 250 多个服务每天高达 3TB 的监控数据，数据流量超过百亿。在 6.x 中，SkyWalking 性能从 6.0-GA 到 6.4，每个版本都得到了明显提升。

### 1.3.4　利于二次开发和集成

SkyWalking 的二次开发和集成的便利性主要分为两方面。

- 面向协议和模块化的设计。面向协议保证其他的探针接入，只需要学习协议就可以轻松完成对接。而模块化给予用户深度定制的能力，模块实现的可切换使用户可以对分布式计算过程、集群管理与协调模式、存储、告警引擎、可视化页面等进行个性化定制。
- 大量的 SkyWalking 内置实现提供了第三方网络接口，HTTP 或 gRPC 接口。用户可以使用第三方程序进行对接，而非进行程序改造。这样能保证 SkyWalking 版本升级时周边生态的稳定。而且在容器化大行其道的今天，网络接口集成的方式也更为友好。

SkyWalking 的几百家公开用户大量使用了这些扩展方式，定制了丰富的内部系统，也保证了 SkyWalking 内核的稳定和高通用性。

## 1.4　SkyWalking 开发必备知识介绍

SkyWalking 的 Java 探针端是如何实现无侵入式的埋点的？

在探针开发或者排查线上问题的时候，应该如何进行远程调试？

SkyWalking 最新支持的 Service Mesh 到底是什么？

带着上面的疑问，请开始本节的阅读吧。

## 1.4.1 JavaAgent介绍

### 1. 概念简介

SkyWalking探针在使用上是无代码侵入的，而这种无侵入的自动埋点基于Java的JavaAgent技术。

启动时加载的JavaAgent（以下所说的JavaAgent均代表启动时加载的JavaAgent）是JDK 1.5之后引入的新特性，此特性为用户提供了在JVM将字节码文件读入内存之后，使用对应的字节流在Java堆中生成一个Class对象之前，对其字节码进行修改的能力，而JVM也会使用用户修改过的字节码进行Class对象的创建。

SkyWalking探针依赖于JavaAgent在一些特殊点（某个类的某些方法）拦截对应的字节码数据并进行AOP修改。当某个调用链路运行至已经被SkyWalking代理过的方法时，SkyWalking会通过代理逻辑进行这些关键节点信息的收集、传递和上报，从而还原出整个分布式链路。

### 2. 动手实现JavaAgent

实现JavaAgent的过程如下。

1）编写premain启动类程序。

```
/**
 * @author caoyixiong
 */
public class SkyWalkingAgent {
    public staic void premain(String args, Instrumentation instrumentation) {
        System.out.println("Hello, This is a SkyWalking Handbook JavaAgent demo");
    }
}
```

2）编写MANIFEST.MF。

MANIFEST.MF文件用于描述JAR包的信息，我们需要在该文件中增加指定premain方法的全路径。

在MANIFEST.MF中增加以下代码：

```
Manifest-Version: 1.0
Premain-Class: org.apache.skywalking.apm.agent.demo.SkyWalkingAgent
```

如果使用的是 Apache Maven，需要在对应的 POM 文件中声明 premain 信息。

```
<build>
    <plugins>
        <plugin>
            <groupId>org.apache.maven.plugins</groupId>
            <artifactId>maven-jar-plugin</artifactId>
            <version>2.3.1</version>
            <configuration>
                <archive>
                    <manifest>
                        <addClasspath>true</addClasspath>
                    </manifest>
                    <manifestEntries>
                        <Premain-Class>
                            org.apache.skywalking.apm.agent.demo.SkyWalkingAgent
                        </Premain-Class>
                    </manifestEntries>
                </archive>
            </configuration>
        </plugin>
        <plugin>
            <groupId>org.apache.maven.plugins</groupId>
            <artifactId>maven-compiler-plugin</artifactId>
            <configuration>
                <source>1.7</source>
                <target>1.7</target>
            </configuration>
        </plugin>
    </plugins>
</build>
```

添加完成之后，打包成 JAR 包。

3）编写测试程序。

```
package org.apache.skywalking.handbook.javaagent;
/**
 * @author caoyixiong
 */
public abstract class SkyWalkingTest {
    public static void main(String[] args) throws InterruptedException {
```

```
        System.out.println("This is SkyWalkingTest main method");
    }
}
```

在测试程序的 JVM 启动参数上增加 -javaagent：步骤 2）中的 SkyWalkingAgent 的 JAR 包的绝对地址。

4）运行测试程序。

运行结果如下。

```
Hello, This is a SkyWalking Handbook JavaAgent demo
This is SkyWalkingTest main method

Process finished with exit code 0
```

可以看到，对于测试程序没有任何代码的改动和侵入，但是打印的结果中却已经包含了 JavaAgent 的信息。

上面的例子只是打印了一个简单的字符串，下面我们继续优化 JavaAgent，通过 JavaAgent 来进行方法耗时的统计。

5）增加 ClassFileTransformer。

ClassFileTransformer 的主要作用是通过其 transform 方法修改载入 JVM 的字节码数据。

这里我们通过字节码修改工具 Javassist 进行演示。

首先，在 POM 中添加 Javassist 的依赖：

```
<dependency>
    <groupId>org.javassist</groupId>
    <artifactId>javassist</artifactId>
    <version>3.15.0-GA</version>
</dependency>
```

然后，新建 ClassFileTransformer 类：

```
/**
 * @author caoyixiong
 */
public class SkyWalkingTransformer implements ClassFileTransformer {
    @Override
    public byte[] transform(ClassLoader loader,
```

```
            String className,
            Class<?> classBeingRedefined,
            ProtectionDomain protectionDomain,
            byte[] classfileBuffer) {
            // 只拦截 SkyWalkingTest 测试程序
            if (!"org/apache/skywalking/apm/agent/demo/SkyWalkingTestt".
                equals(className)) {
                return null;
            }
            // 获取 Javassist Class 池
            ClassPool cp = ClassPool.getDefault();
            try {
                // 获取到 Class 池中的 SkyWalkingTest CtClass 对象
                //（与 SkyWalkingTest 的 Class 对象一对一的关系）
                CtClass ctClass = cp.getCtClass(className.replace("/", "."));
                // 找到对应的 main 方法
                CtMethod method = ctClass.getDeclaredMethod("main");
                // 增加本地变量 - long 类型的 beginTime
                method.addLocalVariable("beginTime", CtClass.longType);
                // 在 main 方法之前增加 'long beginTime = System.currentTimeMillis();' 代码
                method.insertBefore("long beginTime = System.currentTimeMillis();");
                // 在 main 方法之后打印出耗时长短
                method.insertAfter("System.out.print(\"总共耗时: \");");
                method.insertAfter("System.out.println
                    (System.currentTimeMillis() - beginTime);");
                // 返回修改过后的字节码数据
                return ctClass.toBytecode();
            } catch (NotFoundException | CannotCompileException | IOException e) {
                e.printStackTrace();
            }
            // 返回 null，代表没有修改此字节码
            return null;
        }
    }
```

6）将新增的ClassFileTransformer对象添加至JavaAgent的Instrumentation实例之上。

```
package org.apache.skywalking.handbook.javaagent;

import java.lang.instrument.Instrumentation;
/**
 * @author caoyixiong
 */
```

```
public class SkyWalkingAgent {
    public static void premain(String args, Instrumentation instrumentation) {
        System.out.println("Hello, This is a SkyWalking Handbook JavaAgent
            demo");
        instrumentation.addTransformer(new SkyWalkingTransformer());
    }
}
```

7）重复步骤 2，将 JavaAgent 打成 jar 包并挂载在测试程序的 JVM 启动参数之上，运行，得到如下结果。

```
Hello, This is a SkyWalking Handbook JavaAgent demo
This is SkyWalkingTest main method
总共耗时: 0
Process finished with exit code 0
```

从中可以看到 main 方法的耗时。

依靠 JavaAgent 的特性，我们可以通过在字节码载入时期修改字节码的数据，从而增加我们所期望的功能逻辑。说明一下，SkyWalking 探针并没有使用 Javassist 作为探针的字节码修改工具，使用的是 Byte Buddy，这里使用 Javassist 只是为了更清楚地展现字节码的修改逻辑。

### 3. JavaAgent 流程与原理

前面我们已经动手写了一个可以统计 main 方法耗时的 JavaAgent，本节来描述一下其中的流程与原理。整个 JavaAgent 内部字节码修改的流程图如图 1-2 所示。

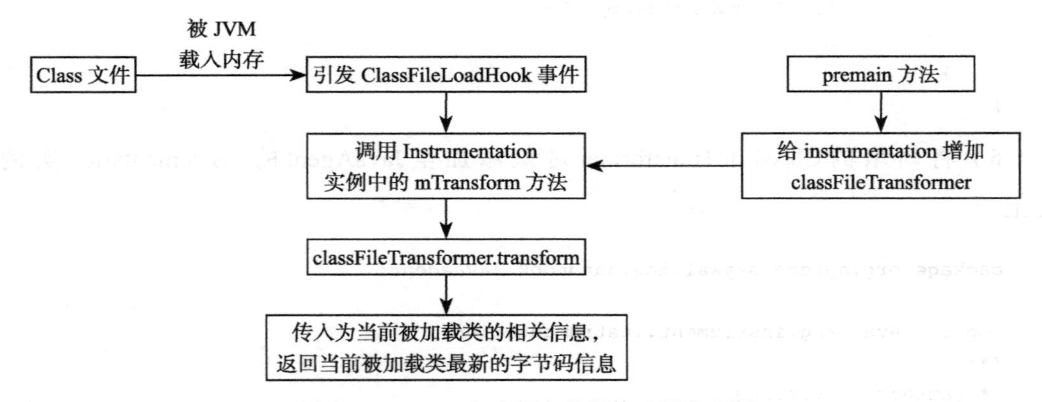


图 1-2 JavaAgent 内部字节码修改的流程图

当某个类的字节码被 JVM 载入内存之后，JVM 会触发一个 ClassFileLoadHook 事件，JVM 会依次遍历所有的 instrumentation 实例并执行其中所有的 ClassFileTransformer 的 transform 方法。

而我们需要在 JavaAgent 的 premain 方法之中将自定义的 ClassFileTransformer 实例添加在 instrumentation 实例之上。

一个 JavaAgent 之中，较为重要的两个方法为 permain 方法和 transform 方法。

premain 方法是 JavaAgent 的入口方法，有两种实现方法，代码如下。

```
public static void premain(String agentArgs, Instrumentation inst); //[1]
public static void premain(String agentArgs); //[2]
```

以上代码中，agentArgs 是跟随 javaagent:xxx.jar=yyy 传入的 yyy 字符串，Instrumentation 是装配字节码的核心类。如果要实现可以修改字节码的 JavaAgent，必须实现方法 1；如果两个方法同时出现，只会执行方法 1。

transform 方法的主要作用是进行字节码数据的转换，下面介绍一下其主要入参和出参。

主要入参如下。

- ClassLoader loader：当前载入 Class 的 ClassLoader。如果 ClassLoader 是 bootstrap Loader，为 null。
- String ClassName：当前载入 Class 的类名。Java 虚拟机规范中定义的完全限定类和接口名称的内部形式的类的名称，例如 java/util/List。
- byte[] classfileBuffer：当前类的以 byte 数组呈现的字节码数据。（可能跟 class 文件的数据不一致，因为此处的 byte 数据是此类最新的字节码数据，即此数据可能是原始字节码数据被其他增强方法增强之后的字节码数据。）

主要出参为 byte[]。如果为 null，代表当前类的字节码没有收到修改；如果非 null，JVM 会使用此字节码数据进行后续的流程（创建 Class 对象、初始化或者进入下一个 transform 方法等）。

#### 4. 小结

本节主要介绍了 JavaAgent 的相关技术和原理，并带领读者从零开始写了一个简单的 JavaAgent 程序。JavaAgent 是 SkyWalking 运行机制中非常重要的一环，正是

JavaAgent 的无侵入性造就了现如今强大的 SkyWalking。

### 1.4.2 远程调试介绍

远程调试（Remote Debug），顾名思义就是对远程操作系统上部署的应用服务进行调试，但前提是本地有与远程应用同步的代码。掌握远程调试，可以迅速了解线上应用现场，对最终快速解决问题非常有帮助，而且远程调试也是调试探针代码最正确的方式。

本节将介绍应用服务进程如何开启远程调试，以及如何在本地对远程应用的 SkyWalking Agent 代码进行调试。

#### 1. 应用服务进程开启远程调试

应用服务开启远程调试非常简单，只需要在启动命令加上 -Xdebug -Xrunjdwp:server=y,transport=dt_socket,address=8000,suspend=y 参数。

参数的说明如下。

- -XDebug：启用调试。
- -Xrunjdwp：加载 JDWP 的 JPDA 参考执行实例。
- transport：用于在调试程序和远程应用服务使用的进程之间通信。
- dt_socket：套接字传输。
- address=8000：远程调试服务器监听的端口号。
- suspend=y/n：在调试客户端建立连接之后挂起或启动应用服务。

以 Spring Boot 微服务的以下启动命令为例：

```
java -jar project.jar
```

开启远程调试的命令为：

```
java -jar project.jar
Java -Xdebug -Xrunjdwp:server=y,transport=dt_socket,address=8000,
    suspend=y -jar project.jar
```

这样就开启了 project 应用服务的远程调试模式。

#### 2. 本地对远程 SkyWalking Agent 代码进行调试

首先打开与服务端 SkyWalking Agent 一致的代码，以 IDEA 2019.2 版本的编辑器为例，依次打开 Run → Edit Configurations → Remote 窗口，得到如图 1-3 所示的界面。

在图中对关键位置作了标记，说明如下。

- 1：Host，配置远程服务器 IP。
- 2：Port，远程应用服务开启的调试端口，如 8000。
- 3：选择远程应用服务的 JDK 版本。
- 4：选择本地的代码 module。

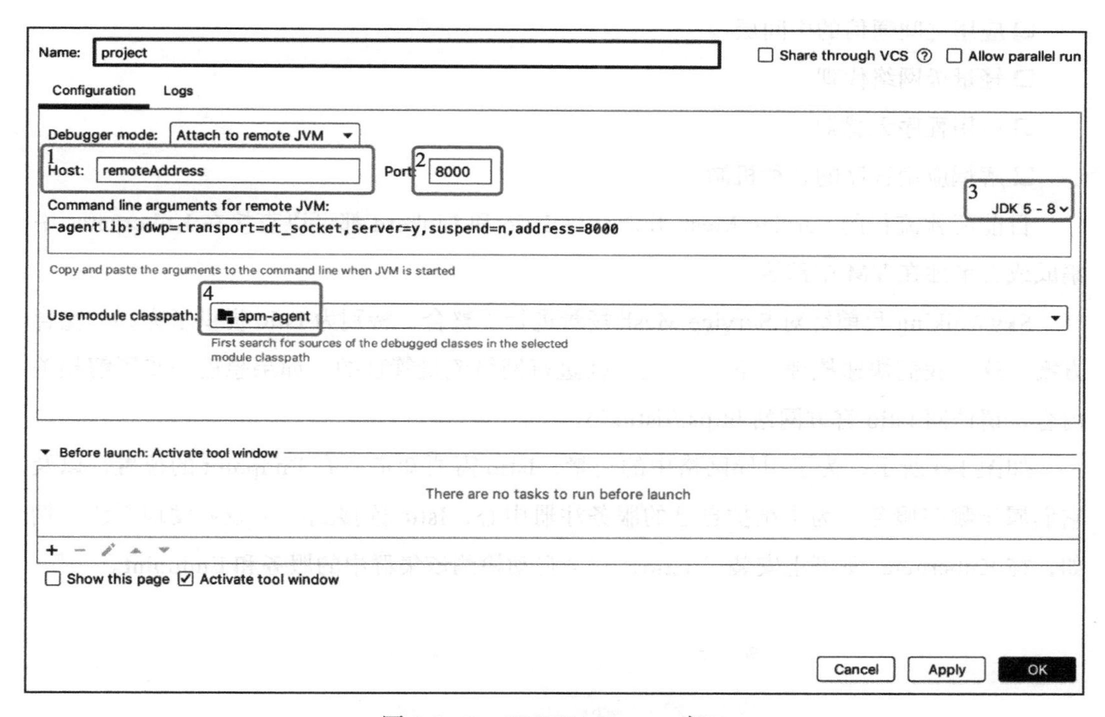


图 1-3　Intellij IDEA Remote 窗口

点击 OK 按钮，完成配置。点击 Debug 按钮进行远程调试。

### 1.4.3　Service Mesh 介绍

Service Mesh（服务网格）被看作未来新一代服务间通信的基础设施。Buoyant 公司的 CEO Willian Morgan 在他的文章“What's A Service Mesh? And Why Do I Need One?”中解释了什么是 Service Mesh，以及为什么云原生（Cloud Native）应用需要 Service Mesh。

Service Mesh 是用于处理服务到服务通信的专用基础设施。它通过构成的复杂服务拓扑结构来可靠地传递请求，其上部署的应用一般具有云原生的特性。在实践中，Service Mesh 通常被实现为轻量级网络代理的矩阵，这些轻量级网络代理与应用程序代码一起部署，而无须了解应用程序的实现细节。

Service Mesh 有如下特点：

- 应用之间通信的中间层
- 轻量级网络代理
- 应用程序无感知
- 解耦应用程序的各种机制

目前两款流行的 Service Mesh 开源软件 Istio 和 Linkerd 都可以直接在 Kubernetes 中集成或者单独在 VM 中部署。

SkyWalking 目前针对 Service Mesh 场景进行了整合，特别为 Istio 提供了完善的整合方案。这里我们快速梳理一下 Istio 是如何进行网络流量管理的，如果想进一步了解相关内容，请访问 Istio 官方网站 https://istio.io。

如图 1-4 所示，为了引导网格中的流量，Istio 需要知道所有 Endpoint 的位置，以及它们属于哪些服务。为了维护自己的服务注册中心，Istio 连接到一个服务发现系统。例如，在 Kubernetes 集群上安装了 Istio，它会自动检测该集群中的服务和 Endpoint。

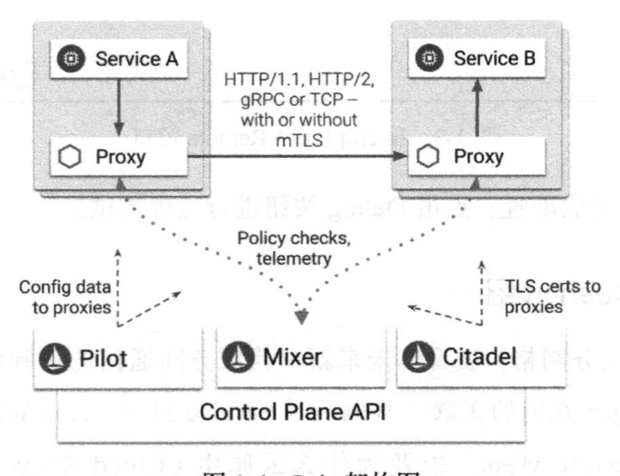


图 1-4　Istio 架构图

使用此服务注册中心，Envoy 代理可以将访问请求重定向到相关服务。大多数基于微服务的应用程序都有多个实例来处理该服务请求，这就需要用到负载均衡器。默认情况下，Envoy 代理使用循环调度模型在每个服务中分配流量，依次向每个成员发送请求。

Istio 除了基本服务发现和负载均衡以外，还可以对网络流量进行更精细的控制。面对 A/B 测试场景，我们可能希望将特定比例的流量定向到新版本的服务，或者对服务实例特定子集的流量应用不同的负载均衡策略，这些 Istio 都可以办到。对于目前 Istio 不支持的一些场景，也可以通过其扩展点进行扩充。这些内容与 SkyWalking 关系不大，故此处不进行深入讨论。

## 1.5　本章小结

SkyWalking 具有全面的功能特性和技术的先进性。本章不仅概要介绍了 SkyWalking 项目的使用场景、特点和优势，让读者对 SkyWalking 项目有了整体了解，还对项目开发中最常用的几项技术进行了简要介绍，方便大家为后续的深入学习做好技术准备。下一章将正式介绍 SkyWalking 项目的安装和使用，上手体验 SkyWalking。

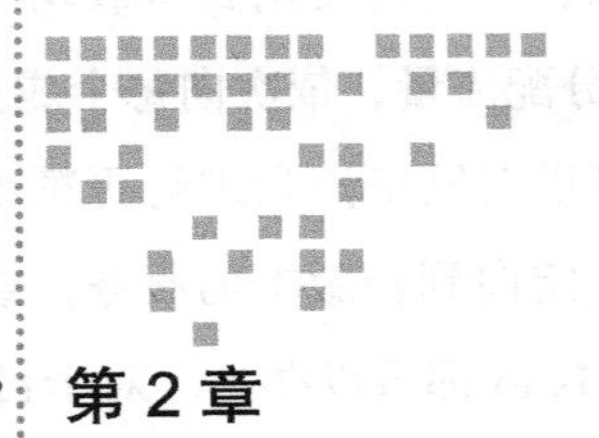

Chapter 2 第2章

# SkyWalking 安装与配置

本章主要介绍 SkyWalking 的项目编译和工程结构，以及 JavaAgent 模块、后端模块、UI 模块的部署和配置信息。通过本章的学习，读者可以部署一个简单的 SkyWalking 环境来体验 SkyWalking 的便捷和强大。

## 2.1 项目编译与工程结构

本节将主要从代码工程的角度介绍 SkyWalking 的源码编译和项目的工程结构，来帮助读者更好地理解 SkyWalking 的源码结构。

### 2.1.1 项目编译

（1）从 GitHub 构建

具体构建步骤如下。

1）预备好 Git、JDK 8 及 Maven 3。

2）在终端中执行命令 git clone https://github.com/apache/skywalking.git。

3）执行命令 cd skywalking/。

4）执行命令 git checkout [tagname]，切换到指定的 tag。（可选，只有当你想编译某个特定版本的代码时才需要。）

5）执行命令 git submodule init。

6）执行命令 git submodule update。

7）运行 ./mvnw clean package -DskipTests。

所有打出来的包都在目录 /dist 下 (Linux 下为 .tar.gz，Windows 下为 .zip)。

（2）从 Apache SkyWalking 源代码发行构建

具体构建步骤如下。

1）从 Apache SkyWalking 官网（http://skywalking.apache.org/downloads/）下载对应发行版本的源代码。

2）准备 JDK 8 及 Maven 3。

3）运行 ./mvnw clean package -DskipTests。

所有打出来的包都在目录 /dist（Linux 下为 .tar.gz，Windows 下为 .zip）下。

（3）高级编译

SkyWalking 是一个复杂的 Maven 项目，包括许多模块，其中可能包含一些编译耗时非常长的模块。如果你只想重新编译项目的某个部分，有以下选项可以支持。

- 编译 agent 包：./mvnw package -Pagent,dist 或者 make build.agent。
- 编译 backend 包：./mvnw package -Pbackend,dist 或者 make build.backend。
- 编译 UI 包：./mvnw package -Pui,dist 或者 make build.ui。

（4）构建 Docker 镜像

我们可以使用根目录下的 Makefile 文件来构建 backend 和 UI 的 Docker 镜像（需要提前配置好 Docker 环境）。

- 构建所有 Docker 镜像：make docker.all。
- 构建 backend 服务的 Docker 镜像：make docker.oap。
- 构建 UI 的 Docker 镜像：make docker.ui。

HUB 和 TAG 变量用于设置 Docker 镜像的 REPOSITORY 和 TAG。要得到一个名为 bar/oap:foo 的 OAP 镜像，运行以下命令：

```
HUB=bar TAG=foo make docker.oap
```

### 2.1.2 工程结构

SkyWalking是一个Maven项目，并由若干个子module组成，每个module负责一部分独立的功能，下面将对SkyWalking的工程结构进行介绍。

因为本节会将整个项目以module的方式进行分析，所以建议读者先大致浏览一下，阅读完后面几章之后，再回过来看本节，可能会对SkyWalking的工程结构有更深入的理解。

将SkyWalking的源代码下载之后，可以查看SkyWalking项目最外层的pom文件，其中定义了SkyWalking的一级子module（子module中还有下一级的子module）。

```
<modules>
    <module>apm-sniffer</module>
    <module>apm-application-toolkit</module>
    <module>oap-server</module>
    <module>apm-webapp</module>
    <module>apm-dist</module>
</modules>
```

（1）apm-sniffer

此module为SkyWalking的JavaAgent部分（将在2.2节介绍），其中包含如下子module。

```
<modules>
    <module>apm-agent</module>
    <module>apm-agent-core</module>
    <module>apm-sdk-plugin</module>
    <module>apm-toolkit-activation</module>
    <module>apm-test-tools</module>
    <module>bootstrap-plugins</module>
    <module>optional-plugins</module>
</modules>
```

这些子module的相关功能介绍如下。

- ❑ apm-agent：此module为JavaAgent的入口。
- ❑ apm-agent-core：此module为JavaAgent的核心处理逻辑，包含自动埋点、收集数据等功能。
- ❑ apm-sdk-plugin：此module包含SkyWalking所支持的稳定第三方插件。

- apm-toolkit-activation：此 module 包含 SkyWalking 支持的自己的扩展插件。
- apm-test-tools：此 module 为测试工具插件。
- bootstrap-plugins：此 module 包含 SkyWalking 所支持的 JDK 插件。
- optional-plugins：此 module 包含 SkyWalking 所支持的可选第三方插件。

（2）apm-application-toolkit

此 module 为 SkyWalking 的扩展包 module（将在 2.2.4 节介绍），其中包含如下子 module：

```
<modules>
    <module>apm-toolkit-log4j-1.x</module>
    <module>apm-toolkit-log4j-2.x</module>
    <module>apm-toolkit-logback-1.x</module>
    <module>apm-toolkit-opentracing</module>
    <module>apm-toolkit-trace</module>
</modules>
```

这些子 module 的相关功能介绍如下。

- apm-toolkit-log4j-1.x：此 module 为 SkyWalking 与 log4j 的 1.x 的整合。
- apm-toolkit-log4j-2.x：此 module 为 SkyWalking 与 log4j 的 2.x 的整合。
- apm-toolkit-logback-1.x：此 module 为 SkyWalking 与 logback 的 1.x 的整合。
- apm-toolkit-opentracing：此 module 为 SkyWalking 的 opentracing 协议接口的扩展包。
- apm-toolkit-trace：此 module 为 SkyWalking 提供的自定义扩展包。

（3）oap-server

此 module 为 SkyWalking 的 backend 部分（将在 2.3 节介绍），其中包含如下子 module：

```
<modules>
    <module>server-core</module>
    <module>server-receiver-plugin</module>
    <module>server-cluster-plugin</module>
    <module>server-storage-plugin</module>
    <module>server-library</module>
    <module>server-starter</module>
    <module>server-query-plugin</module>
    <module>server-alarm-plugin</module>
    <module>server-testing</module>
```

```
    <module>oal-rt</module>
    <module>server-telemetry</module>
    <module>oal-grammar</module>
    <module>exporter</module>
    <module>server-configuration</module>
</modules>
```

由于SkyWalking的高扩展性，整体的module设计都是高抽象的接口设计，每个module完成一部分功能，但是这部分功能如何完成是由具体的实现来决定的。举个例子，上面的server-storage-plugin这个module，主要功能为SkyWalking的后端存储，用户只需要扩展SkyWalking的接口就可以轻易替换这一层的具体实现（具体会在第6章介绍）。

这些子module的相关功能介绍如下。

- server-core：此module为Backend的核心处理逻辑。
- server-receiver-plugin：此module包含Backend所能支持的收集数据的方式，例如从JavaAgent端获取参数，从Envoy获取metrics参数等。
- server-cluster-plugin：此module定义Backend的集群方式，例如Consul、ZooKeeper等。
- server-storage-plugin：此module定义Backend的存储方式，例如Elasticsearch、MySQL等。
- server-library：此module负责维护Backend的所有依赖包信息。
- server-starter：此module为Backend的启动入口。
- server-query-plugin：此module定义Backend查询数据的方式，例如GraphQL。
- server-alarm-plugin：此module负责Backend的告警部分的工作。
- server-testing：此module为Backend的测试module。
- server-telemetry：此module负责Backend的网络遥测，例如Prometheus。
- exporter：此module负责Backend暴露数据接口的功能（将在2.3.11节介绍）。
- server-configuration：此module为Backend的配置中心方式，例如Apollo、ZooKeeper等。
- oal-rt/oal-grammar：此module主要负责Backend的OAL体系（将在第7章介绍）。

（4）apm-webapp

此module为SkyWalking的UI部分，其中定义了Web模块的端口以及Server端的接口地址。

（5）apm-dist

此module为SkyWalking的打包module，其中定义了整个module的打包规则。

## 2.2 JavaAgent安装

JavaAgent是SkyWalking系统中的数据发送端，通过简单的部署和配置，用户就可以做到无代码侵入式地获取到业务调用链路数据。

本节将带领读者进行JavaAgent的安装，并介绍其配置参数、所支持的插件和一些高级特性。通过本节的学习，读者将对JavaAgent的使用有更深入的了解，并可以根据实际业务场景进行高级特性的选择。

### 2.2.1 安装方法

（1）下载JavaAgent

在SkyWalking官方网站（http://skywalking.apache.org/downloads/）下载最新的官方Release包并找到其中的agent文件夹，agent内部的结构如下：

```
+-- agent
    +-- activations
         apm-toolkit-log4j-1.x-activation.jar
         apm-toolkit-log4j-2.x-activation.jar
         apm-toolkit-logback-1.x-activation.jar
         ...
    +-- config
         agent.config
+-- optional-plugins
     apm-trace-ignore-plugin-6.2.0.jar
     ...
    +-- plugins
         apm-dubbo-plugin.jar
         apm-feign-default-http-9.x.jar
         apm-httpClient-4.x-plugin.jar
         ...
```

```
skywalking-agent.jar
```

（2）agent 目录结构介绍

agent 的目录结构如下。

- skywalking-agent.jar：此 jar 包是 SkyWalking 的 JavaAgent 入口，也是核心逻辑包。
- plugins：此文件夹中存放的是 SkyWalking 所支持的中间件、框架和库。
- optional-plugins：此文件夹中存放的是 SkyWalking 可选的中间件、框架和库，它与 plugins 的区别在于，SkyWalking 只会自动加载 plugins 目录下的插件包，如果需要 optional-plugins 目录下的插件包，需要手动将对应插件包移至 plugins 目录下。
- config：此文件夹中存放的 agent.config 是 JavaAgent 的默认配置。
- activations：此文件夹中存放的是用于激活 SkyWalking 的应用工具包的插件包。

（3）设置服务名称

修改 config/agent.config 中的 agent.service_name。此参数用来标记当前服务在 SkyWalking 中的名称。

（4）配置服务端地址

配置 config/agent.config 中的 collector.backend_service（后端的地址）。默认指向 127.0.0.1:11800，表示仅与本地后端进行通信。

（5）增加启动参数

在 JVM 启动参数上增加 -javaagent:${absolute path}/skywalking-agent.jar，并且确保这个参数在 -jar 参数之前。其中的 ${absolute path} 代表步骤 1 中下载的 skywalking-agent.jar 的绝对路径。

（6）启动应用

通过 Java -javaagent:${absolute path}/skywalking-agent.jar -jar xxx.jar 启动 xxx.jar 应用。

（7）确认探针启动成功

/agent 目录下会出现一个 log 的文件夹，可以查看其中的日志来判断探针是否启动成功。当然，这时候 SkyWalking 并不是可用状态。等大家阅读完 2.3 节的内容，将后端和

UI 都启动成功后，整个 SkyWalking 就是可用状态了。

### 2.2.2 配置参数

表 2-1 展示了 Apache SkyWalking config/agent.config 文件中所支持的部分配置列表。读者可以前往 https://github.com/apache/skywalking 查询最新的配置列表。

表 2-1　Apache SkyWalking config/agent.config 文件中支持的部分配置

| 属性名 | 描　述 | 默认值 |
|---|---|---|
| agent.namespace | 命名空间，用于隔离跨进程传播的 header。如果进行了配置，header 将为 HeaderName:Namespace | default-namespace |
| agent.service_name | 为每个服务设置唯一的名字，服务的多个服务实例为同样的服务名 | Your_ApplicationName |
| agent.sample_n_per_3_secs | 表示每 3 秒采集的链路数据，负数或 0 代表不采样 | −1 |
| agent.span_limit_per_segment | 单个 Segment 中的 Span 数量的最大个数，超过这个阈值的 Span 都会被丢弃 | 300 |
| agent.is_open_debugging_class | 如果为 true，SkyWalking 会将所有经 Instrument 转换过的 class 文件保存到 agent/debugging 文件夹下 | true |
| agent.instance_uuid | 实例 ID，SkyWalking 会将实例 ID 相同的看作一个实例。如果为空，SkyWalking Agent 会生成一个 32 位的 uuid | 未设置 |
| collector.grpc_channel_check_interval | 检查 gRPC 的 channel 状态的时间间隔，单位秒 | 30 |
| collector.app_and_service_register_check_interval | 检查应用和服务的注册状态的时间间隔，单位秒 | 30 |
| collector.backend_service | SkyWalking 的后端服务地址 | 127.0.0.1:11800 |
| logging.level | 日志打印级别 | DEBUG |
| logging.file_name | 日志文件名 | skywalking-api.log |
| logging.dir | 日志目录，空字符串表示日志会打印在 agent/log 文件夹之下 | 空字符串 |
| logging.max_file_size | 日志文件的最大值。当日志文件大小超过这个数时，归档当前的日志文件并将日志写入新文件 | 300 × 1024 × 1024（300MB） |
| jvm.buffer_size | 收集 JVM 信息的 Buffer 的大小 | 60 × 10 |
| buffer.buffer_size | Trace 数据上报的 Buffer 的大小 | 60 × 10 |
| buffer.channel_size | Trace 数据上报的 Channel 的大小 | 5 |
| dictionary.service_code_buffer_size | 用于设置缓存应用名称的大小 | 10 × 10 000 |
| dictionary.endpoint_name_buffer_size | 用于设置缓存请求名称的大小 | 1000 × 10 000 |

### 2.2.3 插件介绍

SkyWalking 的插件库主要分为以下两类。

- 稳定插件：装载了 SkyWalking 的 JavaAgent 之后会自动进行加载的插件，稳定插件在 agent/plugins 目录下。
- 可选插件：不会自动进行加载的插件。在 agent/optional-plugins 目录下，如果要使用可选插件，需要将对应插件的 jar 包复制到 /agent/plugins 目录下。

#### 1. 稳定插件

下面展示的是截止到 6.2.0 版本，SkyWalking 支持的全部稳定插件。随着项目的不断迭代，这个列表会越来越长，请读者以官方文档为准。

- HTTP Server
  - Tomcat 7
  - Tomcat 8
  - Tomcat 9
  - Spring Boot Web 4.x
  - Spring MVC 3.x, 4.x 5.x with servlet 3.x
  - Nutz Web Framework 1.x
  - Struts2 MVC 2.3.x → 2.5.x
  - Jetty Server 9
  - Spring Webflux 5.x
  - Undertow 2.0.0.Final → 2.0.13.Final
  - RESTEasy 3.1.0.Final → 3.7.0.Final
- HTTP Client
  - Feign 9.x
  - Netflix Spring Cloud Feign 1.1.x, 1.2.x, 1.3.x
  - OkHttp 3.x
  - Apache httpcomponent HttpClient 4.2, 4.3
  - Spring RestTemplete 4.x
  - Jetty Client 9

    - Apache httpcomponent AsyncClient 4.x
- JDBC
    - Mysql Driver 5.x, 6.x, 8.x
    - H2 Driver 1.3.x → 1.4.x
    - Sharding-JDBC 1.5.x
    - ShardingSphere 3.0.0
    - ShardingSphere 3.0.0, 4.0.0-RC1
    - PostgreSQL Driver 8.x, 9.x, 42.x
- RPC 框架
    - Dubbo 2.5.4 → 2.6.0
    - Dubbox 2.8.4
    - Apache Dubbo 2.7.0
    - Motan 0.2.x → 1.1.0
    - gRPC 1.x
    - Apache ServiceComb Java Chassis 0.1 → 0.5,1.0.x
    - SOFARPC 5.4.0
- MQ
    - RocketMQ 4.x
    - Kafka 0.11.0.0 → 1.0
    - ActiveMQ 5.x
    - RabbitMQ 5.x
- NoSQL
    - Redis
        - Jedis 2.x
        - Redisson Easy Java Redis client 3.5.2+
    - MongoDB Java Driver 2.13-2.14,3.3+
    - Memcached Client
        - Spymemcached 2.x

- Xmemcached 2.x
- ■ Elasticsearch
  - transport-client 5.2.x-5.6.x
  - SolrJ 7.0.0-7.7.1
- ❑ 服务发现
  Netflix Eureka
- ❑ Spring 生态系统
  Spring Core Async SuccessCallback/FailureCallback/ListenableFutureCallback 4.x
- ❑ Hystrix: 分布式系统延时和故障容错 1.4.20 → 1.5.12
- ❑ 调度器
  Elastic Job 2.x
- ❑ OpenTracing 社区支持
- ❑ Canal: 阿里巴巴的基于 MySQL binlog 的增量订阅与消费组件 1.0.25 → 1.1.2
- ❑ Vert.x 生态
  - ■ Vert.x Eventbus 3.2+
  - ■ Vert.x Web 3.x

#### 2. 可选插件

可选插件有以下两种类型。

1）一部分插件由于许可的限制或不兼容，因而发布在第三方仓库中。可以到 SkyAPM Java 插件扩展仓库中获得这些插件。

2）另一部分插件可能会对性能有影响，或者必须在某些情况下才使用。

下面展示的为可选插件，括号中的数字代表可选插件的类型序号。

- ❑ HTTP Server
  - ■ Resin 3 (1)
  - ■ Resin 4 (1)
- ❑ HTTP Gateway
  Spring Cloud Gateway 2.1.x.RELEASE (2)
- ❑ JDBC

Oracle Driver (1)

- ❑ NoSQL
  - ■ Redis
  - ■ Lettuce 5.x (2)
- ❑ 分布式协调

  ZooKeeper 3.4.x（2，且 3.4.4 除外）
- ❑ Spring 生态系统

  Spring Bean annotations(@Bean, @Service, @Component, @Repository) 3.x and 4.x (2)
- ❑ JSON

  GSON 2.8.x (2)
- ❑ SkyWalking 可选功能插件
  - ■ Trace-ignore-plugin。这个插件的目的是过滤掉你希望被忽略的 Endpoint。
  - ■ customize-enhance-plugin。这个插件不是为替代某个插件而设计的，而是为了用户使用方便。这个插件的行为与 @Trace toolkit 很相似，但是不需要对代码进行修改，而且功能更强大，比如提供了 tag 和 log。

下面详细介绍 3 个特别的可选插件。

（1）trace-ignore-plugin

① 介绍

这个可选插件具有以下特点。

- ❑ 这个插件的目的是过滤掉你希望被忽略的 Endpoint。
- ❑ 可以设置多个 URL 路径模式，匹配到的 Endpoint 将不会被追踪。
- ❑ 当前的匹配规则遵循 Ant Path 匹配样式，比如 /path/*、/path/**、/path/?。
- ❑ 将 apm-trace-ignore-plugin-x.jar 复制到 agent/plugins，重启 agent，插件将会生效。

② 如何配置

可以通过以下两种方式配置要忽略的 Endpoint 的模式，其中通过系统环境变量配置有更高的优先级。

- ❑ 通过设置系统环境变量配置。增加 skywalking.trace.ignore_path 到系统环境变量中，值是要忽略的路径，多个路径之间用“,”号分隔。

- 将 /agent/optional-plugins/apm-trace-ignore-plugin/apm-trace-ignore-plugin.config 复制到 /agent/config/ 目录下，增加过滤规则

```
trace.ignore_path=/your/path/1/**,/your/path/2/**
```

（2）Spring Bean annotations

这个插件可以实现对被 @Bean、@Service、@Component 和 @Repository 注解标注的 bean 的所有方法的追踪。

为什么这个插件是可选的？因为追踪 bean 的所有方法会创建大量的 Span，这会导致耗费更多的 CPU、内存和网络带宽。如果你想追踪尽可能多的方法，请确保系统负载可以支撑你这么做。

（3）customize-enhance-plugin

① 介绍

SkyWalking 提供了 JavaAgent 插件开发指南来帮助开发者们构建新的插件。

这个插件不是为替代某个插件而设计，而是为了用户使用方便。这个插件的行为与 @Trace toolkit 很相似，但是不需要对代码进行修改，而且功能更强大，比如提供了 tag 和 log。

② 如何配置

实现对类的自定义增强需要以下 3 步。

1）激活插件，将插件从 optional-plugins/apm-customize-enhance-plugin.jar 移动到 plugin/apm-customize-enhance-plugin.jar。

2）在 agent.config 中配置 plugin.customize.enhance_file，指明增强规则文件，比如 /absolute/path/to/customize_enhance.xml。

3）在 customize_enhance.xml 中配置增强规则。

```
<?xml version="1.0" encoding="UTF-8"?>
<enhanced>
     <class class_name="test.apache.skywalking.testcase.customize
            .service.TestService1">
          <method method="staticMethod()" operation_name="/is_static_method"
           static="true"/>
          <method method="staticMethod(java.lang.String,int.class,
```

```
            java.util.Map,java.util.List,[Ljava.lang.
            Object;)" operation_name="/is_static_method_args" static="true">
        <operation_name_suffix>arg[0]</operation_name_suffix>
        <operation_name_suffix>arg[1]</operation_name_suffix>
        <operation_name_suffix>arg[3].[0]</operation_name_suffix>
        <tag key="tag_1">arg[2].['k1']</tag>
        <tag key="tag_2">arg[4].[1]</tag>
        <log key="log_1">arg[4].[2]</log>
    </method>
    <method method="method()" static="false"/>
    <method method="method(java.lang.String,int.class)"
        operation_name="/method_2" static="false">
        <operation_name_suffix>arg[0]</operation_name_suffix>
        <tag key="tag_1">arg[0]</tag>
        <log key="log_1">arg[1]</log>
    </method>
    <method method="method(test.apache.skywalking.testcase.customize
            .model.Model0,java.lang.String,int.class)"
            operation_name="/method_3" static="false">
        <operation_name_suffix>arg[0].id</operation_name_suffix>
        <operation_name_suffix>arg[0].model1.name</operation_name_suffix>
        <operation_name_suffix>arg[0].model1.getId()</operation_name_
            suffix>
        <tag key="tag_os">arg[0].os.[1]</tag>
        <log key="log_map">arg[0].getM().['k1']</log>
    </method>
</class>
<class class_name="test.apache.skywalking.testcase.customize.service.
    TestService2">
    <method method="staticMethod(java.lang.String,int.class)" operation_
        name="/is_2_static_method" static="true">
        <tag key="tag_2_1">arg[0]</tag>
        <log key="log_1_1">arg[1]</log>
    </method>
    <method method="method([Ljava.lang.Object;)" operation_name="/
        method_4" static="false">
        <tag key="tag_4_1">arg[0].[0]</tag>
    </method>
    <method method="method(java.util.List,int.class)" operation_name="/
        method_5" static="false">
        <tag key="tag_5_1">arg[0].[0]</tag>
        <log key="log_5_1">arg[1]</log>
    </method>
</class>
</enhanced>
```

以上文件中的配置说明见表 2-2。

表 2-2 customize-enhance-plugin 配置

| 配　置 | 说　明 |
|---|---|
| class_name | 要被增强的类 |
| method | 类的拦截器方法 |
| operation_name | 如果进行了配置，将用它替代默认的 operation_name |
| operation_name_suffix | 表示在 operation_name 后添加动态数据 |
| static | 方法是否为静态方法 |
| tag | 将在 local span 中添加一个 tag。key 的值需要在 XML 节点上表示 |
| log | 将在 local span 中添加一个 log。key 的值需要在 XML 节点上表示 |
| arg[x] | 表示输入的参数值，比如 args[0] 表示第一个参数 |
| .[x] | 当正在被解析的对象是 Array 或 List 时，你可以用这个表达式得到对应 index 上的对象 |
| .['key'] | 当正在被解析的对象是 Map 时，你可以用这个表达式得到 map 的 key |

### 2.2.4　高级特性

SkyWalking 提供了一些适用于真实业务环境的高级特性，读者可以根据自己的实际情况选用。

#### 1. 配置覆盖

默认情况下，SkyWalking 为探针提供了 agent.config 配置文件。

在真实的业务环境中，一台真实的物理机器上可能部署了很多个不同业务的实例，这些实例的配置基本都一样，可能就一两个是不一样的。比如，如果所有的实例都只有 service_name 不同，那么可以通过配置覆盖来保证，虽然所有的实例都是加载同一个 agent.config 文件，但是关键信息是独立的。

配置覆盖意味着用户可以通过其他方式覆盖配置文件中的信息。目前支持三种配置覆盖方式，三者并无优劣之分，用户可以根据个人使用习惯选择。

（1）系统属性

使用 skywalking+ 配置文件中的配置名作为系统属性的配置名来覆盖配置文件中的值。

示例：-Dskywalking.agent.service_name=skywalking-demo，表示使用 skywalking-demo 覆盖配置中的 agent.service_name 参数。

（2）探针参数

在 JVM 参数的探针路径后面增加参数配置：

-javaagent:/path/to/skywalking-agent.jar=[option1]=[value],[option2]=[value2]

示例：-javaagent:/path/to/skywalking-agent.jar=agent.service_name=skywalking-demo,logging.level=debug，表示使用 skywalking-demo 覆盖配置中的 agent.service_name 参数，使用 debug 覆盖配置中的 logging.level 参数。

注意，如果在选项或选项值中包含分隔符（“,”或“=”），需要用引号引起来，如下：

```
-javaagent:/path/to/skywalking-agent.jar=agent.ignore_suffix='.jpg,.jpeg'
```

（3）系统环境变量

通过下面的配置覆盖 agent.application_code 和 logging.level。

```
# The service name in UI
agent.service_name=${SW_AGENT_NAME:Your_ApplicationName}

# Logging level
logging.level=${SW_LOGGING_LEVEL:INFO}
```

如果 SW_AGENT_NAME 环境变量在你的操作系统中已存在，并且它的值为 skywalking-agent-demo，那么这里的 agent.service_name 的值将会被覆写为 skywalking-agent-demo；否则，它将会被设置成 Your_ApplicationName。

另外，占位符嵌套也是支持的，比如 ${SW_AGENT_NAME:${ANOTHER_AGENT_NAME:Your_ApplicationName}}。在这种情况下，如果 SW_AGENT_NAME 环境变量不存在，但是 ANOTHER_AGENT_NAME 环境变量存在，并且它的值为 skywalking-agent-demo, 那么这里的 agent.service_name 的值将会被覆写为 skywalking-agent-demo；否则，它将会被设置成 Your_ApplicationName。

（4）覆盖优先级

按照优先级从高到低排列如下：

探针参数 > 系统属性 > 系统环境变量 > 配置文件

### 2. 自定义配置文件

前面提到的配置覆盖主要适用于若干实例的配置基本相同，可以通过配置覆盖来进行配置的特殊情形；但是，如果若干实例的配置基本不一样，还使用配置覆盖的话，就会加大运维的成本，这时候就可以使用自定义配置文件。使用自定义配置文件之后，每一个实例都可以加载不同的配置文件，这样也可以将所有的配置文件统一维护起来。

如果用户通过此特性设置了 agent 的配置文件，agent 将会加载所设置的配置文件。此外，这个特性并不会与 2.2.4 节中的配置覆盖特性冲突。

（1）如何使用

指定配置文件的内容格式必须与默认配置文件相同。使用 System.Properties(-D) 设置指定的配置文件路径：

```
-Dskywalking_config=/path/to/agent.config
```

其中，/path/to/agent.config 是指定的配置文件的绝对路径。

（2）覆盖优先级

指定的 agent 配置文件 > 默认的 agent 配置文件

### 3. 客户端采样

设置 agent 的参数 agent.sample_n_per_3_secs，即设置客户端采样。参数含义为每 3 秒采集的链路数据，负数或 0 代表不采样。例如，agent.sample_n_per_3_secs=400 代表 SkyWalking 只会采集 3 秒内的 400 个链路。

### 4. TLS

在互联网中传输数据时，TLS（Transport Layer Security，传输层安全性协议）是一种很常见的安全解决方案。TLS 是建立在传输层 TCP 协议之上的协议，它会将应用层的报文进行加密后再交由 TCP 进行传输，这样就保证了传输数据的安全性。

在一些 SkyWalking 使用案例中，用户有如下使用背景：目标应用在一个区域（也称为 VPC），SkyWalking 后端在另一个区域（VPC）。两端之间通信的报文一旦被截获就会泄露传输的内容。因此，SkyWalking 通过使用 gRPC TLS 来保证通信的安全性。其鉴权模式只支持 no mutual auth。

下面介绍如何开启 TLS。

1）通过 SkyWalking 的脚本[⊖]生成 ca.crt、server.crt 和 server.pem。

2）开启并配置 TLS。

agent 端：将 ca.crt 放到 agent 包的 /ca 文件夹下。注意，/ca 文件夹并没有在分发包中创建，请自己创建它。当 agent 检测到 /ca/ca.crt 后，会自动开启 TLS。

---

⊖ 下载地址为 https://github.com/apache/skywalking/blob/master/tools/TLS/tls_key_generate.sh。

服务端：将 application.yml/core/default 的 TLS 配置设置如下。

```
gRPCSslEnabled: true
gRPCSslKeyPath: /path/to/server.pem
gRPCSslCertChainPath: /path/to/server.crt
gRPCSslTrustedCAPath: /path/to/ca.crt
```

其中，path/to/ 代表文件的绝对路径。

#### 5. 命名空间

（1）背景

SkyWalking 是一个监控工具，会从分布式系统中收集度量值。在真实世界中，大型分布式系统包含了成百上千的服务和服务实例。在这种情况下，很有可能不止一个小组，甚至不止一个公司在维护和监控分布式系统。每个小组或公司掌管着不同的部分，他们不希望也不应该共享他们的度量值。

命名空间正是基于以上背景提出的，用于追踪监控系统的隔离。

（2）如何设置命名空间

在 agent 的配置文件中设置 agent.namespace：

```
# The agent namespace
# agent.namespace=default-namespace
```

Skywalking 的默认 header 的 key 是 sw6，当设置 agent.namespace 之后，header 的 key 变为设置的 namespace+“-sw6”。例如 namespace 为 test，则 header 的 key 为 test-sw6。

#### 6. Application Toolkit API 与 OpenTracing API

Application Toolkit API 是 SkyWalking 提供的一些用户可以主动使用的工具 API，其中包含日志与 TraceId 的整合、自定义某个方法的 Trace、修改某个 Span 的信息，以及跨线程的链路追踪等。OpenTracing API 则是 SkyWalking 基于 OpenTracing 标准实现的 SkyWalking API，用户可以使用这些 API 手动构建分布式链路追踪的上下文。

下面来介绍如何使用这两个 API。

（1）如何在日志中打印 Trace 上下文

截至 6.2.0 版本，SkyWalking 支持的日志框架为 log4j、log4j2、logback。下面分别介绍如何在三者之中打印 Trace 上下文。

① log4j

1）通过 Maven 或 Gradle 引入 toolkit 依赖。

```
<dependency>
    <groupId>org.apache.skywalking</groupId>
    <artifactId>apm-toolkit-log4j-1.x</artifactId>
    <version>{project.release.version}</version>
</dependency>
```

2）配置 layout。

```
log4j.appender.CONSOLE.layout=TraceIdPatternLayout
```

3）在 layout.ConversionPattern 中设置 %T。

```
log4j.appender.CONSOLE.layout.ConversionPattern=%d [%T] %-5p %c{1}:%L - %m%n
```

4）使用 -javaagent 激活 SkyWalking tracer 后，log4j 将会输出 traceId(如果存在的话)。如果 tracer 未激活，输出将是 TID: N/A。

② log4j2

1）使用 Maven 或 Gradle 引入 toolkit 依赖。

```
<dependency>
    <groupId>org.apache.skywalking</groupId>
    <artifactId>apm-toolkit-log4j-2.x</artifactId>
    <version>{project.release.version}</version>
</dependency>
```

2）在 log4j2.xml 的 pattern 中配置 [%traceId]。

```
<Appenders>
    <Console name="Console" target="SYSTEM_OUT">
    <PatternLayout pattern="%d [%traceId] %-5p %c{1}:%L - %m%n"/>
    </Console>
</Appenders>
```

3）使用 -javaagent 激活 SkyWalking tracer 后，log4j2 将会输出 traceId（如果存在的话）。如果 tracer 未激活，输出将是 TID: N/A。

③ logback

1）使用 Maven 或 Gradle 引入 toolkit 依赖。

```
<dependency>
```

```
        <groupId>org.apache.skywalking</groupId>
        <artifactId>apm-toolkit-logback-1.x</artifactId>
        <version>{project.release.version}</version>
    </dependency>
```

2）在 logback.xml 的 Pattern 中配置 %tid。

```
<appender name="STDOUT" class="ch.qos.logback.core.ConsoleAppender">
    <encoder class="ch.qos.logback.core.encoder.LayoutWrappingEncoder">
        <layout class="org.apache.skywalking.apm.toolkit.log.logback.v1.x
                .TraceIdPatternLogbackLayout">
            <Pattern>%d{yyyy-MM-dd HH:mm:ss.SSS} [%tid] [%thread] %-5level
                    %logger{36} -%msg%n</Pattern>
        </layout>
    </encoder>
</appender>
```

3）使用 -javaagent 激活 SkyWalking tracer 后，logback 将会输出 traceId（如果存在的话）。如果 tracer 未激活，输出将是 TID: N/A。

（2）如何通过注解或 SkyWalking 的本地 API 读取 / 补充 Trace 上下文

1）使用 Maven 或 Gradle 引入 toolkit 依赖。

```
<dependency>
    <groupId>org.apache.skywalking</groupId>
    <artifactId>apm-toolkit-trace</artifactId>
    <version>${skywalking.version}</version>
</dependency>
```

2）使用 TraceContext.traceId() API 得到 traceId。

```
import TraceContext;
...
modelAndView.addObject("traceId", TraceContext.traceId());
```

3）使用以下 API 可以对 Trace 进行自定义补充。

- 在你想追踪的方法上添加 @Trace 注解。添加后，你就可以在方法调用栈中查看到 span 的信息。
- 在被追踪的方法的上下文周期内添加自定义 tag。
  - ActiveSpan.error()：将当前 Span 标记为出错状态。
  - ActiveSpan.error(String errorMsg)：将当前 Span 标记为出错状态，并带上错误信息。

- ActiveSpan.error(Throwable throwable)：将当前 Span 标记为出错状态，并带上 Throwable。
- ActiveSpan.debug(String debugMsg)：在当前 Span 添加一个 debug 级别的日志信息。
- ActiveSpan.info(String infoMsg)：在当前 Span 添加一个 info 级别的日志信息。

示例代码如下：

```
ActiveSpan.tag("my_tag", "my_value");
ActiveSpan.error();
ActiveSpan.error("Test-Error-Reason");
ActiveSpan.error(new RuntimeException("Test-Error-Throwable"));
ActiveSpan.info("Test-Info-Msg");
ActiveSpan.debug("Test-debug-Msg");
```

（3）如何通过手动的方式实现 Trace 跨线程传递

1）使用 Maven 或 Gradle 引入 toolkit 依赖。

```
<dependency>
    <groupId>org.apache.skywalking</groupId>
    <artifactId>apm-toolkit-trace</artifactId>
    <version>${skywalking.version}</version>
</dependency>
```

2）使用 CallableWrapper 或者 RunnableWrapper 完成跨线程传递。

```
ExecutorService executorService = Executors.newFixedThreadPool(1);
    executorService.submit(CallableWrapper.of(new Callable<String>() {
        @Override public String call() throws Exception {
            return null;
        }
}));
     ExecutorService executorService = Executors.newFixedThreadPool(1);
     executorService.execute(RunnableWrapper.of(new Runnable() {
        @Override public void run() {
            //your code
        }
}));
```

3）使用 @TraceCrossThread 完成跨线程传递。

```
@TraceCrossThread
public static class MyCallable<String> implements Callable<String> {
    @Override
```

```
    public String call() throws Exception {
        return null;
    }
}
...
ExecutorService executorService = Executors.newFixedThreadPool(1);
executorService.submit(new MyCallable());
```

（4）如何使用 OpenTracing 的 Java API

1）使用 Maven 或 Gradle 引入 toolkit 依赖。

```
<dependency>
    <groupId>org.apache.skywalking</groupId>
    <artifactId>apm-toolkit-opentracing</artifactId>
    <version>{project.release.version}</version>
</dependency>
```

2）使用 OpenTracing tracer 的实现。

```
Tracer tracer = new SkywalkingTracer();
Tracer.SpanBuilder spanBuilder = tracer.buildSpan(
    "/yourApplication/yourService");
```

## 2.3 后端与 UI 部署

本节将主要介绍 SkyWalking 项目的后端 collector（OAP Server）和前端 UI 的部署方式，包括主要配置介绍及配置含义。你可以将 SkyWalking 的后端部署在物理机、虚拟机或者 Kubernetes 集群中。通过本节的学习，读者将了解到 SkyWalking 后端 collector 和前端 UI 是如何运行的，并能根据实际业务场景配置更加优化的参数。

### 2.3.1 SkyWalking 部署介绍

你可以从 SkyWalking 官网（http://skywalking.apache.org/downloads/）下载 SkyWalking 最新版本的发行包，发行包中包含部署 SkyWalking 后端和 UI 所需的文件。解压完成后，得到的主要目录如下：

```
→ $ tree -d -L 1
.
├── agent
```

```
├── bin
├── config
├── licenses
├── logs
├── mesh-buffer
├── oap-libs
├── trace-buffer
└── webapp
```

下面分别简单介绍下每个目录。

- agent：JavaAgent所需的jar包目录，存放JavaAgent端所需要的jar包和配置，前文已介绍，这里不再赘述。
- bin：启动脚本目录，包含在Linux平台和Windows平台启动后端服务所需脚本及UI模块的启动脚本。
- config：项目配置目录，包含后端服务主配置文件application.yml、日志配置文件log4j2.xml、报警配置文件、数据源datasource配置文件等，读者可以根据实际情况修改相关的配置。
- licenses：项目许可文件，项目所依赖的第三方包的许可文件声明。
- logs：日志路径，默认情况下，后端模块和UI模块启动后都会将日志输出到此目录。
- mesh-buffer：接收service-mesh数据的缓存目录。
- oap-libs：后端模块运行所需要的jar包目录。
- trace-buffer：接收agent端发送的trace Segment缓存目录。
- webapp：UI部署的文件目录，包含UI部署的jar包和相关的配置文件webapp.yml。

在了解了SkyWalking的大致文件包以后，接下来看看SkyWalking的运行模块（见图2-1），总体来说，可以分为如下4个模块。

- Agent/Probe探针。主要收集应用的监控数据，包括调用关系、执行时间、是否报错、错误堆栈等信息，也包含Service Mesh中的探针。
- 后端服务（Backend/OAP Server）。收集并处理agent探针上报的监控数据，经过分析处理后持久化到存储模块。

- 存储。用来持久化后端服务处理完成后的数据，SkyWalking 提供了多种生产级别的存储实现方式，如 Elasticsearch、MySQL、TiDB 等。
- UI 模块。用于前端查询各种监控数据并展现给用户。

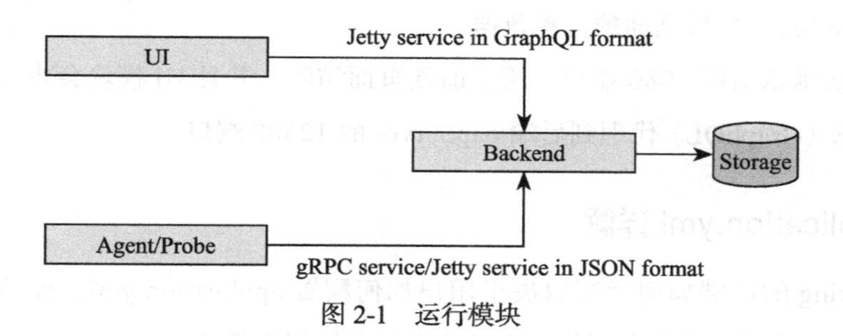


图 2-1 运行模块

### 2.3.2 快速启动

在了解完 SkyWalking 的模块之后，你一定按捺不住想实践一下，自己部署一个 SkyWalking 的服务吧。不过，在部署之前请确保已经正确安装了 Java 环境，JDK 需要 JDK 8 及以上版本。

快速启动的 SkyWalking 只能用于初步了解和预览其功能，不能作为生产环境长期部署，关于如何在生产环境中部署，3.3 节会具体讲解。

最简单的快速启动方式是进入 skywalking 目录后，在命令行直接执行 bin/startup.sh（Linux 和 Mac 用户）或 bin/startup.bat（Windows 用户）。startup 会同时启动后端 oapServer（对应启动脚本为 oapService.sh）和 UI 模块（对应启动脚本为 webappService.sh），启动成功后将会在控制台输出启动成功的日志。

```
→ $ bin/startup.sh
SkyWalking OAP started successfully!
SkyWalking Web Application started successfully!
```

快速启动会读取默认的配置文件，oapServer 的默认配置文件在 config 目录中，UI 模块的默认配置文件在 webapp 目录中。

正常情况下，控制台显示启动成功后，服务端 oapServer 就可以正常服务了。关于快速启动服务采用的存储和服务端口，可以参考如下说明。

- 后端 oapServer 默认使用的存储为 H2 内存数据库，这样就不需要额外部署存储，可以参考 config/application.yml 中 storage 的相关配置。

- 后端 oapServer 默认会开启 gRPC 监听端口 11800 及 HTTP RESTful 的端口 12800，用来接收多语言（Java、PHP、.Net Core、Node.js、Go）的 Agent 探针及 Service Mesh 中数据面的监控数据。
- UI 模块默认监听 8080 端口，用于前端页面访问，并且 UI 模块会将前端的所有后端请求（GraphQL）代理到后端 oapServer 的 12800 端口。

### 2.3.3 application.yml 详解

SkyWalking 的后端如何运行取决于用户如何配置 application.yml，理解此配置文件能够帮助读者快速了解后端有哪些模块以及它们是如何运行的。

application.yml 采用 YMML 文件格式进行配置，SkyWalking 的后端也是用纯模块化的方式设计的，用户可以按照实际情况配置 application.yml 来对各个功能模块进行插拔式组装。application.yml 的配置主要分为三个层级：

- 模块名称
- 模块实现（Provider）
- 具体配置

举个例子，在下面的配置中，core 表示模块名称，default 表示 core 模块的一个默认具体实现（Provider），restHost、restPort 等表示 default 实现的具体配置，其他模块以此类推。

```
core:
    default:
        restHost: 0.0.0.0
        restPort: 12800
        restContextPath: /
        gRPCHost: 0.0.0.0
        gRPCPort: 11800
```

SkyWalking 将后端模块分为必选模块和可选模块，必选模块是后端运行的基础条件，主要包括以下几类。

- 核心模块（Core）：负责数据分析和流式数据调度分发的主要框架。
- 集群模块（Cluster）：负责管理多实例部署，提供高吞吐数据处理能力。

- 存储模块（Storage）：负责将 Trace 链路数据和指标分析数据存入持久层存储中。
- 查询模块（Query）：为 UI 模块提供查询接口。

除了必选模块，SkyWalking 也提供了功能丰富的可选模块，比如以下几类。

- 报警模块（Alarm）：负责将分析后的数据按照用户指定的规则报警。
- 数据接收模块（Receivers）：负责接收多种来源的监控数据，包括来源于第三方的数据。
- Telemetry 监控数据模块：负责将 SkyWaking 后端自身运行的监控数据提供给外部监控系统采集，默认实现了 Prometheus 采集接口和 so11y（self-observability）数据采集。
- 动态配置模块：主要的配置仍然来源于 application.yml，但是部分配置可以支持接入动态的配置中，比如支持 Apollo、ZooKeeper、Consul、etcd 等。
- Metric Exporter 模块：可以将 SkyWalking 后端分析处理后的指标数据通过 gRPC 协议转发到用户自定义的其他服务中，方便二次开发和展示。

下面来介绍每一个必选模块的具体作用和配置。

### 1. 核心模块配置

核心模块用来配置 SkyWalking 后端的一些核心配置，比如用于收集数据的 gRPC 端口，以及配置数据过期时间等。

```
core:
  default:
    role: ${SW_CORE_ROLE:Mixed} # Mixed/Receiver/Aggregator
    restHost: ${SW_CORE_REST_HOST:0.0.0.0}
    restPort: ${SW_CORE_REST_PORT:12800}
    restContextPath: ${SW_CORE_REST_CONTEXT_PATH:/}
    gRPCHost: ${SW_CORE_GRPC_HOST:0.0.0.0}
    gRPCPort: ${SW_CORE_GRPC_PORT:11800}
    downsampling:
      - Hour
      - Day
      - Month
    enableDataKeeperExecutor: ${SW_CORE_ENABLE_DATA_KEEPER_EXECUTOR:true}
    recordDataTTL: ${SW_CORE_RECORD_DATA_TTL:90} # Unit is minute
    minuteMetricsDataTTL: ${SW_CORE_MINUTE_METRIC_DATA_TTL:90} # Unit is minute
    hourMetricsDataTTL: ${SW_CORE_HOUR_METRIC_DATA_TTL:36} # Unit is hour
```

```
dayMetricsDataTTL: ${SW_CORE_DAY_METRIC_DATA_TTL:45} # Unit is day
monthMetricsDataTTL: ${SW_CORE_MONTH_METRIC_DATA_TTL:18} # Unit is month
enableDatabaseSession: ${SW_CORE_ENABLE_DATABASE_SESSION:true}
```

核心模块的配置比较简单，总体分为：

- 当前实例节点的角色（role）；
- 地址和端口配置；
- metric 指标数据的分析维度（downsampling）；
- 数据有效期。

后端服务在集群部署模式下会相互通信，你可以在复杂的集群部署和网络环境下为每一个节点分配不同的角色，这就可以通过角色来指定。目前提供以下 3 种角色。

- Mixed（混合）模式：默认角色。这种模式下，后端服务主要提供的功能为：
  - 接收 Agent 端的数据；
  - L1 一级数据聚合；
  - 集群间通信（发送 / 接收）；
  - L2 二级数据聚合；
  - 数据持久化（存储）；
  - 报警。
- Receiver（只收集数据）模式：只接收来自 Agent 端的数据，简单处理数据（L1）后将数据发送给其他节点处理。这种模式下，后端服务主要提供的功能为：
  - 接收 Agent 端的数据；
  - L1 一级数据聚合；
  - 将自身数据发送给集群的其他节点处理。
- Aggregator（只聚合数据）模式：不收集来自客户端的数据，只接受来自集群其他节点的数据处理请求。这种模式下，后端服务主要提供的功能为：
  - 接收来自集群其他节点的数据；
  - L2 二级数据聚合；
  - 数据持久化（存储）；
  - 报警。

### 2. 集群模块配置

集群模块配置用来配置SkyWalking后端服务是采用单机部署的方式还是集群部署模式的方式（生产环境中推荐使用集群部署模式），如果是集群部署，需要配置全局注册中心用来进行集群节点变化感知。目前支持ZooKeeper、Consul、Nacos、etcd，也可以将SkyWalking部署在Kubernetes集群中，采用云原生的方式运行SkyWalking的OAP。

```
cluster:
  standalone:
#   Please check your ZooKeeper is 3.5+, However, it is also compatible with
#   ZooKeeper 3.4.x. Replace the ZooKeeper 3.5+ library the oap-libs folder with your
#   ZooKeeper 3.4.x library.
#  zookeeper:
#    nameSpace: ${SW_NAMESPACE:""}
#    hostPort: ${SW_CLUSTER_ZK_HOST_PORT:localhost:2181}
#    #Retry Policy
#    baseSleepTimeMs: ${SW_CLUSTER_ZK_SLEEP_TIME:1000} # initial amount of
#    time to wait between retries
#    maxRetries: ${SW_CLUSTER_ZK_MAX_RETRIES:3} # max number of times to retry
#    # Enable ACL
#    enableACL: ${SW_ZK_ENABLE_ACL:false} # disable ACL in default
#    schema: ${SW_ZK_SCHEMA:digest} # only support digest schema
#    expression: ${SW_ZK_EXPRESSION:skywalking:skywalking}
#  kubernetes:
#    watchTimeoutSeconds: ${SW_CLUSTER_K8S_WATCH_TIMEOUT:60}
#    namespace: ${SW_CLUSTER_K8S_NAMESPACE:default}
#    labelSelector: ${SW_CLUSTER_K8S_LABEL:app=collector,release=skywalking}
#    uidEnvName: ${SW_CLUSTER_K8S_UID:SKYWALKING_COLLECTOR_UID}
#  consul:
#    serviceName: ${SW_SERVICE_NAME:"SkyWalking_OAP_Cluster"}
#     Consul cluster nodes, example: 10.0.0.1:8500,10.0.0.2:8500,10.0.0.3:8500
#    hostPort: ${SW_CLUSTER_CONSUL_HOST_PORT:localhost:8500}
#  nacos:
#    serviceName: ${SW_SERVICE_NAME:"SkyWalking_OAP_Cluster"}
#    hostPort: ${SW_CLUSTER_NACOS_HOST_PORT:localhost:8848}
#  etcd:
#    serviceName: ${SW_SERVICE_NAME:"SkyWalking_OAP_Cluster"}
#     etcd cluster nodes, example: 10.0.0.1:2379,10.0.0.2:2379,10.0.0.3:2379
#    hostPort: ${SW_CLUSTER_ETCD_HOST_PORT:localhost:2379}
```

默认情况下，SkyWalking采用的是单机部署模式，但是生产环境中建议不要采用这种方式，你可以选择上面任意一种注册中心进行节点的注册，保持OAP服务的高可用。

### 3. 存储模块配置

SkyWalking提供了多种存储解决方案，可以将数据存储在Elasticsearch集群中，也可以存储在MySQL或者集群解决方案TiDB中，按照技术栈和熟悉程度进行选择即可，这里以Elasticsearch为例。

```
storage:
  elasticsearch:
    nameSpace: ${SW_NAMESPACE:""}
    clusterNodes: ${SW_STORAGE_ES_CLUSTER_NODES:localhost:9200}
    protocol: ${SW_STORAGE_ES_HTTP_PROTOCOL:"http"}
    #trustStorePath: ${SW_SW_STORAGE_ES_SSL_JKS_PATH:"../es_keystore.jks"}
    #trustStorePass: ${SW_SW_STORAGE_ES_SSL_JKS_PASS:""}
    user: ${SW_ES_USER:""}
    password: ${SW_ES_PASSWORD:""}
    indexShardsNumber: ${SW_STORAGE_ES_INDEX_SHARDS_NUMBER:2}
    indexReplicasNumber: ${SW_STORAGE_ES_INDEX_REPLICAS_NUMBER:0}
    # Those data TTL settings will override the same settings in core module.
    recordDataTTL: ${SW_STORAGE_ES_RECORD_DATA_TTL:7} # Unit is day
    otherMetricsDataTTL: ${SW_STORAGE_ES_OTHER_METRIC_DATA_TTL:45} # Unit is day
    monthMetricsDataTTL: ${SW_STORAGE_ES_MONTH_METRIC_DATA_TTL:18} # Unit is
        month
    bulkActions: ${SW_STORAGE_ES_BULK_ACTIONS:1000} # Execute the bulk every
        1000 requests
    flushInterval: ${SW_STORAGE_ES_FLUSH_INTERVAL:10} # flush the bulk every
        10 seconds whatever the number of requests
    concurrentRequests: ${SW_STORAGE_ES_CONCURRENT_REQUESTS:2} # the number of
        concurrent requests
    metadataQueryMaxSize: ${SW_STORAGE_ES_QUERY_MAX_SIZE:5000}
    segmentQueryMaxSize: ${SW_STORAGE_ES_QUERY_SEGMENT_SIZE:200}
#  h2:
#    driver: ${SW_STORAGE_H2_DRIVER:org.h2.jdbcx.JdbcDataSource}
#    url: ${SW_STORAGE_H2_URL:jdbc:h2:mem:skywalking-oap-db}
#    user: ${SW_STORAGE_H2_USER:sa}
#    metadataQueryMaxSize: ${SW_STORAGE_H2_QUERY_MAX_SIZE:5000}
#  mysql:
#    metadataQueryMaxSize: ${SW_STORAGE_H2_QUERY_MAX_SIZE:5000}
```

默认情况下，SkyWalking采用Elasticsearch集群作为持久化存储数据库。如果你选择使用MySQL或TiDB作为数据存储工具，在config/datasource-settings.properties文件中配置数据库连接信息，并将存储工具切换为MySQL即可。

### 4. 查询模块配置

查询模块通过 GraphQL（https://graphql.org/）框架处理 API 请求，目前只需要配置 API 请求的 contextPath 即可。提供服务的 HOST 和端口就是前文核心模块的 restHost 和 restPort。

```
query:
    graphql:
        path: ${SW_QUERY_GRAPHQL_PATH:/graphql}
```

## 2.3.4 参数复写

虽然 application.yml 提供了丰富灵活的配置，但是某些情况下用户还是需要针对某些节点或者每个节点有不同的配置，这时，可以采用启动参数或者环境变量进行覆盖。其中优先级顺序为，从启动参数指定、环境变量到 application.yml 中具体配置依次递减。

1）通过启动参数进行参数配置。通过启动参数配置的参数优先级最高，配置的 key 格式为 ModuleName.ProviderName.SettingKey。比如，要将 core.default.restHost 这个参数覆写为 127.0.0.1，在启动参数上增加配置 -Dcore.default.restHost=127.0.0.1 即可。

2）通过环境变量指定参数配置。通过上一节的介绍，读者已经看到几乎 application.yml 的每一项都可以用环境变量来配置。

```
query:
    graphql:
        path: ${SW_QUERY_GRAPHQL_PATH:/graphql}
```

比如以上代码中，如果环境变量中存在 SW_QUERY_GRAPHQL_PATH 并且值为 /api，那么 query.graphql.path 的配置值则为 /api ；如果不存在这个环境变量，配置在内存的值则为 /graphql。此外，环境变量的配置还支持多个环境的优先配置，比如 ${REST_HOST:${ANOTHER_REST_HOST:127.0.0.1}}，系统会首先在环境变量中查找是否有 REST_HOST，如果存在，则使用 REST_HOST 对应的值，否则就查找是否存在 ANOTHER_REST_HOST 这个环境变量。以此类推，在都没有配置环境的情况下，最后使用的值为 127.0.0.1。

## 2.3.5 IP 和端口设置

在核心模块中，可以对后端 OAP 服务监听的 IP 和端口进行设置，特别是系统有多网卡多 IP 的时候，可以设置将 OAP 服务绑定在某一个 IP 上，配置如下：

```
core:
    default:
        restHost: 0.0.0.0
        restPort: 12800
        restContextPath: /
        gRPCHost: 0.0.0.0
        gRPCPort: 11800
```

主要设置了以下两对IP和端口。

- gRPCHost和gRPCPort。使用gRPC进行传输的IP和端口，大多数Agent会使用gRPC协议与后端OAP进行通信，因为gRPC拥有更好的传输性能和稳定性。
- restHost和restPort。使用REST风格的HTTP接口接收数据的IP和端口。适用于少部分Agent所使用的语言还不支持gRPC协议的情形，另外，UI模块也是通过这个端口使用GraphQL进行数据查询的。

需要注意的是，如果你设置了指定的IP而不是0.0.0.0，比如IP已经设置为172.9.13.28，那么客户端只能通过这个IP来访问服务，即使Agent运行在172.9.13.28这台机器上，也不能使用localhost、127.0.0.1这样的非绑定IP来进行访问。

### 2.3.6 集群管理配置

在实际生产环境中使用时，为了保证服务的稳定和健壮，需要对OAP后端采用集群模式进行部署。本节将详细讲解如何对OAP后端进行集群管理，包括使用传统集群管理工具管理物理机集群，以及使用Kubernetes管理云原生集群。

#### 1. 传统集群管理工具

OAP提供了多种集群管理协调工具用于集群管理，对后端的各个实例进行感知，实例通过它们获取节点，进行互相通信。OAP目前支持4种集群管理工具：ZooKeeper、Consul、Nacos和etcd。

（1）ZooKeeper

ZooKeeper是一个开源的分布式协调服务，相信很多读者对它并不陌生，很多分布式服务都用它作为统一的协调服务。在OAP中，将application.yml中的cluster设置为ZooKeeper，使用如下配置（需要ZooKeeper 3.4及以上版本）：

```
cluster:
```

```
zookeeper:
    nameSpace: ${SW_NAMESPACE:""}
    hostPort: ${SW_CLUSTER_ZK_HOST_PORT:localhost:2181}
    # Retry Policy
    baseSleepTimeMs: 1000 # initial amount of time to wait between retries
    maxRetries: 3 # max number of times to retry
    # Enable ACL
    enableACL: ${SW_ZK_ENABLE_ACL:false} # disable ACL in default
    schema: ${SW_ZK_SCHEMA:digest} # only support digest schema
    expression: ${SW_ZK_EXPRESSION:skywalking:skywalking}
```

以上配置中的主要配置项说明如下。

- hostPort：ZooKeeper 的服务地址，格式为 IP1:PORT1,IP2:PORT2,...,IPn:PORTn。
- enableACL：是否开启 ZooKeeper 的 ACL 权限控制。
- schema：ZooKeeper 的 ACL schema。
- expression：ACL 的表达式。
- baseSleepTimeMs、maxRetries：用于设置 ZooKeeper curator 客户端的参数。

需要注意以下几点：

- 如果你的集群中开启了 ACL 权限控制并且 /skywalking 节点已经存在，那么需要确保 OAP 有对该节点的 CREATE、READ、WRITE 权限；
- 如果节点 /skywalking 在 ZooKeeper 中不存在，OAP 服务会自动创建该节点并授权给指定的用户，同时 znode 也会赋予 READ 权限；
- 如果 schema 设置为 digest，则 expression 中的密码必须用明文配置。

在某些情况下，前文提到的 gRPC IP 和端口不适用于集群间各个实例间的通信，需要单独指定 IP 和端口进行通信，这时可以增加如下两个配置：internalComHost 和 internalComPort。顾名思义，这两个参数就是专门用来配置 ZooKeeper 协调下的实例注册和服务发现的 IP 和端口，以此来进行集群中各实例间的通信。参考示例如下：

```
zookeeper:
    nameSpace: ${SW_NAMESPACE:""}
    hostPort: ${SW_CLUSTER_ZK_HOST_PORT:localhost:2181}
    #Retry Policy
    baseSleepTimeMs: ${SW_CLUSTER_ZK_SLEEP_TIME:1000} # initial amount of time
        to wait between retries
    maxRetries: ${SW_CLUSTER_ZK_MAX_RETRIES:3} # max number of times to retry
```

```
    internalComHost: 172.10.4.10
    internalComPort: 11800
    # Enable ACL
    enableACL: ${SW_ZK_ENABLE_ACL:false} # disable ACL in default
    schema: ${SW_ZK_SCHEMA:digest} # only support digest schema
    expression: ${SW_ZK_EXPRESSION:skywalking:skywalking}
```

（2）Consul

Consul是一种服务网格解决方案，提供具有服务发现、配置和KV存储等多功能的服务。这里我们用Consul的服务注册发现来协调OAP服务的集群实例，将cluster设置为consul，以支持Consul配置，配置如下：

```
cluster:
    consul:
        serviceName: ${SW_SERVICE_NAME:"SkyWalking_OAP_Cluster"}
        # Consul cluster nodes, example: 10.0.0.1:8500,10.0.0.2:8500,10.0.0.3:8500
        hostPort: ${SW_CLUSTER_CONSUL_HOST_PORT:localhost:8500}
```

与ZooKeeper注册服务类似，如果实例节点无法使用核心模块的gRPC配置的IP和端口，也可以单独为Consul的注册服务发现设置自己的IP和端口，参数名称依然是internalComHost和internalComPort。

（3）Nacos

按照官网的定义，Nacos是构建云原生应用时用于提供动态服务注册发现、配置和服务管理的平台。我们也可以单纯将其动态服务注册和发现功能用于OAP的服务发现，将cluster设置为nacos即可。

```
cluster:
    nacos:
        serviceName: ${SW_SERVICE_NAME:"SkyWalking_OAP_Cluster"}
        # Nacos cluster nodes, example: 10.0.0.1:8848,10.0.0.2:8848,10.0.0.3:8848
        hostPort: ${SW_CLUSTER_NACOS_HOST_PORT:localhost:8848}
        # Nacos Configuration namespace
        namespace: ${SW_CLUSTER_NACOS_NAMESPACE:"public"}
```

（4）etcd

etcd是分布式系统中用于存储高可用键值对的存储系统。将cluster设置为etcd即可使用。

```
cluster:
    etcd:
        serviceName: ${SW_SERVICE_NAME:"SkyWalking_OAP_Cluster"}
        #etcd cluster nodes, example: 10.0.0.1:2379,10.0.0.2:2379,10.0.0.3:2379
        hostPort: ${SW_CLUSTER_ETCD_HOST_PORT:localhost:2379}
```

### 2. Kubernetes 集群管理

Kubernetes是一个开源的云原生容器化集群管理平台，目标是让部署容器化的应用简单且高效。SkyWalking后台可以非常容易地部署在该管理平台之中，而且受益于Kubernetes的高效管理，可以保证OAP和UI组件的高可用性。

对于在Kubernetes集群之中部署OAP集群，虽然我们可以用前面介绍的服务发现服务（如ZooKeeper、Consul等）进行集群管理，但Kubernetes平台本身就具备成为服务发现组件的能力，通过访问API Server可以获取到OAP各个实例的Endpoint的位置，从而实现集群中节点的互相访问。

使用如下配置开启Kubernetes集群管理：

```
cluster:
    kubernetes:
        watchTimeoutSeconds: ${SW_CLUSTER_K8S_WATCH_TIMEOUT:60}
        namespace: ${SW_CLUSTER_K8S_NAMESPACE:default}
        labelSelector: ${SW_CLUSTER_K8S_LABEL:app=collector,release=skywalking}
        uidEnvName: ${SW_CLUSTER_K8S_UID:SKYWALKING_COLLECTOR_UID}
```

以上配置中的各项介绍如下。

- watchTimeoutSeconds表示集群管理器监控API Server的超时周期。该配置作用于Kubernetes的Java SDK中，一般情况下，集群管理使用该SDK与API Server建立长连接。如果在该超时时间内没有任何数据交互，集群管理器就会断开与API Server的连接，然后重试，默认值为60秒。
- namespace是OAP的Deployment所在命名空间的名字。
- labelSelector为OAP的Pod的标签选择器，集群管理器可以使用labelSelector发现集群中其他实例的位置。
- uidEnvName为集群管理注入Pod的唯一ID。

2.3.7节有完整的部署实例。

### 3. 探针与集群通信

由前面的IP和端口设置可知，OAP服务端主要提供了gRPC和HTTP RESTful的接口方式接收客户端的数据。随着Skywalking项目的发展和演进，目前的客户端早已不是仅有Java Agent探针，还提供了多种语言（PHP、C#、Node.js、Go等）的探针，同时支持一些主流调用链平台的协议，如Zipkin和Jaeger，也支持目前非常盛行的Service Mesh框架Istio的遥测数据。OAP服务端将接收不同类型的数据，在application.yml中分成了不同的配置，因此读者在配置文件中可以看到如下配置。

- receiver-trace：通过gRPC和HTTP RESTful接收来自各语言客户端的追踪调用链数据。
- receiver-register：通过gRPC和HTTP RESTful接收来自客户端的服务、服务实例和Endpoint的元数据注册信息。
- receiver-sharing-server：默认情况下，追踪链路数据都是通过核心模块的IP和端口接收，可以通过此选项在下面设置用于接收追踪数据的单独端口，将追踪数据与集群管理数据从端口层面进行隔离。
- service-mesh：通过gRPC接收来自Service Mesh的探针数据。
- receiver-jvm：通过gRPC接收来自JVM的监控指标数据。
- istio-telemetry：通过gRPC接收来自Istio的Bypass Adaptor的数据。
- envoy-metric：接收来自Envoy的metrics_service和ALS（Access Log Service）的数据。
- receiver_zipkin：通过HTTP接口接收来自Zipkin客户端的追踪链路数据。
- receiver_jaeger：通过gRPC接收来自Jaeger客户端的追踪链路数据。

值得注意的是，receiver_zipkin和receiver_jaeger目前只能在Tracing模式下运行，即只能收集并展示各自客户端的链路数据，无法分析Metrics指标数据。

## 2.3.7 Kubernetes部署

SkyWalking提供了一套官方的仓库[⊖]，用于将OAP和UI组件部署到Kubernetes平台。在2.3.6节中，我们介绍了OAP的集群管理组件如何利用Kubernetes的API Server

⊖ https://github.com/apache/skywalking-kubernetes

来实现集群之中各节点的协调能力，本节将进一步介绍 OAP 部署，此外还将介绍 UI 组件部署的相关细节。

图 2-2 展示了 skywalking-kubernetes 库的目录结构。由于历史上发生了多次安装方式的变迁，因此安装的详细内容请参考该仓库的文档。这里对该仓库的一些注意事项进行详细说明。

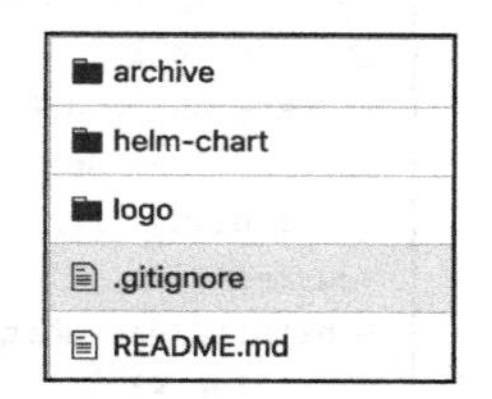


图 2-2　skywalking-kubernetes 库的目录结构

（1）archive 目录

该目录包含了 6.0 版本之中一些原始的 Kubernetes YAML 脚本，这些脚本均是静态脚本，并不能适用于多种安装环境，仅作为用户部署到 Kubernetes 时的一种参考。

（2）helm-chart 目录

这是使用 Helm 来生成 Kubernetes 的 YAML 文件。我们以写作本书时最新的 6.4.0 版本为例，如图 2-3 所示。

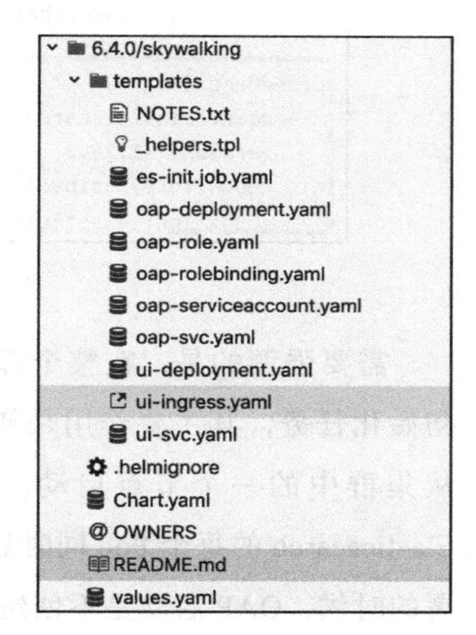


图 2-3　Skywalking Helm Chart

在 Chart.yaml 文件中可以看到，该 Chart 依赖于 Elasticsearch（见图 2-4）。目前该 Chart 仅支持这一种存储模块，其他的存储模块并没有在该仓库之中，如果需要使用，用户需自行安装。想要禁用 Elasticsearch 模块，可以将 elasticsearch.enabled 设置为 false。

OAP 的部分主要是使用了环境变量进行配置，如果用户想要覆盖 Docker 容器中的多个配置文件，需要使用 ConfigMap 将各个配置文件存储到 Kubernetes 平台，然后通过环境变量 SW_LOAD_CONFIG_FILE_FROM_VOLUME=true 禁用容器自动生成配置文件，而后可以将这些配置文件挂载到容器中去。目前的 Chart 是不支持的，需要用户手动操作。

OAP 的 role 和 rolebinding 主要用于给 OAP 集群管理器提供 API Server 的访问权限，目前 role 提供了对于 Pod 的 get、watch 和 list 三个操作权限。

OAP 的 service 部分目前只提供给 UI 进行内部的访问。如果用户想从外部访问 OAP 相关的 Endpoint，需要自己添加新的 service，或者使用 port-forward 来进行访问。

```
apiVersion: v1
name: skywalking
home: https://skywalking.apache.org
version: 0.1.1
appVersion: 6.4.0
description: Apache SkyWalking APM System
icon: https://raw.githubusercontent.com/apache/skywalking-kubernetes/master/logo/s
sources:
- https://github.com/apache/skywalking-kubernetes
maintainers:
- name: hanahmily
  email: hanahmily@gmail.com
- name: innerpeacez
  email: innerpeace.zhai@gmail.com

dependencies:
  - name: elasticsearch
    version: ~1.28.2
    repository: https://kubernetes-charts.storage.googleapis.com/
    condition: elasticsearch.enabled
```

图 2-4　SkyWalking 依赖 Elasticsearch

需要强调的是，在整个部署脚本中存在一个任务 es-initjob，它是 Elasticsearch 的初始化任务，其主要作用是初始化 Elasticsearch 的相关索引。在部署 VM 的时候，是从集群中的一个节点启动，然后进行索引的创建。而对于 Kubernetes 集群，如果 Elasticsearch 的每个 Pod 同时启动，就会造成并发创建索引失败。因此在 Kubernetes 部署的时候，OAP 启动是不创建任何索引的，而是由该任务来统一创建索引。在 OAP 启动的时候，可以通过后台的一些日志发现它在等待索引的创建。当该任务执行完成后，OAP 实例就可以正常启动了。

UI 的部署与普通无状态服务的部署非常类似。目前 Chart 提供了 Ingress、NodePort 和 LoadBalancer 三种外部访问模式进行部署，可以使用 values.yml 文件中所定义的参数进行模式切换。

## 2.3.8　后端存储

SkyWalking 后端存储实现了多种生产环境可用的存储形式，读者可以按照技术栈的要求和熟练程度自行选择。如果读者比较熟悉架构和代码，也可以按照提供的接口自行实现存储，目前已经支持的存储有 Elasticsearch 6、MySQL 和 TiDB。

### 1. Elasticsearch

选择 Elasticsearch 作为存储，只需要将前文所说的 application.yml 中的 storage 设置为 elasticsearch 即可。目前，Elasticsearch 也是大多数场景所使用的的存储形式，Elasticsearch 集群可以方便地管理和水平扩展，能够适应不同条件下监控数据量不同的业务场景。

OAP 默认使用 HTTP 协议的 RestHighLevelClient 与服务端进行通信（也就是默认情况下的 9200 端口），示例配置如下：

```
storage:
    elasticsearch:
        # nameSpace: ${SW_NAMESPACE:""}
        # user: ${SW_ES_USER:""} # User needs to be set when Http Basic
            authentication is enabled
        # password: ${SW_ES_PASSWORD:""} # Password to be set when Http Basic
            authentication is enabled
        # trustStorePath: ${SW_SW_STORAGE_ES_SSL_JKS_PATH:""}
        # trustStorePass: ${SW_SW_STORAGE_ES_SSL_JKS_PASS:""}
        clusterNodes: ${SW_STORAGE_ES_CLUSTER_NODES:localhost:9200}
        protocol: ${SW_STORAGE_ES_HTTP_PROTOCOL:"http"}
        indexShardsNumber: ${SW_STORAGE_ES_INDEX_SHARDS_NUMBER:2}
        indexReplicasNumber: ${SW_STORAGE_ES_INDEX_REPLICAS_NUMBER:0}
        # Those data TTL settings will override the same settings in core
            module.
        recordDataTTL: ${SW_STORAGE_ES_RECORD_DATA_TTL:7} # Unit is day
        otherMetricsDataTTL: ${SW_STORAGE_ES_OTHER_METRIC_DATA_TTL:45} # Unit
            is day
        monthMetricsDataTTL: ${SW_STORAGE_ES_MONTH_METRIC_DATA_TTL:18} # Unit
            is month
        bulkActions: ${SW_STORAGE_ES_BULK_ACTIONS:2000} # Execute the bulk
            every 2000 requests
        bulkSize: ${SW_STORAGE_ES_BULK_SIZE:20} # flush the bulk every 20mb
        flushInterval: ${SW_STORAGE_ES_FLUSH_INTERVAL:10} # flush the bulk
            every 10 seconds whatever the number of requests
        concurrentRequests: ${SW_STORAGE_ES_CONCURRENT_REQUESTS:2} # the
            number of concurrent requests
```

如果读者对 Elasticsearch 比较熟悉，那么对这些配置应该不陌生，这些基本都是 Elasticsearch 的常规配置。这里简单解释以下配置的含义。

- nameSpace：命名空间，如果配置了命名空间，那么 OAP 在 Elasticsearch 中生成的索引（index）名称会用设置的 namespace 为前缀。

- user/password：如果 Elasticsearch 开启了认证，此处设置访问所需的用户名和密码。
- trustStorePath/trustStorePass：服务端开启 HTTPS 认证后，存放信任证书的文件路径和密码。
- clusterNodes：Elasticsearch 集群的地址，多个实例以逗号分隔。
- protocol：通信协议，默认使用 HTTP。
- indexShardsNumber：每个索引的分片数，如果是专用集群，可以设置 Elasticsearch 实例的个数以发挥最大的性能。
- indexReplicasNumber：索引分片的副本数，对于 SkyWalking 来说，可以设置为 0，无需副本以发挥最大的性能。
- bulkActions、bulkSize、flushInterval：分别存储 Elasticsearch 批量处理的请求数、请求大小、flush 间隔时间。OAP 使用 BulkProcessor 进行批量写入，只要这三个参数中任意一个达到上限，就会进行批量写入 Elasticsearch 集群的操作。
- concurrentRequests：写入 Elasticsearch 的并发请求数。
- recordDataTTL、otherMetricsDataTTL、monthMetricsDataTTL：数据过期时间配置，后文会详细阐述。

除了可以将 SkyWalking 的监控存储到 Elasticsearch 之外，SkyWalking 也支持接收 Zipkin 和 Jaeger 的监控上报数据并将其存储到 Elasticsearch 中，配置很简单，只需要将 storage 设置为 zipkin-elasticsearch 或 jaeger-elasticsearch 即可，其他配置与上文类似。

### 2. MySQL/TiDB

与配置 Elasticsearch 一样，如果要使用 MySQL/TiDB 作为存储，只需要将 application.yml 中的 storage 设置为 mysql，同时在 datasource-settings.properties 文件中配置数据库连接信息即可。因为 TiDB 完全兼容 MySQL，所以配置看起来是一样的，示例配置为：

```
storage:
  mysql:
    metadataQueryMaxSize: ${SW_STORAGE_H2_QUERY_MAX_SIZE:5000}
```

datasource-settings.properties 如下，连接池为 HikariCP，可以参考其官方文档进行详细配置。

```
jdbcUrl=jdbc:mysql://localhost:3306/swtest
```

```
dataSource.user=root
dataSource.password=root@1234
dataSource.cachePrepStmts=true
dataSource.prepStmtCacheSize=250
dataSource.prepStmtCacheSqlLimit=2048
dataSource.useServerPrepStmts=true
dataSource.useLocalSessionState=true
dataSource.rewriteBatchedStatements=true
dataSource.cacheResultSetMetadata=true
dataSource.cacheServerConfiguration=true
dataSource.elideSetAutoCommits=true
dataSource.maintainTimeStats=false
```

需要注意的是，默认情况下，MySQL 的驱动包没有包含在项目中，读者如果需要使用 MySQL 或者 TiDB，手动下载好相关驱动并放入 oap-libs 目录中即可。

大多数读者应该对 MySQL 非常熟悉，而 TiDB 作为后起之秀，为分布式关系型数据库开启了一片新天地。我们通过官网介绍来了解一下 TiDB。

TiDB 是 PingCAP 公司设计的开源分布式 HTAP（Hybrid Transactional and Analytical Processing）数据库，结合了传统的 RDBMS 和 NoSQL 的最佳特性。TiDB 兼容 MySQL，支持无限的水平扩展，具备强一致性和高可用性。TiDB 的目标是为 OLTP（Online Transactional Processing）和 OLAP（Online Analytical Processing）场景提供一站式的解决方案。

### 3. 数据过期设置

在 SkyWalking 中，除了应用的元数据外，还有以下两类可观测数据被持久化在存储系统中。

- Record 记录。包含追踪调用链路数据和告警记录信息，这种数据只会顺序记录，不会被聚合和更新。
- Metric 指标数据。比如各种维度（all、service、endpoint 等）的 p99/p95/p90/p75/p50（p 为对应对百分位请求的响应时间，如 p99 表示 99% 的用户响应时间）的响应时间数据等、热力图、成功率、CPM（每分钟请求数）、错误率等信息。这种 Metric 数据通常按照分钟、小时、天、月等维度进行统计并存储在不同的表中。

通常情况下，随着数据量的增加，为了节约存储空间、提高资源利用率，会按照一定的周期进行数据删除。在 OAP 的核心模块中，为每一种存储实现都提供了是否启用自动删除功能与数据保留时间的统一配置，配置及说明如下。

```
core:
    default:
        enableDataKeeperExecutor: ${SW_CORE_ENABLE_DATA_KEEPER_EXECUTOR:true}
            # Turn it off then automatically metrics data delete will be close.
        recordDataTTL: ${SW_CORE_RECORD_DATA_TTL:90} # Unit is minute
        minuteMetricsDataTTL: ${SW_CORE_MINUTE_METRIC_DATA_TTL:90} # Unit is
            minute
        hourMetricsDataTTL: ${SW_CORE_HOUR_METRIC_DATA_TTL:36} # Unit is hour
        dayMetricsDataTTL: ${SW_CORE_DAY_METRIC_DATA_TTL:45} # Unit is day
        monthMetricsDataTTL: ${SW_CORE_MONTH_METRIC_DATA_TTL:18} # Unit is month
```

- enableDataKeeperExecutor：是否开启自动删除数据功能。
- recordDataTTL：Record 记录的数据的有效时间，单位为分钟。
- minuteMetricsDataTTL：Metric 数据的数据有效期，单位为分钟。
- hourMetricsDataTTL：Metric 数据的数据有效期，单位为小时。
- dayMetricsDataTTL：Metric 数据的数据有效期，单位为天。
- monthMetricsDataTTL：Metric 数据的数据有效期，单位为月。

而对于推荐的存储 Elasticsearch 来说，还可以配置针对 Elasticsearch 存储的私有配置，会覆盖核心模块的配置。

```
# Those data TTL settings will override the same settings in core module.
recordDataTTL: ${SW_STORAGE_ES_RECORD_DATA_TTL:7} # Unit is day
otherMetricsDataTTL: ${SW_STORAGE_ES_OTHER_METRIC_DATA_TTL:45} # Unit is day
monthMetricsDataTTL: ${SW_STORAGE_ES_MONTH_METRIC_DATA_TTL:18} # Unit is month
```

与核心模块不同的是，除了提供 recordDataTTL、minuteMetricsDataTTL、hourMetricsDataTTL、dayMetricsDataTTL、monthMetricsDataTTL 配置外，还可以配置 otherMetricsDataTTL。otherMetricsDataTTL 会影响分钟、小时、天维度的数据有效期，如果配置了 otherMetricsDataTTL，那么分钟、小时、天维度的数据有效期会优先使用此配置，否则还是用之前的配置。

### 2.3.9 设置服务端采样率

如果读者对 SkyWalking 有一定了解，一定知道在 agent 中是可以设置采样率的，用于控制上报的调用链数据的比例。使用过 SkyWalking 的读者应该会发现，如果要求所有 agent 进行配置修改和升级维护，应该是一个非常漫长的过程。假如突然来临的大促给系统的存储带来了较大的压力，短时间又没法大量修改 agent 配置，这时候就可以设置服务端的采样率。在服务端设置采样率只会将部分 trace 调用链路数据丢弃，不会影响 Metric 数据（比如 service、service instance、endpoint）统计的精确性，因而可以用来应对大量数据上报带来的存储系统压力。需要注意的是，虽然设置服务端采样会丢弃部分 trace 数据，但是 OAP 还是会尽量保持调用链路的完整性。

在 application.yml 中的 receiver-trace 模块中配置 sampleRate 即可，设置精度为 1/10 000，如果不想让 OAP 丢弃数据，将 sampleRate 设置为 10 000 即可。

```
receiver-trace:
    default:
        bufferPath: ../trace-buffer/  # Path to trace buffer files, suggest to
            use absolute path
        bufferOffsetMaxFileSize: 100 # Unit is MB
        bufferDataMaxFileSize: 500 # Unit is MB
        bufferFileCleanWhenRestart: false
        sampleRate: ${SW_TRACE_SAMPLE_RATE:1000} # The sample rate precision
            is 1/10000. 10000 means 100% sample in default.
```

示例中，bufferPath、bufferOffsetMaxFileSize、bufferDataMaxFileSize、bufferFileCleanWhenRestart 均为接收 trace 数据文件的缓存配置，用于数据分析和存储的临时过渡。

## 2.3.10 告警设置

在 SkyWalking 中，你可以非常灵活地设置各种指标的告警，所有告警规则均配置在 config/alarm-settings.yml 中，该配置主要包含以下两个部分。

- 告警规则配置。配置哪些指标达到什么条件需要报警的规则。
- Webhooks。当告警触发后，用于告警的外部接口。

### 1. 告警规则配置

先来看一个示例配置，你可以针对不同的 Metric 按照某个指标和指定频率配置告警。

```
rules:
    # Rule unique name, must be ended with '_rule'.
```

```
    endpoint_percent_rule:
        # Metrics value need to be long, double or int
        metrics-name: endpoint_percent
        threshold: 75
        op: <
        # The length of time to evaluate the metrics
        period: 10
        # How many times after the metrics match the condition, will trigger
            alarm
        count: 3
        # How many times of checks, the alarm keeps silence after alarm
            triggered, default as same as period.
        silence-period: 10

    service_percent_rule:
        metrics-name: service_percent
        # [Optional] Default, match all services in this metrics
        include-names:
            - service_a
            - service_b
        threshold: 85
        op: <
        period: 10
        count: 4
```

- rule name：告警规则名称，如示例中的 endpoint_percent_rule、service_percent_rule，所有名称必须以 _rule 结尾，否则无法识别。
- metrics-name：统计的指标，其实际值只能为 long、int 或 double 类型，比如上面的 endpoint_percent 和 service_percent，它们均来自 OAL 的指标（OAL 将在第 7 章介绍）。可以按照业务的实际需求配置不同的告警指标。
- threshold：metrics-name 配置的这个指标触发告警的阈值。
- op：比较运算符。可以设置为大于、小于或等于。
- period：告警规则检查的时间窗口。
- count：时间窗口内，如果触发告警的次数达到配置的次数，将会告警。
- silence-period：告警间隔时间，防止短时间内多次告警。
- include-names：指定实体名称进行告警。如果是 service 配置，可以配置 service 的名称；如果是 endpoint，则可以配置具体的 endpoint 名称。

为了方便用户进行简易部署，SkyWalking 默认的发布包中已经包含了一些常用的告警规则，可以到 config/alarm-settings.yml 中查看，你也可以基于此规则进行自定义修改，默认规则有：

- ❑ 在最近 3 分钟内，应用平均响应时间超过 1 秒；
- ❑ 在最近 2 分钟内，应用成功请求率小于 80%；
- ❑ 在最近 3 分钟内，90% 的应用响应时间超过 1 秒；
- ❑ 在最近 2 分钟内，应用实例维度平均响应时间超过 1 秒；
- ❑ 在最近 2 分钟内，endpoint 维度平均响应时间超过 1 秒。

#### 2. Webhooks

当告警规则达到触发条件后，需要通过 Webhooks 将告警信息发送到用户指定的 Web 服务上。发送的告警消息的格式如下，用户需要按照这种格式进行告警消息的接收和解析。

1）采用 HTTP 发送并且 method 为 POST。

2）Content-Type 为 application/json，UTF-8 编码。

3）数据结构定义为 List<org.apache.skywalking.oap.server.core.alarm.AlarmMessage>，详细结构如下：

```
public class AlarmMessage {
    private int scopeId;
    private String name;
    private int id0;
    private int id1;
    private String ruleName;
    private String alarmMessage;
    private long startTime;
}
```

其中的变量说明如下。

- ❑ scopeId：类型 Id，可以通过 DefaultScopeDefine 查询到不同 scopeId 代表的不同含义。
- ❑ name：scope 类型的具体名称，比如应用名称、endpoint 名称等。
- ❑ id0：与具体 scope 对应的实体 id，与 name 在数据库中对应。
- ❑ id1：目前暂未使用。
- ❑ ruleName：alarm-settings.yml 中定义的规则名称。

- alarmMessage：告警的具体消息。
- startTime：告警消息触发的毫秒值。

### 2.3.11 Exporter设置

由前文的介绍可知，SkyWalking可以对应用监控数据提供重要的数据采集和数据聚合，以及数据存储、分析、告警展示等功能。但在不同的应用场景中，可能还需要对数据进行二次分析和开发等，这就需要将分析后的数据进行再次转发，此时，Exporter就发挥了它的作用。

这里的Exporter指的是Metrics Exporter，就是将OAP分析完成的Metric数据导出。如果需要此功能，在application.yml中将配置打开即可，示例如下。目前支持通过gRPC Exporter的形式导出，需要用户按照指定的protobuf格式（proto文件见metric-exporter.proto）开放一个服务端口接收OAP发送的Metric数据。

```
exporter:
    grpc:
        targetHost: ${SW_EXPORTER_GRPC_HOST:127.0.0.1}
        targetPort: ${SW_EXPORTER_GRPC_PORT:9870}
```

其中的配置说明如下。

- targetHost：目标IP，此IP为用户自定义的服务地址IP。
- targetPort：用户自定义的服务端口，用于接收OAP发送的Metric数据。

### 2.3.12 UI部署详解

UI的部署主要由部署webapp代理层和前端页面组成，由于apm-webapp在编译的时候会自动将skywalking-ui前端页面模块编译到最终的输出文件中，所以读者只需关心apm-webapp应该如何配置。apm-webapp的核心配置位于webapp/webapp.yml中，该配置文件主要包含以下两部分。

- UI的监听端口，即通过浏览器访问页面的端口。
- 后端OAP的端口。webapp本身没有业务逻辑，所有查询都是通过Zuul代理转发到OAP服务的REST服务端口，再通过GraphQL进行查询，默认地址为127.0.0.1:12800。

```
server:
    port: 8080

collector:
    path: /graphql
    ribbon:
        ReadTimeout: 10000
        # Point to all backend's restHost:restPort, split by ,
        listOfServers: 127.0.0.1:12800
```

配置完成后，如果无异常，通过 bin/webappService.sh(.bat) 启动 UI 模块即可正常运行。

## 2.4 UI 介绍

SkyWalking 的 Dashboard 分为上、中、下三块区域，上部是功能选择区，右上为自动刷新设置，下部是时间选择区，中间是面板内容。功能选择方面，各个版本会有所差别，图 2-5 为 SkyWalking 7.0 的官方 UI 效果图。

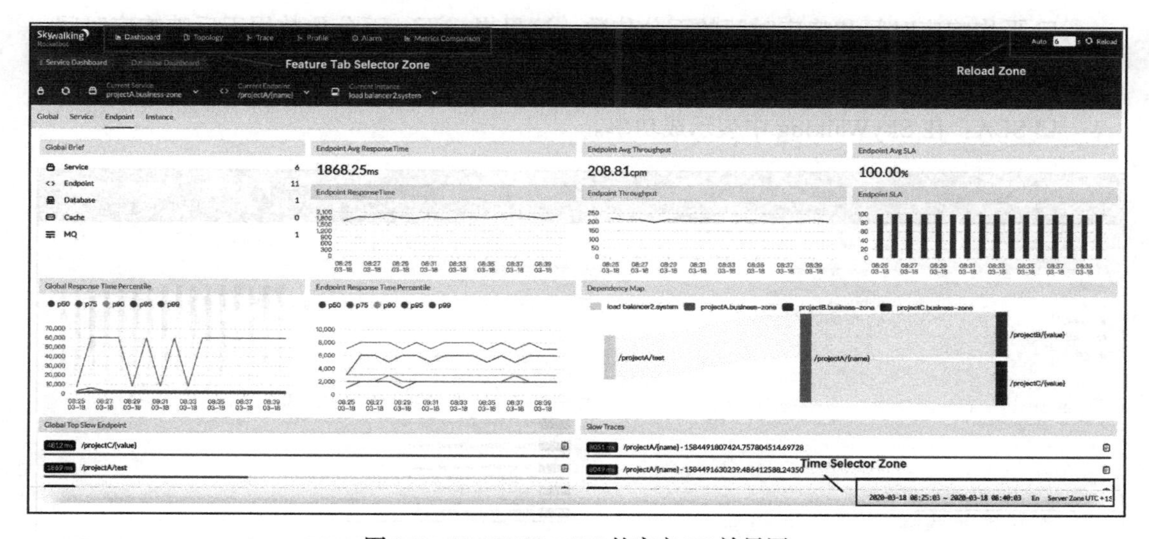


图 2-5 SkyWalking 7.0 的官方 UI 效果图

### 2.4.1 Dashboard 介绍

Dashboard 提供服务、服务实例、Endpoint、数据库等多个实体维度的指标相关信息，如图 2-6 所示。

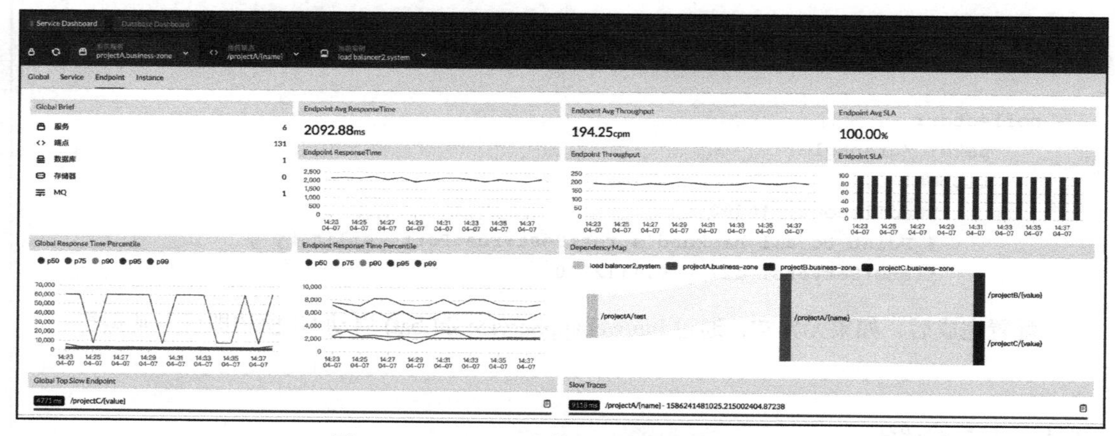

图 2-6　Dashboard 实体维度的指标相关信息

服务实例包含几个典型的指标，如图 2-7 所示。

- ❑ CPM：每分钟调用数。
- ❑ Apdex：一个标准的应用性能工业指标，读者可以在网上查询相关资料。
- ❑ 平均响应时间和响应时间的百分位数：这里提一下，百分位数用于反映响应时间的长尾效应，例如 p99=200ms，代表 99% 的请求响应时间可以小于等于 200ms。
- ❑ SLA：在 SkyWalking 中表示成功率。

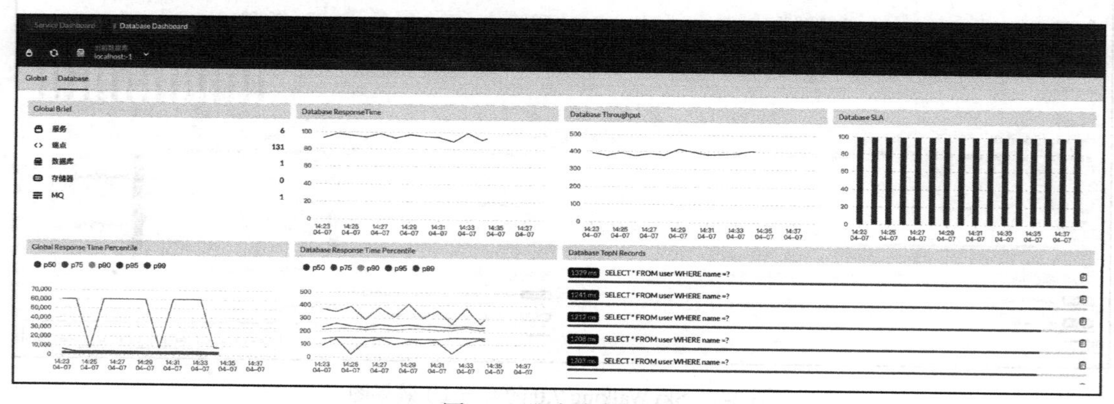

图 2-7　服务实例指标

数据库视图是根据应用探针采集的数据推算出的数据性能指标数据。此推算中的响应时间、成功率、慢 SQL 等均由客户端采集得到，其中包含网络问题、客户端程序故障造成的性能问题。

## 2.4.2　拓扑介绍

拓扑图是根据探针上行数据分析出的整体拓扑结构，如图 2-8 所示。拓扑图支持点击展现和下钻单个服务的性能统计、trace、告警，也可以通过点击拓扑图中的关系线，展现服务间、服务实例间的性能指标，如图 2-9 所示。

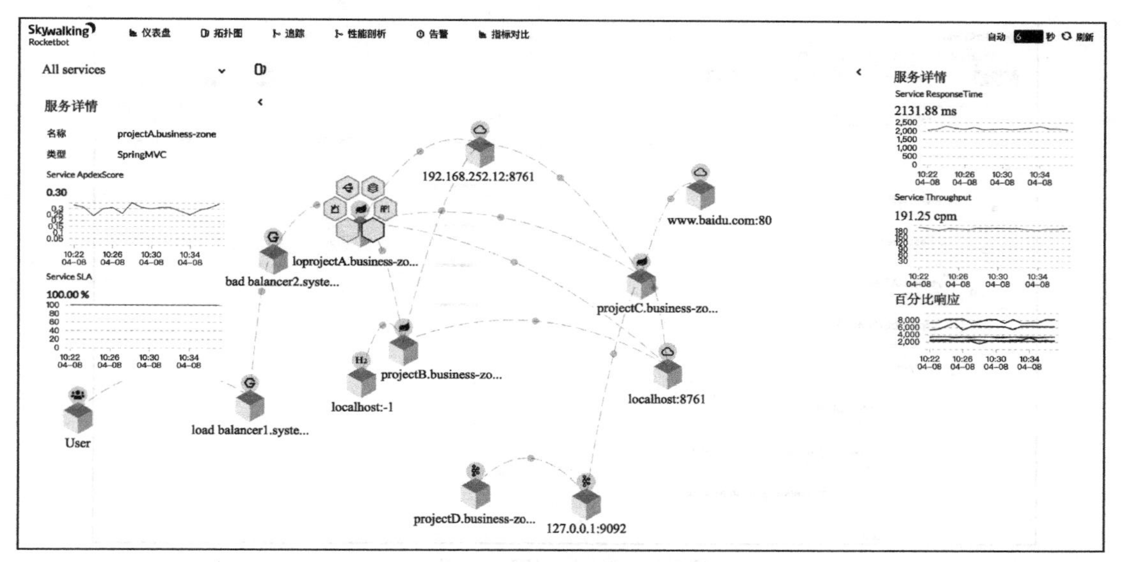


图 2-8　拓扑图

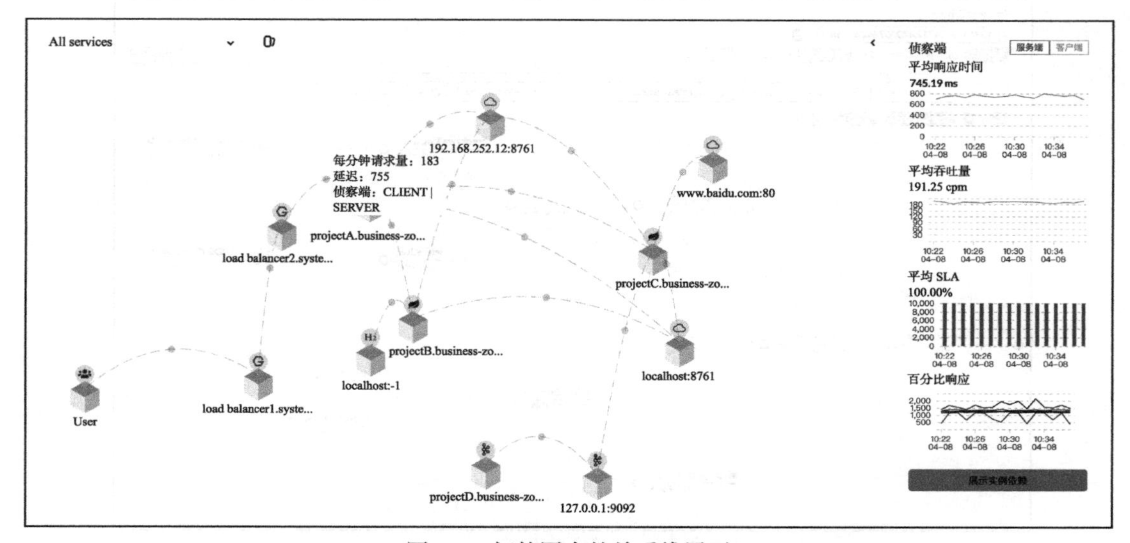


图 2-9　拓扑图中的关系线展开

### 2.4.3 Trace 视图

Trace 是分布式追踪的典型视图，SkyWalking 提供了 3 种展现形式，分别是列表（见图 2-10）、树结构（见图 2-11）、表格（见图 2-12）。不同视图允许用户从不同角度查看追踪数据，特别是 Span 间的耗时关系。

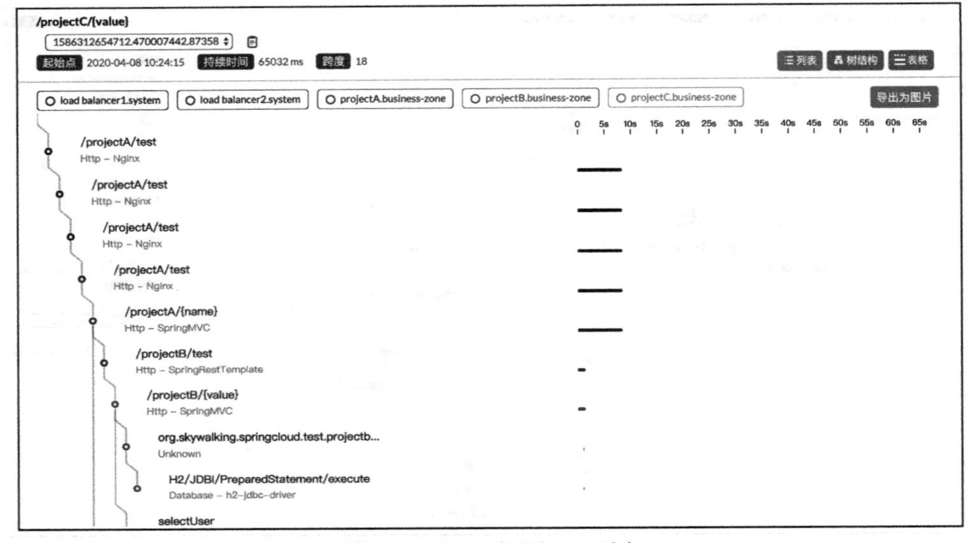


图 2-10 Trace 视图——列表

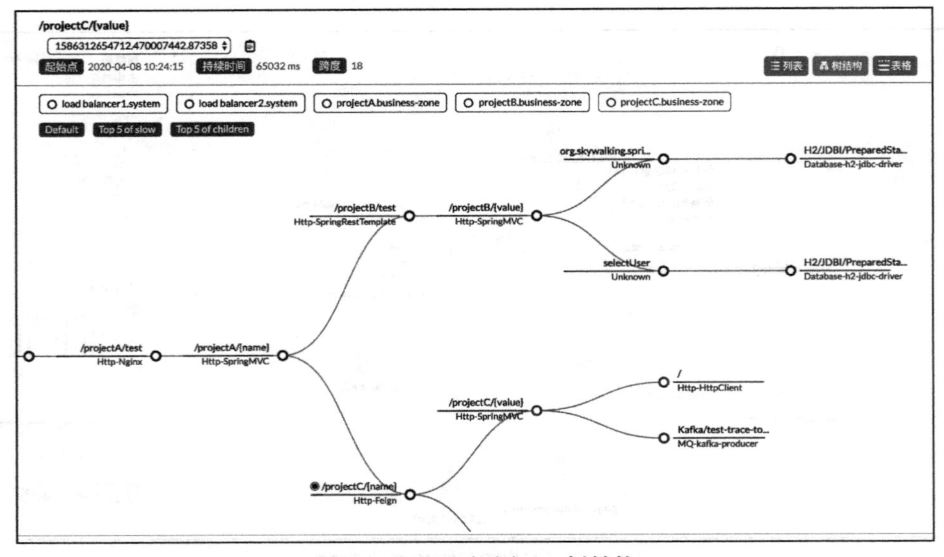


图 2-11 Trace 视图——树结构

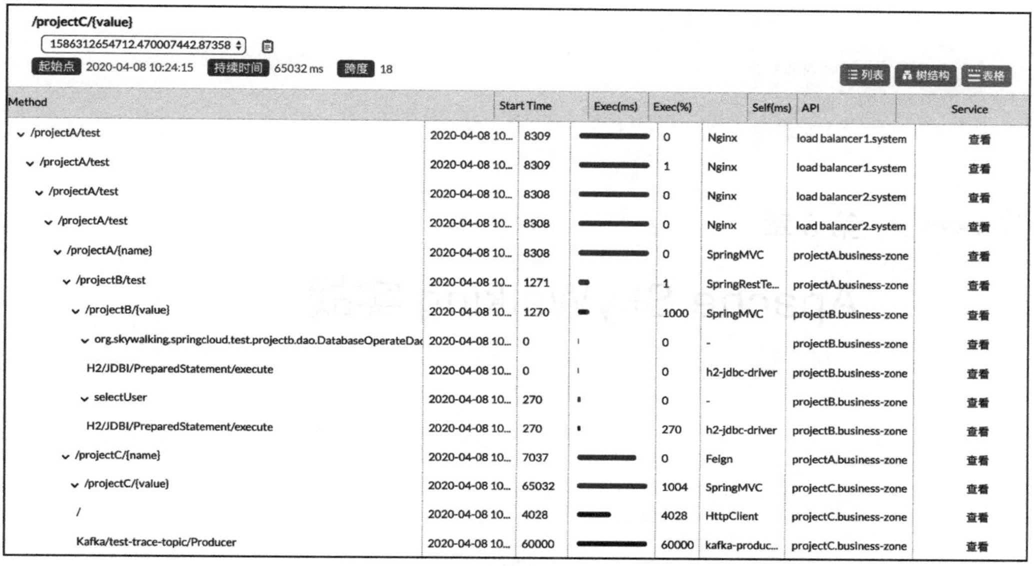

/projectC/{value}

1586312654712.470007442.87358

起始点 2020-04-08 10:24:15　持续时间 65032 ms　跨度 18

列表　树结构　表格

| Method | Start Time | Exec(ms) | Exec(%) | Self(ms) | API | Service | |
|---|---|---|---|---|---|---|---|
| /projectA/test | 2020-04-08 10... | 8309 | | 0 | Nginx | load balancer1.system | 查看 |
| /projectA/test | 2020-04-08 10... | 8309 | | 1 | Nginx | load balancer1.system | 查看 |
| /projectA/test | 2020-04-08 10... | 8308 | | 0 | Nginx | load balancer2.system | 查看 |
| /projectA/test | 2020-04-08 10... | 8308 | | 0 | Nginx | load balancer2.system | 查看 |
| /projectA/{name} | 2020-04-08 10... | 8308 | | 0 | SpringMVC | projectA.business-zone | 查看 |
| /projectB/test | 2020-04-08 10... | 1271 | | 1 | SpringRestTe... | projectA.business-zone | 查看 |
| /projectB/{value} | 2020-04-08 10... | 1270 | | 1000 | SpringMVC | projectB.business-zone | 查看 |
| org.skywalking.springcloud.test.projectb.dao.DatabaseOperateDa | 2020-04-08 10... | 0 | | 0 | - | projectB.business-zone | 查看 |
| H2/JDBI/PreparedStatement/execute | 2020-04-08 10... | 0 | | 0 | h2-jdbc-driver | projectB.business-zone | 查看 |
| selectUser | 2020-04-08 10... | 270 | | 0 | - | projectB.business-zone | 查看 |
| H2/JDBI/PreparedStatement/execute | 2020-04-08 10... | 270 | | 270 | h2-jdbc-driver | projectB.business-zone | 查看 |
| /projectC/{name} | 2020-04-08 10... | 7037 | | 0 | Feign | projectA.business-zone | 查看 |
| /projectC/{value} | 2020-04-08 10... | 65032 | | 1004 | SpringMVC | projectC.business-zone | 查看 |
| / | 2020-04-08 10... | 4028 | | 4028 | HttpClient | projectC.business-zone | 查看 |
| Kafka/test-trace-topic/Producer | 2020-04-08 10... | 60000 | | 60000 | kafka-produc... | projectC.business-zone | 查看 |

图 2-12　Trace 视图——表格

这里对 UI 进行了最基本的介绍，在第 3 章的实战操作中，我们会更为详细地介绍 UI 的使用细节和使用方法。

## 2.5　本章小结

本章从 SkyWalking 的项目编译和工程结构开始，逐步学习了 SkyWalking 的 JavaAgent、后端和 UI 模块的部署与配置。相信你已经成功部署了自己的 SkyWalking 环境，体验了 SkyWalking 的便捷和强大。下一章，我们就进入生产环境进行实战！

Chapter 3 第3章

# Apache SkyWalking实战

经过前两章的学习，读者已经对SkyWalking有了初步的认识。但是，如果不亲手进行实践操作，你并不能深切体会SkyWalking的魅力所在。

本章首先介绍后端技术栈的两种技术路线选择，并介绍SkyWalking针对它们所采取的不同应对方式；而后将通过一个具体示例，展示如何使用SkyWalking来监控系统，在该示例的基础上，详细介绍多种监控指标的含义，读者可以对照示例加深对这些指标的理解；最后介绍如何配置监控模块、设置监控目标等内容。

通过阅读本章，读者会比较直观地掌握SkyWalking中的各种概念。在阅读时，最佳方式是同时动手进行操作，从而达到更好的学习效果。

## 3.1 SkyWalking与单体应用架构

单体应用架构是一种历史悠久并被广泛实践的后端系统架构模式。在这节中，读者将会了解到该架构的演化历史与优缺点，以及获得SkyWalking对单体应用架构监控的建议。

### 3.1.1 什么是单体应用架构

单体架构是一种由单个组件构建的架构，启动后往往为一个单独进程。单体架构的英文Monolith的词义为“整块岩石”，通常也可以描述为一个大的单一材料的物体。单体应用具有单个代码库和多个模块。模块从功能角度划分，一般分为业务模块和技术模块。单体应用一般由一个单一的构建系统来构建整个应用程序及其依赖库，它同时具有单一的可执行、可部署的二进制发布包。

软件工程界已经使用这种方法很长时间了，用以开发企业级应用程序。迄今为止，有大量的公司花费数年时间来构建这种企业级应用程序。有时这种架构也称为多层系统架构，因为单体应用被分为三层或更多层，包括展现层、业务逻辑层、数据存储层、应用层等。在桌面浏览器占主导地位的时代，企业关注的是以Web浏览器为客户端的台式机/笔记本设备，不需要使用API去分享数据，这主要是因为浏览器只能理解HTML、CSS和JavaScript。虽然企业也使用企业数据总线（EDB）、电子数据交换（EDI）等数据交换格式来做后端的组件交互，但是单体应用也同样满足企业的应用诉求。

笔者十年前刚参加工作时，大多数应用都是单体应用。大家可能听过这样一种传言，整个淘宝的后端是一个单体的Java应用。笔者曾有幸跟淘宝的资深架构师讨论过这个问题，并得到了肯定的答案，这在当时是普遍现象。为了进一步讨论单体应用架构和它的限制，我们用一个实际的例子来说明问题。

让我们想象一下，现在有一个电子商务的应用程序。应用程序很简单，从用户那里拉取订单，然后进行库存处理、检查可用库存，并且把商品发送到用户手里。这个应用包含多种组件：前端UI，它用来负责和用户进行交互；一些后端服务，比如检查库存、维护积分、发送客户订单。

现在通过具体例子为读者展示一个典型的单体应用架构，如图3-1所示。使用Apache或者Nginx作为前端的负载均衡器，服务层是Java的Web应用，数据层是一个关系型数据库，这里我们用MySQL来演示。

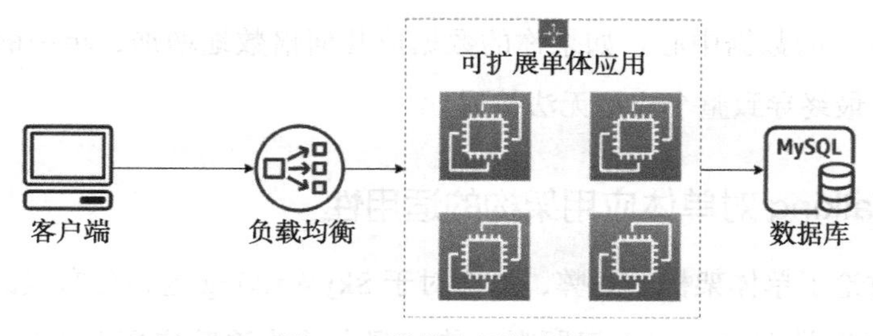


图3-1 单体应用架构图

### 3.1.2 单体应用架构的优缺点

现在让我们简单分析一下这个方案的优缺点。这个方案的优点包含以下三点。

第一，开发简便。当前开发的目标工具和IDE都对这种开发模式有较好的支持。

第二，易于本地部署。你可以很容易地用War包将它部署到一个比较适合的应用程序，包括Tomcat、Weblogin和Websphere等。这些容器的部署流程都非常简单。

第三，易于扩展。在Nginx和Apache等前端负载均衡器的协助下，或使用F5追求更高性能，可以很容易地将流量均匀分发在启动的多个实例上。

但随着软件规模的成长和开发组人员的增加，这种架构的弊端逐渐凸显。

第一，由于单体应用的代码库非常庞大，开发人员修改代码会非常困难，而且也给新人员理解整个代码结构带来了非常大的挑战。这导致整个开发节奏变得非常缓慢，而且模块之间的边界不清楚，也很难构建一个统一的开发库来支持所有的项目。

第二，为本地的IDE带来非常大的负担。大的代码结构对编译、启动都会有非常高的要求。如果开发人员的本地开发机配置较低，会增加无法启动或者启动失败的风险。

第三，对于Web容器的负担也比较大。由于构建包体量巨大（经常超过500MB），有些开源Web容器就没法载入这些应用了。通常这时我们会转向一些商业项目，但它所需的机器规格更高，且有一些许可证购买需求，会让你花费更多的金钱在庞大的应用部署上。

第四，持续构建比较困难。因为代码库比较大，每一次编译重新发布都会花费非常多的时间。有的时候整个CI流程中的某一环节失败，而这并不是由运行该CI的开发人员所引入的，会更加拖慢流程的进度。

第五，所谓的系统扩展性好，也仅是针对于流量的横向扩展。应用程序的流量可以扩展，但背后的数据是不能扩展的。图3-1中有一个单一的MySQL节点，所有应用程序均需访问这个单一的数据中心。如果你的数据成几何倍数地增加，单一的数据节点往往是不能扩展的，最终导致整个应用无法扩展。

### 3.1.3 SkyWalking对单体应用架构的适用性

以上我们讨论了单体架构的利弊，那么对于SkyWalking这种分布式的追踪系统，单体应用是不是可以借助它来解决问题呢？传统观点认为追踪应用并不适用于单体应用。

就这一问题，我们来做进一步的探讨。首先我们要明确的一点是，像SkyWalking这种追踪应用是可以应用于单体应用的。SkyWalking提供了探针端LocalSpan手动踩点模式，可将应用内部的调用关系通过Trace展现出来，以达到追踪流程的目的，但这么做的性价比不高，原因如下。

第一，资源的性价比。单体应用由于部署的数量一般较少，如果再同时部署一套比较复杂、资源消耗比较大的追踪应用程序，整体来讲性价比不高。在追踪领域内，我们有1：N的这种资源评估模型来描述：多少个应用实例，需要多少台追踪服务才能够满足需求。这样计算，整体的单体应用的性价比就非常低了。

第二，追踪系统的对手远比它的功能强大。这里的对手包括日志系统、profile工具、远程调试工具等专门针对该应用的问题定位工具。这些都可作为解决单体应用性能问题的成熟手段，其效率、可靠性及性价比均高于追踪系统。

基于以上两点，SkyWalking这种追踪系统可以用但是不太适合于单体应用。

## 3.2 SkyWalking与微服务架构

由于传统数据交换格式与移动应用程序不兼容，而移动应用需求的增加迫使后端架构发生变化，这是将单体架构迁移到微服务架构的主要原因。

如图3-2所示，微服务架构是用多个被称为服务的小单元去构建大型企业级应用集群的架构方法。举例来说，一个电商微服务架构集群会包含商品展示、购物车、订单、支付和库存等服务。

这些服务都可以单独部署和测试，这样这些服务就可以交给不同的团队进行独立维护了。服务之间往往都使用统一的协议进行交互，比如Dubbo、gRPC和REST等。

它们可以在一台主机或不同的主机上运行，并且这些服务都运行在自己独立的进程内部。每个服务可以有自己的数据库或存储层，也可以共享公共数据存储。

微服务不只是代码和结构的进步与改良，它的工作方式，甚至它的文化在某种程度上都给整个后端带来了改变。微服务不是每个应用程序的最终解决方案，但它确实是大型企业应用程序的一种可能的解决方案。

如前所述，传统单体架构会逐步产生代码臃肿、维护困难和难以扩展等问题。而针对以上问题，微服务架构带来了如下的好处：

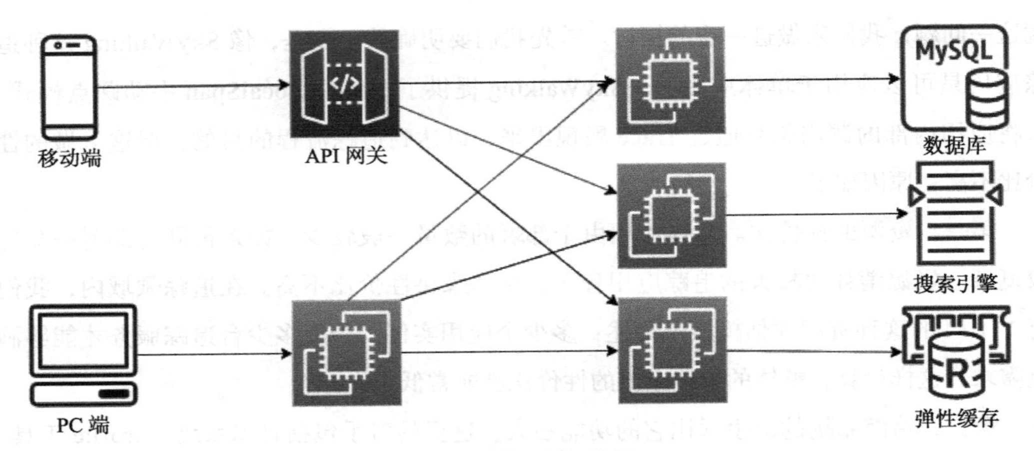


图 3-2 微服务架构图

- 每个微服务都很小，并且专注于特定的功能 / 业务需求；
- 微服务可以由小型开发团队（通常是 2~5 个开发人员）独立开发；
- 微服务是松散耦合的，这意味着服务在开发和部署方面都是独立的；
- 微服务可以用不同的编程语言开发，微服务允许利用新兴的和最新的技术（框架、编程语言、编程实践等）；
- 微服务允许使用持续集成工具轻松灵活地集成自动部署；
- 微服务很容易根据需求扩展。

微服务也有一些不足之处，如增加了大量的操作开销，需要 DevOps 技能，因分布式系统而导致的管理复杂、bug 追踪变得具有挑战性。其中比较重要的问题是系统观察性问题，请试着回答如下问题：

- 一次调用到底穿越了几个服务？
- 在处理这次请求的时候，每个服务到底做了什么操作？
- 如果请求变慢了，瓶颈在哪里？
- 如果请求失败了，到底是哪个服务或服务中的哪个部分出了问题？
- 异常请求与正常请求的区别是什么？
- 一次请求中，有些经常调用的服务为什么不调用了？或者，有些不常见的服务为什么被调用了？
- 调用的关键路径是什么？

而SkyWalking正是回答这些问题的一把钥匙。现在让我们深入到微服务的一些技术细节中，来看看SkyWalking是如何解决这些问题的。

### 3.2.1 远程过程调用

远程过程调用（RPC）是一类服务之间数据交互模式的统称。通俗来讲，RPC通过把网络通信抽象为远程的过程调用，使调用远程的过程就像调用本地的子程序一样方便，从而屏蔽了通信复杂性，使开发人员可以无须关注网络编程的细节，将更多的时间和精力放在业务逻辑本身的实现上，提高了工作效率。笔者将远程过程调用分为以下几个类型，并进行归纳与概括，方便读者理解它所要解决的主要问题。

首先，最核心的部分就是为了解决可达性，可达性包括以下几个方面。

第一，网络协议，协议主要是基于5层协议，包括HTTP协议、在HTTP/2协议上封装的gRPC协议、基于TCP协议的Dubbo协议等。

第二，服务发现，也就是两个服务如何发现彼此。这里面的技术主要有DNS域名解析、注册中心等。

以上两个主要功能构成了一个远程过程调用框架所必需的核心能力。

另外还有一些比较诱人的附加功能，包括断路保护、mTLS安全增强、调用频次控制、流量管控，以及高可用性、探查故障、失败请求自动转移等非功能性的需求。这些增强功能与核心组件共同提升了服务之间调用的便捷性、可靠性与性能，同时提高了整体微服务环境的可维护性。

对于如SkyWalking这种追踪框架来讲，一个好的远程过程调用框架，必须能够携带一些额外信息。这样，追踪服务就可以利用该功能将自己特有的信息在整个调用链路内进行传播，从而达到产生数据调用链的目的。详细过程在第5章解释，这里简单提一下对HTTP协议的支持。SkyWalking使用了HTTP的头信息，通过一些技术处理，在头部加入自己特有的信息头，这个信息头就会在整条链路内传播，从而标记服务调用的过程和调用的延迟。

SkyWalking对远程过程调用框架支持的范围是最广的。读者可以在官方的插件库中看到，绝大部分插件就是远程过程调用框架插件。这也从侧面反映出远程过程调用框架领域呈现蓬勃发展的趋势。国内及国际知名的框架，如Apache Dubbo、gRPC和Spring

Cloud 等都是该领域的佼佼者，而 SkyWalking 对这些框架都有比较成熟的解决方案。

### 3.2.2 外部服务

除了远程过程调用以外，在微服务环境中另一个比较常见且重要的部分是外部服务。外部服务通常包括这几种类型：中间件、数据存储和 API 服务。

#### 1. 中间件

常见的中间件一般包括以下两种类型。

首先是消息队列。Kafka、RocketMQ 这些常见的队列都是高性能数据处理的重要手段。SkyWalking 对于这种消息队列中间件也有较好的支持，可以追踪到数据是如何写入到队列中，又是如何被消费掉的。数据在消息队列中是异步处理的，这是定位队列问题的难点，也是运维消息队列的痛点，针对这一点，SkyWalking 给出了很好的解决方案。

其次是与数据存储相关联的，也就是数据库中间件。常见的一种使用模式就是分库分表中间件，如 Apache ShardingSphere。使用 SkyWalking，可以看到一些数据库中间件是如何将一个请求拆分写入到多个数据库实例中的；并能追踪到一次数据库查询是如何在数据实例之间进行执行，哪个数据实例的响应是缓慢的，哪个数据库实例的执行产生了错误。

#### 2. 数据库

数据库是一种数据存储服务。SkyWalking 的发布版本对主流开源的关系型数据库进行了支持，包括常见的 H2、MySQL 和 PG 数据库等。对于 Oracle 等商业数据库，SkyWalking 借助社区的力量进行了支持，相关代码与构建物均放入社区库中，这主要是因为具有商业协议的组件是不允许包含在开源项目中。

同时对于一些新型的数据库，如内存型数据库 Redis、文档型数据库 MongoDB 等，SkyWalking 也进行了支持。

目前 SkyWalking 均是在数据库驱动内植入相关插件来检查客户端对数据库的访问，并没有侵入数据库服务端。

#### 3. API 服务

最后一种外部服务是 API 服务。通过 SkyWalking，可以看到调用第三方 API 的过程，并观测到这些服务的质量和对系统关键路径的影响。SkyWalking 在插件层面支持了多种 API 访问，通过客户端的自动数据埋点，支持 HTTP 协议、gRPC 协议。通过这些插件，用户能够很容易地追踪这些外部 API 服务。

最后需要强调的是，由于 SkyWalking 高效且便捷的定制能力，用户可以根据自己的系统建设情况，扩充已有的开源插件库，将企业内部大部分关键组件纳入其追踪范围之内。

比如大部分信息化程度较高的企业内部都存在一些既有遗留系统，这些系统往往采用一些历史悠久的语言编写，如 C、Perl 等，或者使用了私有的传输协议。用户可以自己实现 SkyWalking 的传播协议，使这些服务也被囊括在监控体系之内。

这就是 SkyWalking 之所以强大的内部基因。它的开放性、易用性且易于定制性是整个社区成功的关键。目前社区内部除核心的 Java 语言探针之外，同时有多种语言探针的实现，如 .Net、PHP、Node.js 和 Go。这些探针都是由社区孵化的，并拥有广泛的用户群。同时所有的语言探针一起构成了一个庞大的示例库，提供给参与者一个稳定、快捷的入门通道。

通过以上介绍，我们了解到 SkyWalking 针对微服务架构的监控所具有的优势，还有它的适用范围。接下来，我们将通过一个实际案例来研究 SkyWalking 是如何发挥以上作用的。

## 3.3　实战环境搭建

本节我们将通过一个实际案例来介绍 SkyWalking 核心功能。

### 3.3.1　SkyWalking 后台搭建

第 2 章已经详细介绍了如何搭建 SkyWalking 的后台服务，即 OAP 和 UI 服务。为了使用简便，本次实战将采用 docker-compose 的方法来快速启动一套 SkyWalking 后端服务栈。其中除了包含有 OAP 和 UI，还会启动 Elasticsearch 6 来作为数据存储。

首先，使用 git clone 获取 https://github.com/apache/skywalking-docker。

```
git clone https://github.com/apache/skywalking-docker
```

这里我们将使用本书写作时最新的 6.6 版本。

```
cd skywalking-docker/6/6.6/compose
```

有默认的 docker-compose 服务只是为了演示后端启动，其参数被设置得过低，故我们需要略微调整一下 compose 文件：增加 ES 的 heap，同时增加现成队列的长度（现成队列默认值是 200）。

git diff：

```
    environment:
      - discovery.type=single-node
      - bootstrap.memory_lock=true
-     - "ES_JAVA_OPTS=-Xms512m -Xmx512m"
+     - "ES_JAVA_OPTS=-Xms4096m -Xmx4096m"
+     - thread_pool.write.queue_size=1000
+     - thread_pool.index.queue_size=1000
    ulimits:
      memlock:
        soft: -1
```

现在我们可以启动后台服务了。

```
docker-compose up -d
docker-compose logs -f | grep Start
```

如果能得到如图 3-3 所示的日志，说明启动成功。

```
2020-01-31 05:56:13,105 - org.apache.skywalking.oap.server.library.server.grpc.GRPCServer -69014 [main] INFO  [] - Bind handler JVMMetricReportServiceHandler into gRPC server 0.0.0.0:11800
2020-01-31 05:56:13,497 - org.apache.skywalking.oap.server.library.server.jetty.JettyServer -69406 [main] INFO  [] - start server, host: 0.0.0.0, port: 12800
2020-01-31 05:56:13,506 - org.eclipse.jetty.server.Server -69415 [main] INFO  [] - jetty-9.4.2.v20170220
2020-01-31 05:56:13,584 - org.eclipse.jetty.server.handler.ContextHandler -69493 [main] INFO  [] - Started o.e.j.s.ServletContextHandler@6bce4140{/,null,AVAILABLE}
2020-01-31 05:56:13,610 - org.eclipse.jetty.server.AbstractConnector -69519 [main] INFO  [] - Started ServerConnector@20216016{HTTP/1.1,[http/1.1]}{0.0.0.0:12800}
2020-01-31 05:56:13,611 - org.eclipse.jetty.server.Server -69520 [main] INFO  [] - Started @69612ms
```

图 3-3　启动日志

### 3.3.2　实战集群搭建

我们采用 https://github.com/SkyAPMTest/skywalking-live-demo 来搭建实战环境，具体步骤如下。

（1）下载 agent 发行包

进入页面 http://skywalking.apache.org/downloads/，选择 “Binary Distribution (Linux)” 进行下载。

```
wget https://www-us.apache.org/dist/skywalking/6.6.0/apache-skywalking-apm-
    6.6.0.tar.gz
```

解压压缩代码包，并获得 agent 目录的路径。

```
tar xvf apache-skywalking-apm-bin.tar.gz
cd apache-skywalking-apm-bin/agent
export AGENT_HOME='pwd'
```

（2）构建实战用模拟应用

clone 该项目地址，根据文档进行编译打包。

```
git clone https://github.com/SkywalkingTest/skywalking-live-demo.git
cd skywalking-live-demo
mvn clean package
```

得到了代码包：

```
live-demo-assembly.tar.gz
```

解压缩后得到：

```
bin   eureka-service   kafka_2.11-2.3.0   kafka_2.11-2.3.0.tgz   logs   projectA
    projectB  projectC  projectD
```

可以看到该模拟应用中除了包含微服务工程外，还包含中间件 Kafka。

（3）启动模拟应用集群

运行下面的脚本：

```
export AGENT_DIR=${AGENT_HOME}
cd ./live-demo/bin
./startup.sh
```

其中 AGENT_DIR 为发行包中的 agent 目录，COLLETOR_SERVER_LIST 为 OAP 服务的 gRPC 访问地址。

运行 JPS 观察所有进程是否启动成功：

```
$ jps
15056 projectD.jar
14689 Kafka
14690 eureka-service.jar
15020 projectB.jar
6780 Jps
15038 projectC.jar
14367 QuorumPeerMain
```

OAP 的以下日志中的加粗部分，进一步证明进程实例已经注册成功。

```
oap | 2020-01-31 06:00:44,247 - org.apache.skywalking.oap.server.receiver.register.provider.handler.v6.grpc.RegisterServiceHandler -340156 [grpcServerPool-1-thread-4] INFO  [] - register service instance id=3 [UUID:ba6e40087c9941c7ad837c60c72057dd]
```

（4）访问模拟应用集群

模拟请求访问 projectA，使用 curl 进行访问，或直接使用浏览器。

```
http://<projectA-ip>:8764/projectA/test
```

使用脚本或压测工具，持续访问该地址。由于 OAP 在服务注册时采用异步注册模式，故需要发送多次访问后，才可能获得追踪数据。

## 3.4 实战操作

这一节将详细解读 SkyWalking 产生的各种监控指标的含义，帮助大家更好地了解所监控系统的运行状态和健康度；还将串联起这些指标之间的依赖关系，帮助大家更好地理解 SkyWalking 的内部运行机制。

本节首先会介绍监控指标的各种维度，这些维度是 SkyWalking 的内置概念，了解它们是掌握监控指标的基础。之后会介绍相关监控的核心功能，这部分包括一般的查看监控指标和使用拓扑图观察系统架构。最后将介绍生产系统中常见问题的定位，包括提取关键路径、查找失败服务或请求，以及查找慢服务或请求。

### 3.4.1 观察微服务中的各个维度

SkyWalking 为服务（Service）、服务实例（Service Instance）及端点（Endpoint）提供了观测能力。这三个维度具有一定的层级关系，服务实例和端点都需要归属在一个服务上，但是服务实例与端点之间没有必然的联系。现在让我们了解一下它们的具体定义。

- 服务：表示对请求提供相同行为的一系列或一组工作负载。在使用打点代理或 SDK 的时候，你可以定义服务的名字。如果不定义的话，SkyWalking 将会使用你在平台上定义的名字，如 Istio。
- 服务实例：上述一组工作负载中的每一个工作负载称为一个实例。就像 Kubernetes 中的 Pod 一样，服务实例未必就是操作系统上的一个进程，但当你使用打点代理的时候，一个服务实例实际就是操作系统上的一个真实进程。

- 端点：对于特定服务所接收的请求路径，如 HTTP 的 URI 路径和 gRPC 服务的类名 + 方法签名。

我们从 UI 上看一个具体的例子。如图 3-4 所示，projectA 就是服务，/projectA/{name} 是端点，{name} 表示的是这个端点是个具有路径参数的 URL。projectA-pid:23536@remote-worker-hk 就是服务实例，其中 remote-worker-hk 是机器的主机的 hostname，23536 为该实例的进程号。

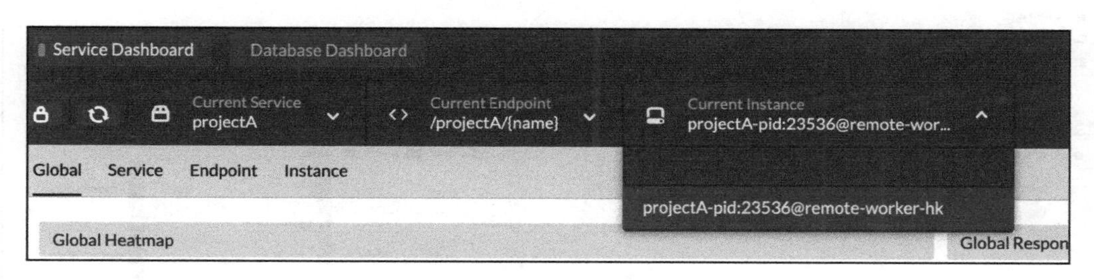


图 3-4　监控维度

本次实战环境的所有元数据如表 3-1 所示。

表 3-1　维度元数据

| 服　务 | 服务实例 | 端　点 |
|---|---|---|
| projectA | projectA-pid:23536@remote-worker-hk | /projectA/{name} |
| projectB | projectB-pid:23002@remote-worker-hk | /projectB/{value} |
| projectC | projectC-pid:23191@remote-worker-hk | /projectC/{value} |
| projectD | projectD-pid:23370@remote-worker-hk | Kafka/test-trace-topic/Consumer/test |

### 3.4.2　观察指标

监控系统的核心功能就是对于监控指标的观察，SkyWalking 的 UI 提供了对于各种指标的汇总展示功能。该功能首先可以展示一个维度下的多种监控指标，该界面不仅可以作为查询功能使用，还可以用作监控系统大屏幕。将图 3-5 右上角的自动刷新功能打开，指标会根据刷新频次动态更新。

图 3-5 展示了服务监控指标的 Dashboard，如服务数量、平均延迟、吞吐量、服务质量、延迟等高线、服务依赖关系和 TopN 指标等。UI 同时提供对于数据库相关指标展示的 Dashboard，如图 3-6 所示。除了与服务监控 Dashboard 相同的指标外，慢 SQL 查询

是一个非常吸引人的功能，可以帮助用户快速定位数据库访问类的问题。未来将会有更多中间件（包括队列和缓存等）指标的展示。

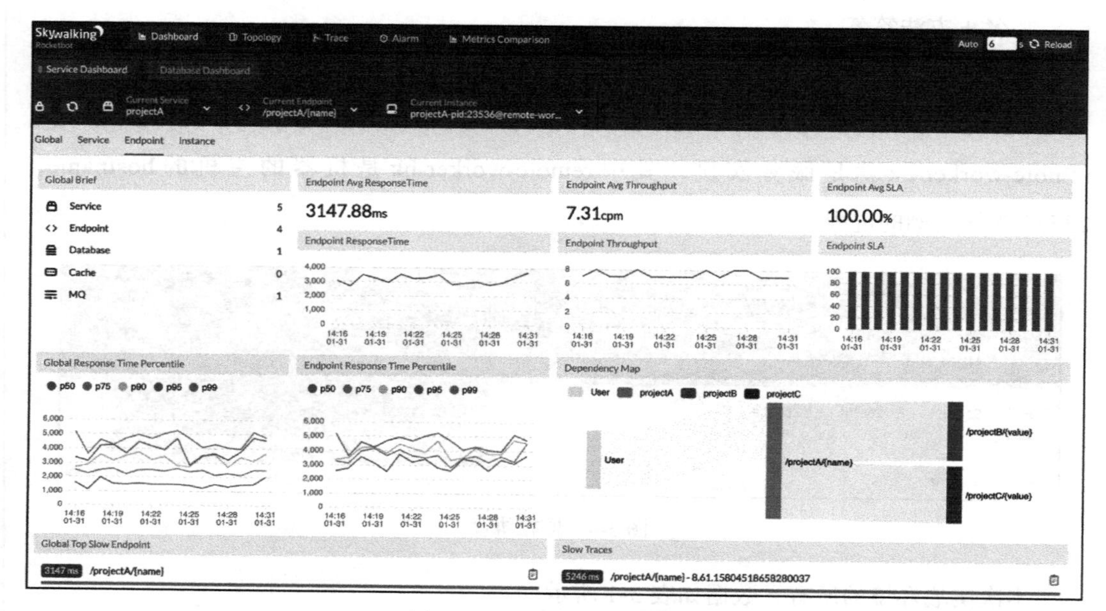


图 3-5 服务监控 Dashboard

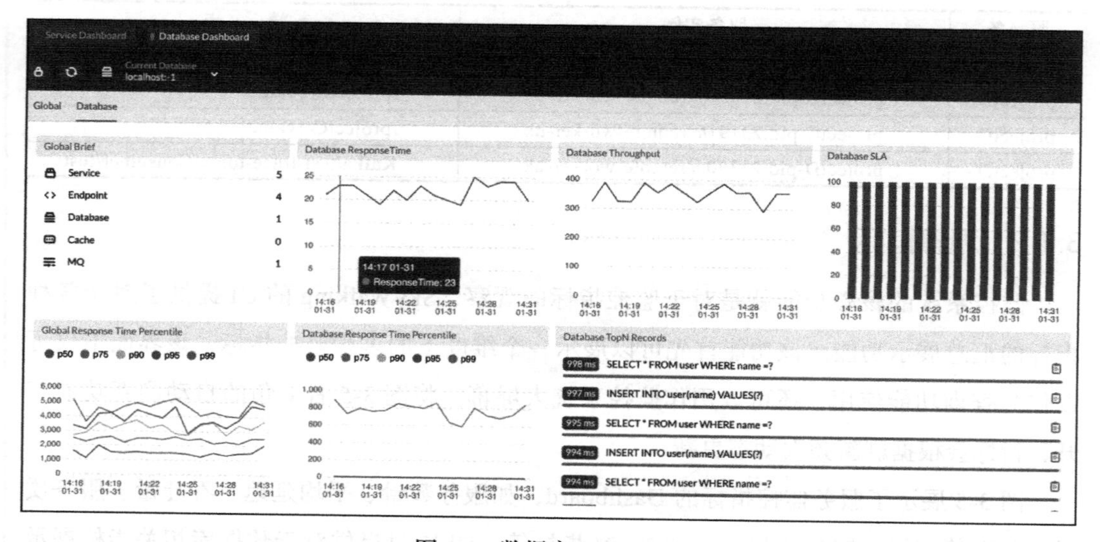


图 3-6 数据库 Dashboard

另外，指标 Dashboard 是可以进行定制化的，如图 3-7 所示。用户可以定制各个指标的种类、在页面的排列位置、所占宽度等信息，从而打造出一个更符合自己使用习惯的屏幕，或为不同使用目的定制多套屏幕。

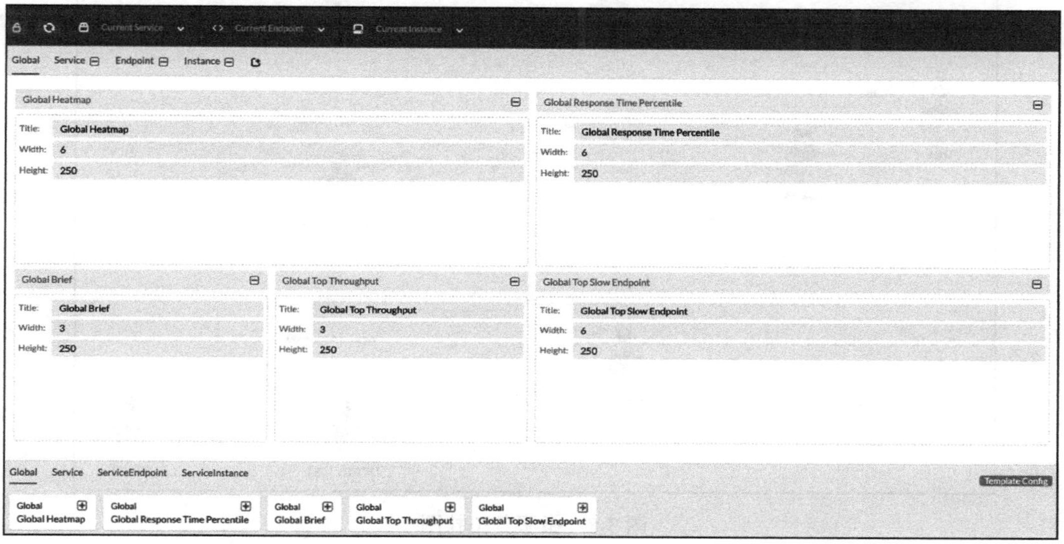

图 3-7　定制 Dashboard

### 3.4.3　观察系统架构

实战环境搭建成功后，我们可以通过 UI 拓扑图功能来了解该环境的系统架构。了解架构能帮助我们更好地理解后续的实战操作。请注意，拓扑图仅限于服务级别（Service）的拓扑，并不包含服务实例和端点。

图 3-8 展示了该实战环境的拓扑关系，用户通过 projectA 服务访问集群，其为一个 Spring MVC 服务。projectA 访问 projectB 和 projectC 两个 Spring MVC 服务。projectB 访问本地的 H2 数据库。projectC 访问 www.baidu.com 并同时向一台 Kafka 消息队列写入数据。projectD 从该 Kafka 消费数据。projectA、projectB 和 projectC 同时访问 :8761 服务，从我们的安装过程可知这是 Eureka 服务。

该环境是一套非常标准的微服务架构，同时包含了多种外部服务。点击图 3-8 中的 projectA 我们可以看到其详细信息。如图 3-9 所示，可以通过弹出的蜂窝菜单快速连接到与该服务相关的其他监控指标页面。同时与 projectA 直接关联的服务被高亮处理，从而方便用户更加直观地看到服务之间的依赖关系。

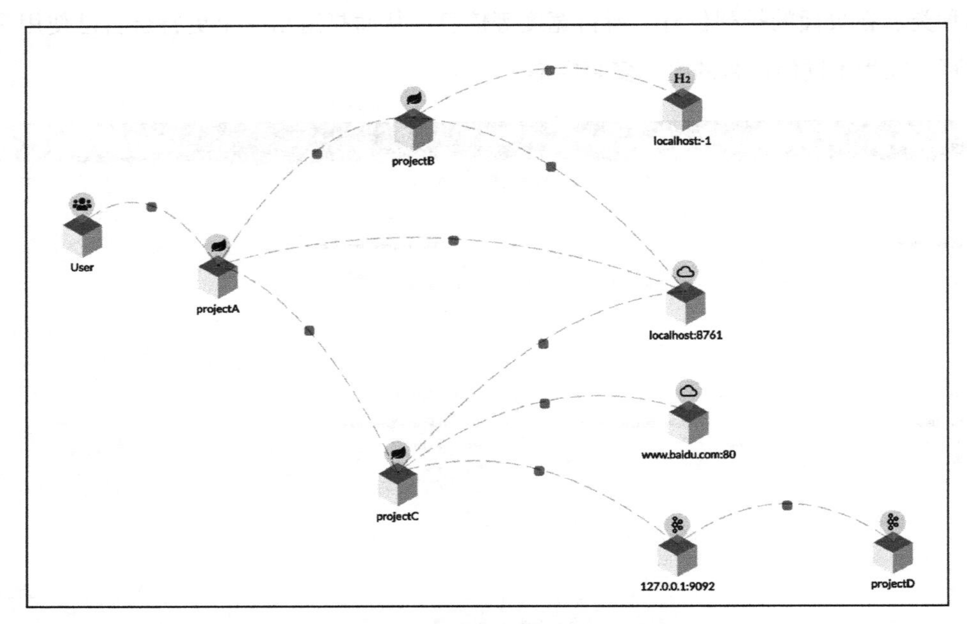


图 3-8 微服务拓扑图

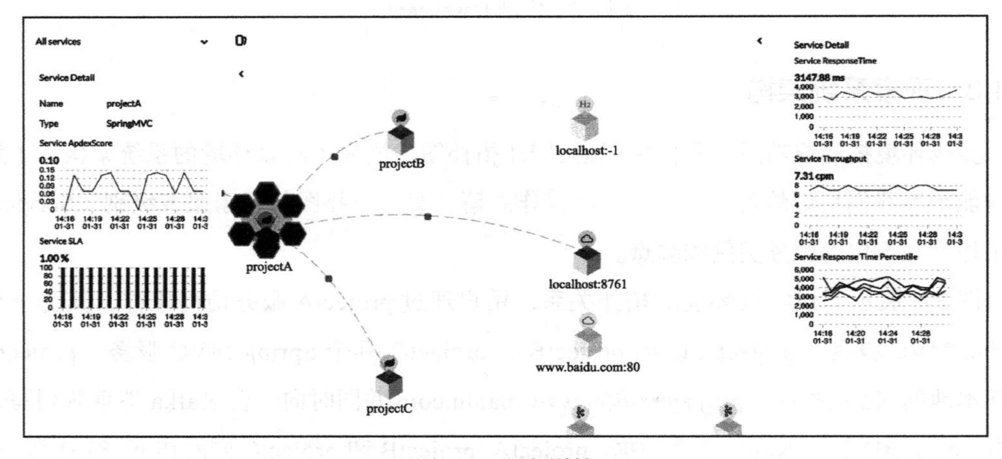


图 3-9 服务详情

### 1. User 点的产生

细心的读者可能已经发现了，User 点并不是一个实际的实体。我们在安装过程中并没用配置过它，那它是如何产生的呢？让我们用鼠标点击一下 User 与 projectA 连线的中点，如图 3-10 所示。

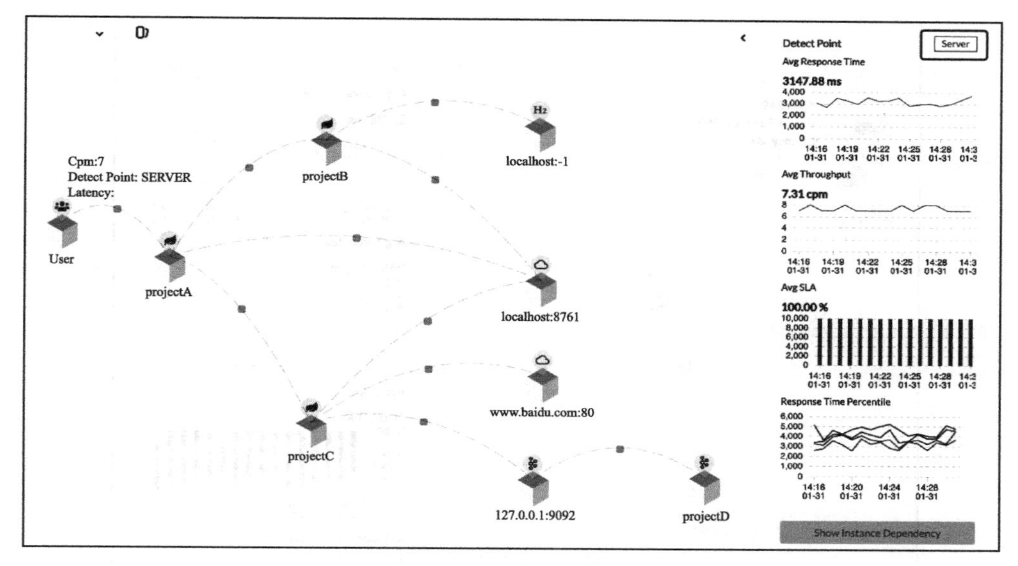


图 3-10 服务调用详情

可以看到，图 3-10 右侧展示了 User 调用 projectA 的相关指标。这里特别要注意右上角的 “Detect Point”，它的值是 Server，这表示这条调用关系是由 Server 端，也就是 projectA 产生的。这说明我们看到的右侧所有监控指标都是由 projectA 发送给 OAP 服务的。那么 User 是怎么来的呢？

聪明的你可能已经有答案了，那就是由 OAP 生成的。生成的规则是，如果调用数据只来源于上游服务，而没有下游服务的话，那么在拓扑图上就帮忙生成一个点，用来表示有用户访问该上游服务。

虽然这个图标表示为一个具体的人工操作，但很可能是由于程序调用或者其他没有被 SkyWalking 检测的服务产生的，所以把 User 理解为一个进入监测目标系统的入口更准确。而我们现在看到的这个实战环境就是通过一个脚本来持续产生流量的，并没有实际用户进行访问。

### 2. 访问外部服务

Detect Point 除了 Server 外，还有 Client。图 3-11 就是一种 Client 的典型形式。它表示监控数据全部来自 projectB。而此种访问方式多数发生在对于外部服务（也就是数据库、API 服务和中间件）的访问。

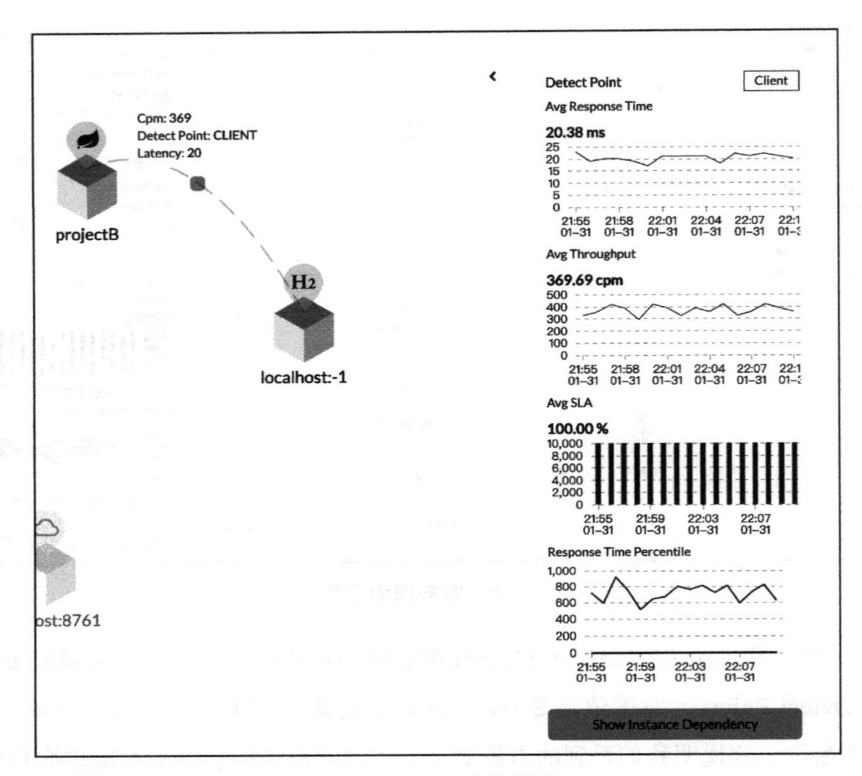


图 3-11　Client 调用详情

与 User 类似，这些外部服务的点也是由 OAP 产生的，原因也类似：没有办法在这些外部服务上安装 SkyWalking 监控。与 User 不同的是，可以通过访问服务的 Client 驱动程序来识别这些外部服务，由图 3-11 可知，这是一个 H2 数据库。

SkyWalking 的 Agent 探针有大量的插件用于识别这些外部服务，目前主流的中间件和数据库均涵盖其中。

#### 3. 受监控服务的直接访问

那么如果是受 SkyWalking 监控的两个服务直接调用呢？答案是 Detect Point 会同时产生 Server 和 Client 两套数据，如图 3-12 和图 3-13 所示。

读者会发现这里大部分指标都类似，只有响应时间出现略微的差异：Client 端的延迟率高一些。这一点很好解释，那就是从客户端角度看，响应时间还包含网络的延迟，故其值要略高于 Server 端。

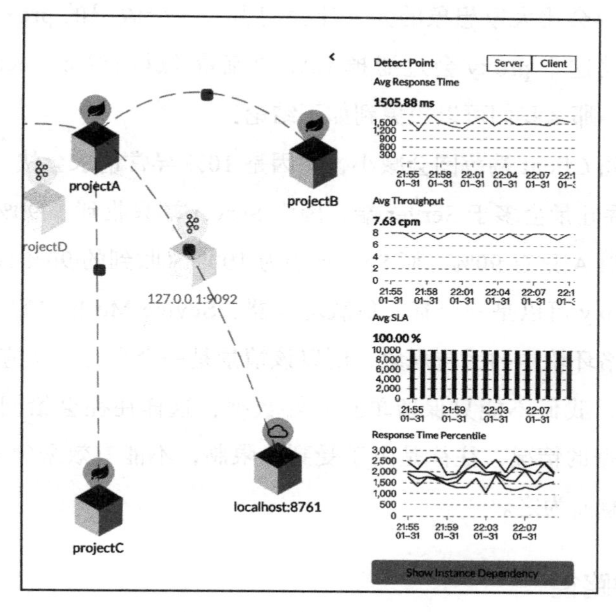


图 3-12　Client 调用详情

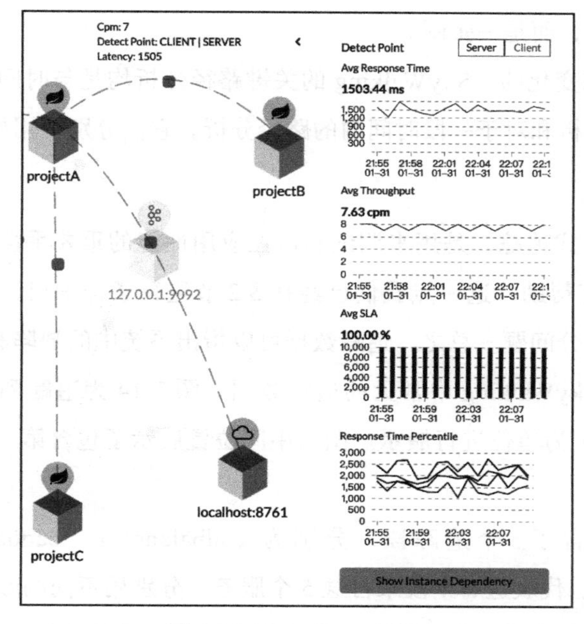


图 3-13　Server 调用详情

有些读者可能会提出，如果不在意这个延迟，能不能只有一段数据，从而减少数据的写入量。其实差异会比大家想象的大，让我们引入一个假想的 proxy 置于 projectA 和 projectB 之间。假设这个 proxy 会过滤掉 10% 的流量（返回给 projectA 403），projectA 发送了 100 个请求，那么我们可以想象到如下结论：

- 平均响应时间 Client 端范围会减小，原因是 10% 异常请求会快于正常请求；
- Client 端的吞吐量会多于 Server 端，因为 Server 端只收到了 90% 的请求；
- Client 端的 SLA 只有 90%，而 Server 端为 100%（收到的 90% 流量全都成功了）。

这个虚拟的 proxy 可以是一个真的负载均衡器、Sevice Mesh 中的 sidecar，甚至很可能就是你脆弱的网络环境中的丢包现象，所以该情景是一个具有广泛应用实践的假设。

基于上述原理，我们不能只保留单独一端数据，这样往往会给问题定位带来困扰。而对于只有一端数据的情况，往往是由于受到了限制，不能有效采集到足够多的监控数据，而不是我们有意而为之。

### 3.4.4 提取关键路径

关键路径是直接影响系统表现的相关服务调用链路所组合形成的图。是的，关键路径很可能不是一条线，而是一张图。

由于系统是动态变化的，SkyWalking 的关键路径分析均是与时间相关联的，分为对于单次请求的路径分析和对于一段时间内的路径分析。它们分别使用如下两个工具。

#### 1. 使用追踪查询

追踪，或称分布式追踪，是用来调试和监控应用性能的重要手段，特别是对微服务架构下的应用非常有帮助。这一点我们已经在 3.2 节进行了详细讨论，分布式追踪可以回答该节中的绝大部分问题。总之，追踪数据可以指出系统中的缺陷和错误。

让我们来看看 SkyWalking 中常见的追踪数据。图 3-14 为追踪列表，此处以追踪链路中的段（Segment）为单位进行展示。图的中间位置展示了包含第一条追踪段的整条追踪链路。

该追踪链路包含了 5 个追踪段，分别为 loadbalancer1、loadbalancer2、projectA、projectB 和 projectC。代表这 5 个段来自这 5 个服务，分别用不同的颜色表示。

而每个段内部再包含若干的小圆点，每个圆点代表追踪片（Span），它是追踪链路的最小单位。段的范围要高于追踪片。

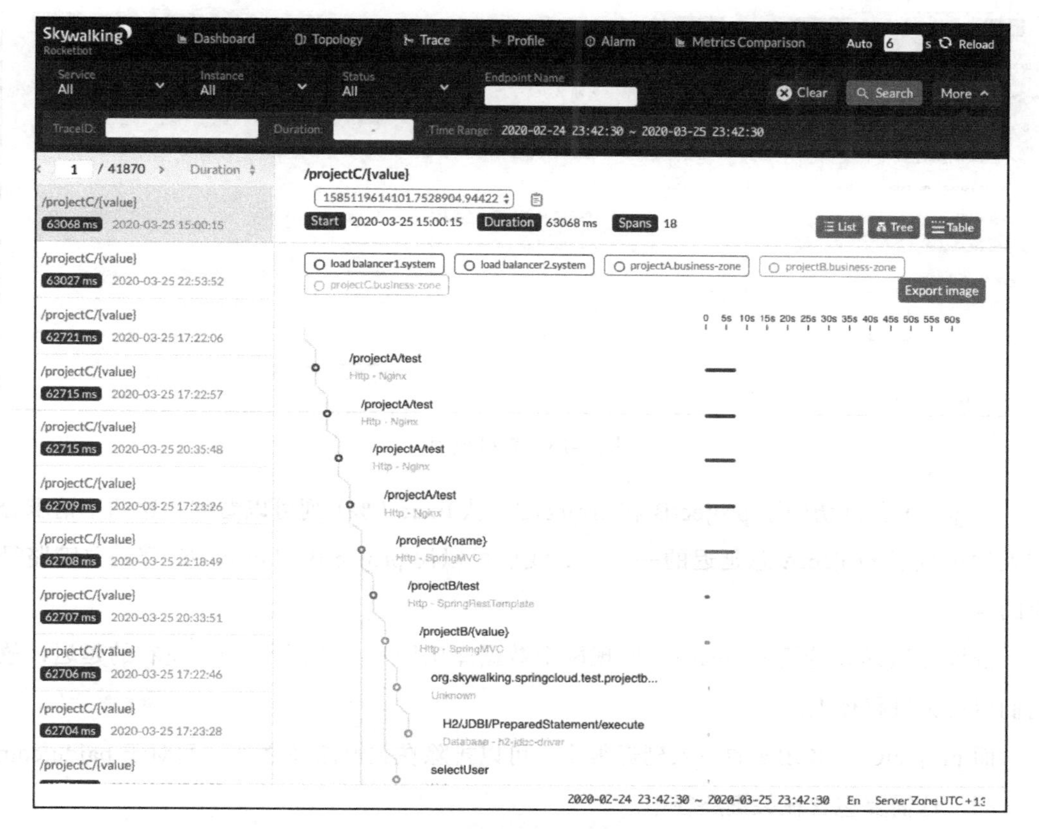


图 3-14　追踪数据列表

段在一般的追踪平台并不多见，但它是 SkyWalking 高性能的关键。一般在一个服务实例内产生的所有追踪片会被合并为一个段，然后进行批量发送。这样不仅保证了较高的传输性能，也为计算和存储减轻了压力，从而达到高吞吐的目的。

图 3-14 最右侧为延迟时间条形图。通过这个条形图可以很容易发现延迟高的部分，同时对链路内各个追踪片的延迟有总体上的印象。故列表视图对观测延迟很有帮助。

介绍完追踪相关知识背景后，让我们使用如图 3-15 所示的表格视图（Table）来定位关键路径。这里我们先根据延迟情况确定关键路径。

我们可以看到该请求有两个入口，分别是 projectA 和 Kafka 的 consumer。由于 Kafka 消费不会对用户体验产生影响，故我们只关注进入 projectA 的请求。

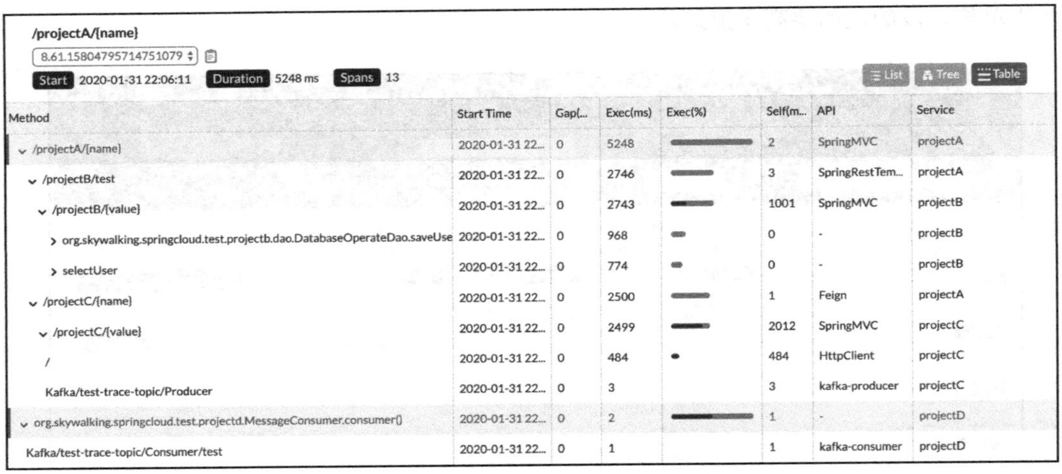

/projectA/{name}

8.61.15804795714751079

Start 2020-01-31 22:06:11 Duration 5248 ms Spans 13

List Tree Table

| Method | Start Time | Gap(... | Exec(ms) | Exec(%) | Self(m... | API | Service |
|---|---|---|---|---|---|---|---|
| /projectA/{name} | 2020-01-31 22... | 0 | 5248 | | 2 | SpringMVC | projectA |
| /projectB/test | 2020-01-31 22... | 0 | 2746 | | 3 | SpringRestTem... | projectA |
| /projectB/{value} | 2020-01-31 22... | 0 | 2743 | | 1001 | SpringMVC | projectB |
| org.skywalking.springcloud.test.projectb.dao.DatabaseOperateDao.saveUse | 2020-01-31 22... | 0 | 968 | | 0 | - | projectB |
| selectUser | 2020-01-31 22... | 0 | 774 | | 0 | - | projectB |
| /projectC/{name} | 2020-01-31 22... | 0 | 2500 | | 1 | Feign | projectA |
| /projectC/{value} | 2020-01-31 22... | 0 | 2499 | | 2012 | SpringMVC | projectC |
| / | 2020-01-31 22... | 0 | 484 | | 484 | HttpClient | projectC |
| Kafka/test-trace-topic/Producer | 2020-01-31 22... | 0 | 3 | | 3 | kafka-producer | projectC |
| org.skywalking.springcloud.test.projectd.MessageConsumer.consumer() | 2020-01-31 22... | 0 | 2 | | 1 | - | projectD |
| Kafka/test-trace-topic/Consumer/test | 2020-01-31 22... | 0 | 1 | | 1 | kafka-consumer | projectD |

图 3-15　表格视图

projectA 分别访问了 projectB 和 projectC，从 Exec（%）列可以看到，这两个请求分别大约占到了 projectA 总延迟的一半，故我们可以说 projectB 和 projectC 都是关键路径上的点。

按该方法继续分析 projectB，发现两个数据库调用一共占用了 60% 左右的延迟，故它们也在关键路径上。

而 projectC 中 Kafka 的写入延迟很小，可以排除在关键路径之外。而对于 baidu.com 的访问，这需要包含在关键路径中。

以上我们只从延迟角度进行了分析，但如果加入了错误率的概念，那么 Kafka 写入就需要进一步分析：如果写入产生的异常直接被传递到最外层，那么该写入就是一个关键操作；反之，它就能完全排除在关键路径之外。

### 2. 使用拓扑图

如果要观测一段时间内的关键路径，拓扑图是一个很好的辅助工具。图 3-16 和图 3-17 分别是 projectA → projectB 和 projectA → projectC 的调用详情。我们可以使用 Avg Latency = Avg Response Time × Avg Throughput 来计算请求的流量分布，从图中的数据可以推导出 projectB 和 projectC 平分了 projectA 的响应时间。

与单次分析类似，在分析出部分非关键路径后，可以人为注入一些错误，降低它们的 SLA，从而观测其对入口 SLA 的响应。SLA 小于 100% 后，图标会变色，影响的幅度可以通过图3-18所示的视图进行观测。

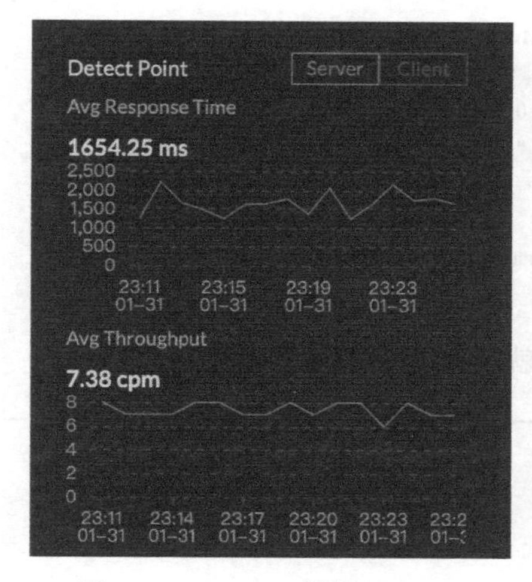


图3-16 projectA调用projectB

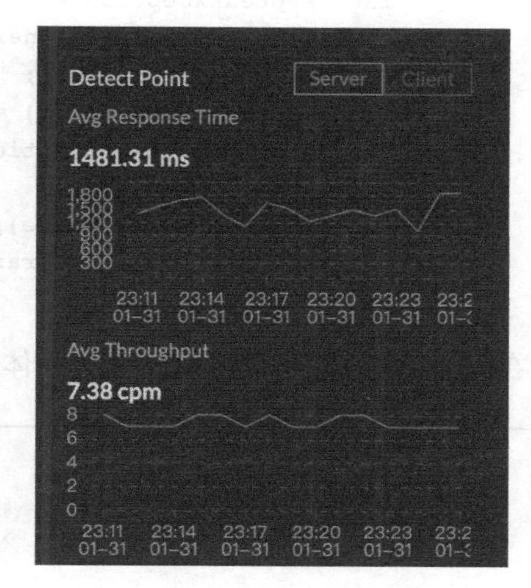


图3-17 projectA调用projectC

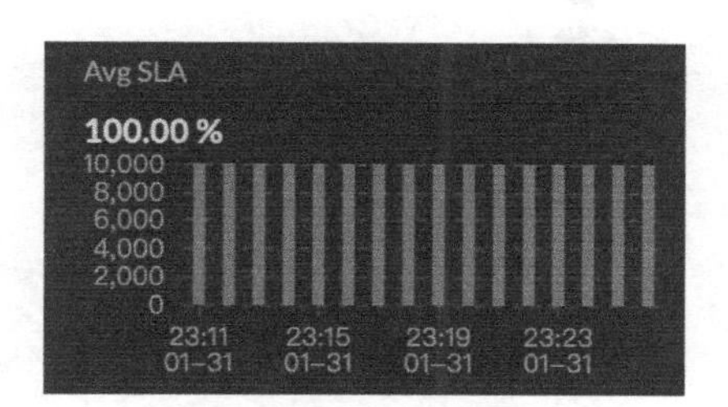


图3-18 服务质量柱状图

### 3.4.5 查找失败服务或请求

我们已经对实战环境有了总体的认识，并分析了关键路径，在这一节中，我们将一起使用SkyWalking来查找失败的服务或请求。

通过我们的观察，目前这个集群中是没有任何失败的节点的。现在我们可以手工注入一些失败到系统内，这里我们挑选projectB来进行相关操作。

```
--- a/projectB/src/main/java/org/skywalking/springcloud/test/projectb/service/
    ServiceController.java
+++ b/projectB/src/main/java/org/skywalking/springcloud/test/projectb/service/
    ServiceController.java
@@ -18,6 +18,9 @@ public class ServiceController {
```

```
    public String  home(@PathVariable("value")  String  value)  throws
            InterruptedException {
        Thread.sleep(new Random().nextInt(2) * 1000);
        operateDao.saveUser(value);
+       if (new Random().nextInt(3) == 0) {
+           throw new RuntimeException("Select user error");
+       }
        operateDao.selectUser(value);
        return value + "-" + UUID.randomUUID().toString();
    }
```

现在我们注入了错误，首先最直观的体现就是如图3-19中所示的变化。

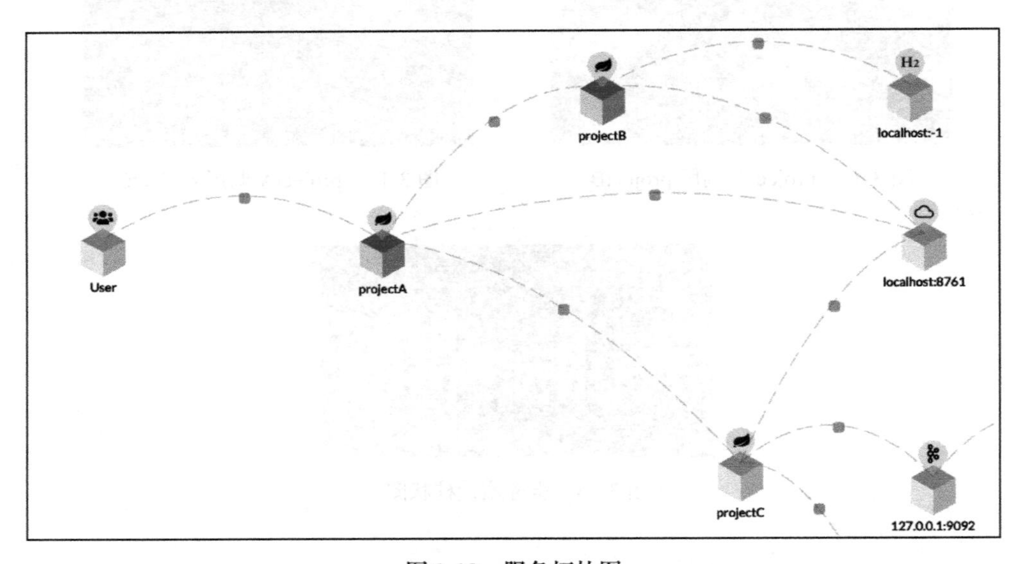


图3-19　服务拓扑图

从图中可以看到不仅projectB变了颜色，projectA受其影响也变了颜色。现在让我们看一下它们的SLA数值。

由图3-20和图3-21可以发现，它们的SLA基本相同，可以进一步确认projectA自身的错误应该都是受到了projectB的影响。

不仅拓扑图和监控指标可以查询错误，我们也可以通过如图3-22所示的告警功能获取错误提示。

如果你配置了告警的Webhook，将会收到相关告警信息，从而知道错误的产生。

那么具体是什么原因导致了错误呢？这时我们需要借助追踪查询功能。

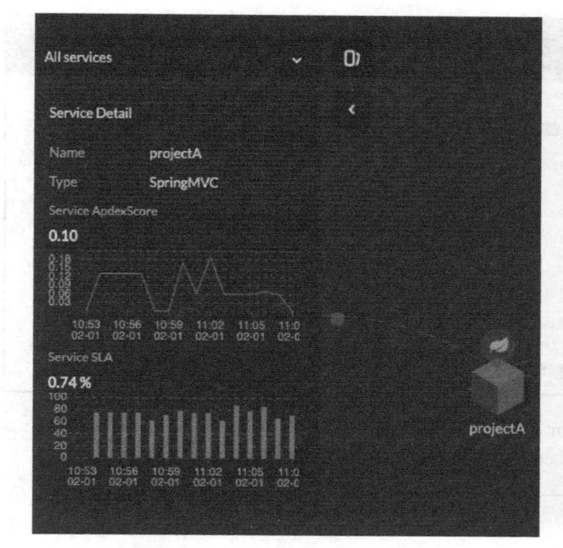


图 3-20 projectA 服务详情

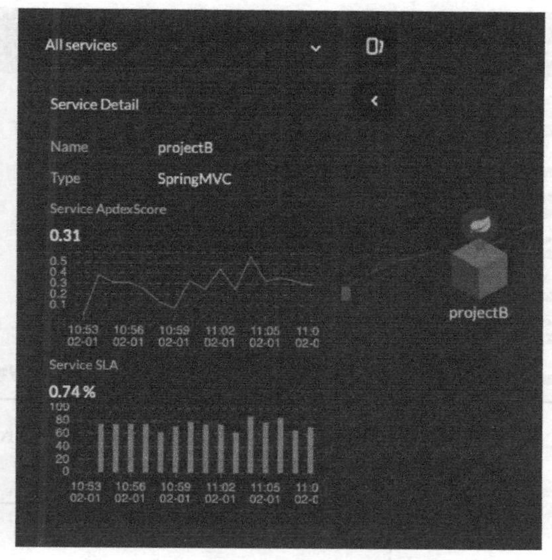


图 3-21 projectB 服务详情

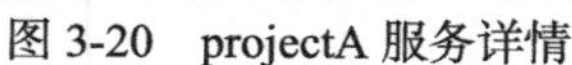

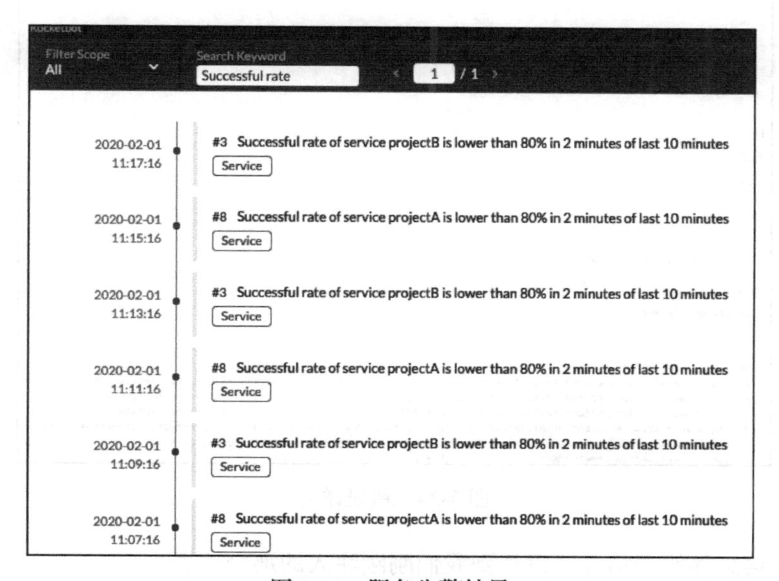


图 3-22 服务告警结果

选择状态为 Error 的追踪数据，如图 3-23 所示。从追踪列表可得，主要原因或者说根本原因是 projectB 报错导致请求失败。我们可以接着点击 projectB，获得如图 3-24 所示的具体错误原因。

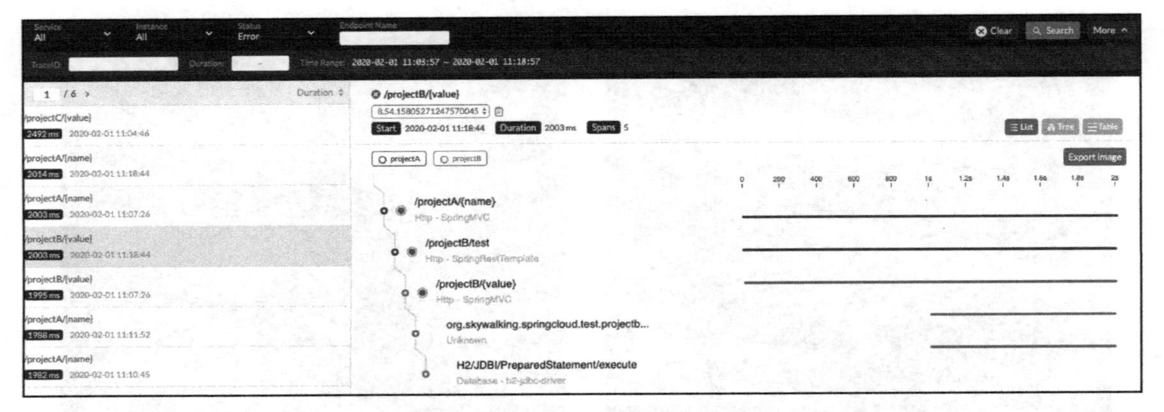


图 3-23　查询 Error 状态的追踪数据

**Tags.**

| | |
|---|---|
| Endpoint: | /projectB/{value} |
| Span Type: | Entry |
| Component: | SpringMVC |
| Peer: | No Peer |
| Error: | true |
| url: | http://remote-worker-hk.c.skywalking-live-demo.internal:8762/projectB/test |
| http.method: | GET |
| status_code: | 500 |

**Logs.**

Time: 2020-02-01 11:18:46

event:

```
error
```

error.kind:

```
java.lang.RuntimeException
```

message:

```
Select user error
```

stack:

```
java.lang.RuntimeException: Select user error
at org.skywalking.springcloud.test.projectb.service.ServiceController.home$original$FaypvucH(ServiceController.java
at org.skywalking.springcloud.test.projectb.service.ServiceController.home$original$FaypvucH$accessor$SL9CzDsq(Serv
at org.skywalking.springcloud.test.projectb.service.ServiceController$auxiliary$cQ4uBxSi.call(Unknown Source)
at org.apache.skywalking.apm.agent.core.plugin.interceptor.enhance.InstMethodsInter.intercept(InstMethodsInter.java
at org.skywalking.springcloud.test.projectb.service.ServiceController.home(ServiceController.java)
at sun.reflect.GeneratedMethodAccessor48.invoke(Unknown Source)
```

图 3-24　错误详情

从 stack 信息和错误消息可以得到我们刚刚注入的那个错误。

至此，我们使用了多种工具分析出了请求和服务失败的原因。

## 3.4.6 查找慢服务或请求

我们已经解决了错误的问题，现在来关注延迟带来的问题。系统延迟的主要原因是微服务集群内部出现了慢服务或偶发性的慢请求。

在查找慢服务之前，我们首先要明确的一点是，“慢”是一个相对的概念，它至少需要从以下几个方面进行阐述。

（1）维度

对于不同的维度，慢的定义是不同的。一个服务可能包含多个端点，每个端点对于响应的要求是不同的，从而造成整个服务响应需求也非常不同。

（2）时间

不同服务可能在一天内、一周内或一个月内对响应的需求也有所不同，这往往由业务需求所决定。

时间的另一个问题是时间范围。有些服务强调总吞吐量要好，故只需在一个较大范围内（比如6个小时内），平均响应时间快就可以了。而相对地，另外一些服务非常在意系统的即时响应能力，故希望在每个小时间片内，系统都能有完美的响应表现。

（3）算法

我们计算延迟的方法有很多种，有瞬时值、平均值、等高线值、线形图和热力图等。每种算法代表的含义不同，也各具优缺点。SkyWalking推荐使用如图3-25所示的响应时间百分比图来观测延迟情况，该图使用50%、75%、90%、95%和99%请求响应线（图中左侧从下往上排列）来衡量延迟对于整体的影响，帮助用户对当前系统延迟有更精确的把握。

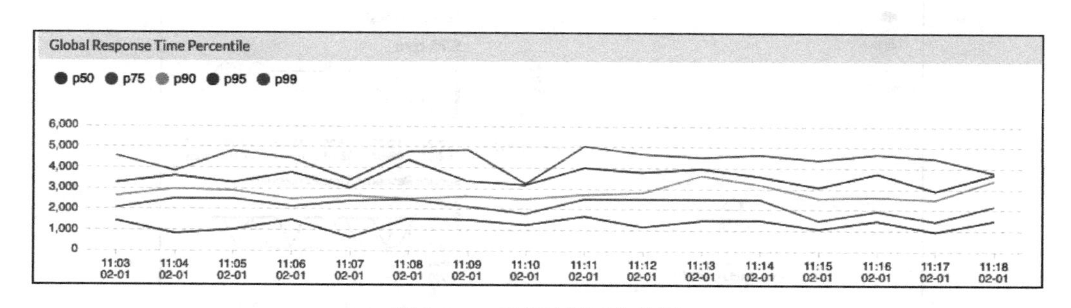


图3-25 响应时间百分比图

（4）体验

最后，延迟给不同的人的感觉是不同的，传统方法很难量化对于“慢”的理解。SkyWalking引入如图3-26所示的Apdex，用来量化不同服务的体验。目前SkyWalking

仅支持对于Apdex得分的计算，关于分值所代表的满意度，用户可以参考链接内的标准进行翻译，或者设置自己认为合适的评分准则。

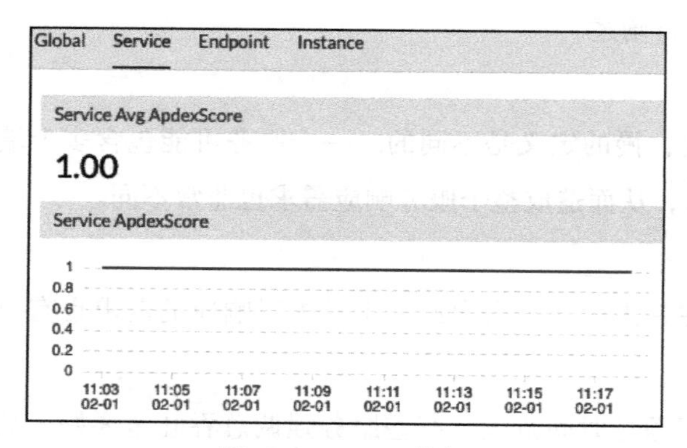


图3-26 Apdex指标

确定好对于延迟的标准后，我们可以通过拓扑图来查找延迟的根源。这里我们以图3-27中的projectC举例。

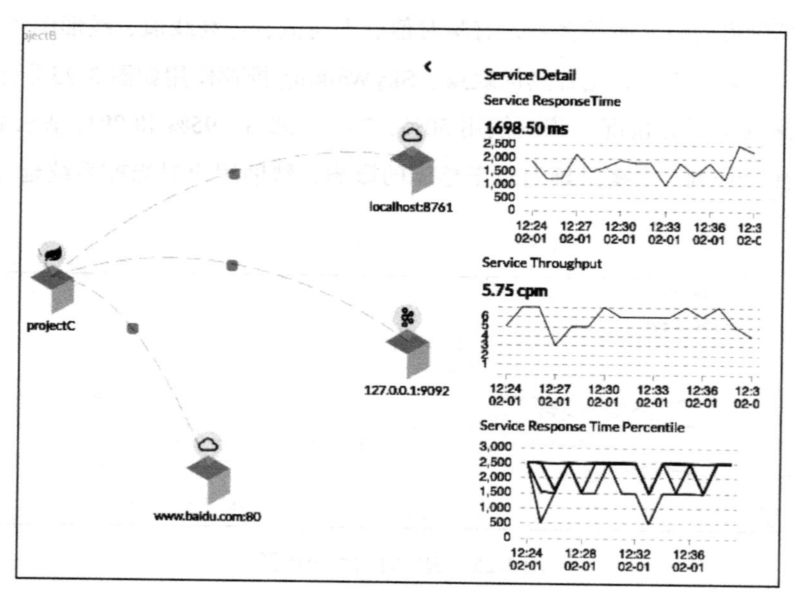


图3-27 projectC服务详情

其平均延迟在1.7s左右。它有两个依赖的外部服务，让我们通过图3-28和图3-29分别看一下每个服务的延迟。

两个外部服务合计占用了约 0.5s，projectC 本身消耗了约 1.2s，那么主要延迟出现在 projectC 的内部逻辑中。

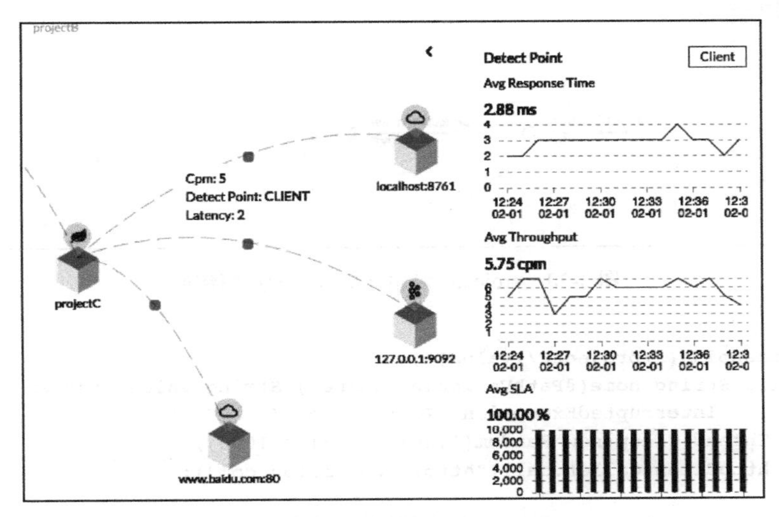


图 3-28　pojectC 调用外部服务 127.0.0.1:9092

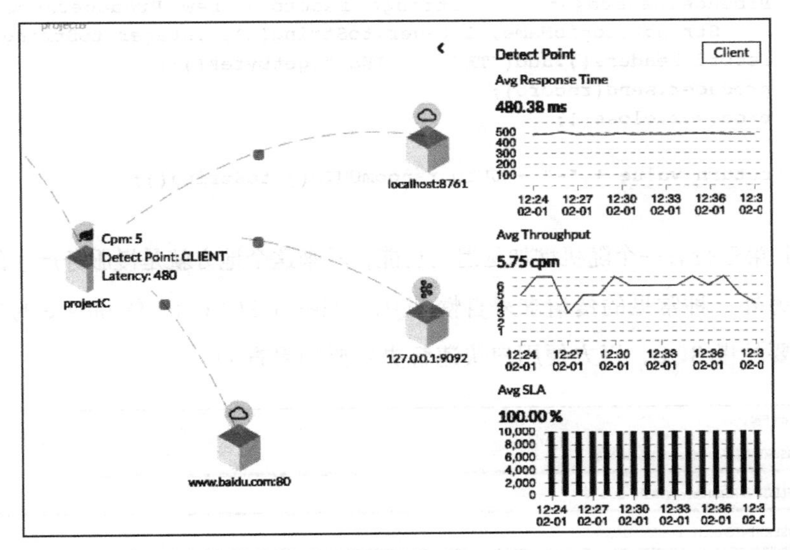


图 3-29　projectC 调用外部服务 www.baidu.com

也可以通过追踪数据进一步印证我们的观点，如图 3-30 所示，外部服务的延迟确实比较小。

让我们来看一下 projectC 的代码，进一步定位问题。

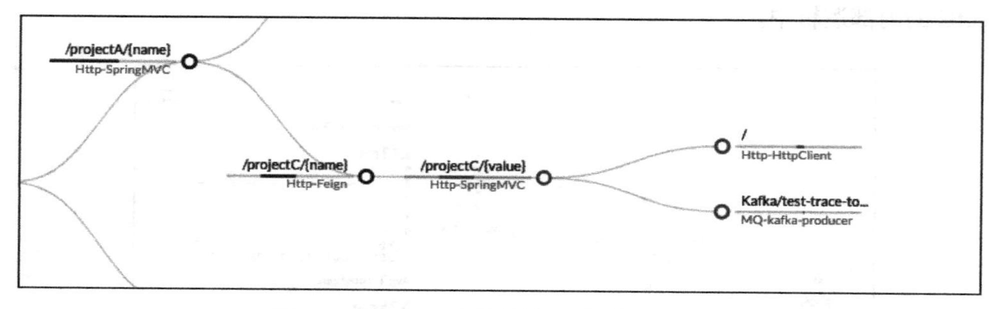


图 3-30　projectC 调用外部服务的追踪数据

```
@RequestMapping("/projectC/{value}")
    public String home(@PathVariable("value") String value) throws
            InterruptedException, IOException {
        Thread.sleep(new Random().nextInt(3) * 1000);
        httpClientCaller.call("http://www.baidu.com");

        Producer<String, String> producer = new KafkaProducer<>(
            producerProperties);
        ProducerRecord<String, String> record = new ProducerRecord<String,
            String>(topicName, Integer.toString(1), Integer.toString(1));
        record.headers().add("TEST", "TEST".getBytes());
        producer.send(record);
        producer.close();

        return value + "-" + UUID.randomUUID().toString();
    }
```

可以看到第三行有一个随机增加延迟的功能，看来这个地方就是慢服务产生的地方了。

最后，另外一种常见的慢请求来自慢 SQL。如图 3-31 所示，Database 的指标页面会列出来最主要的慢 SQL，以方便用户快速解决主要的慢查询。

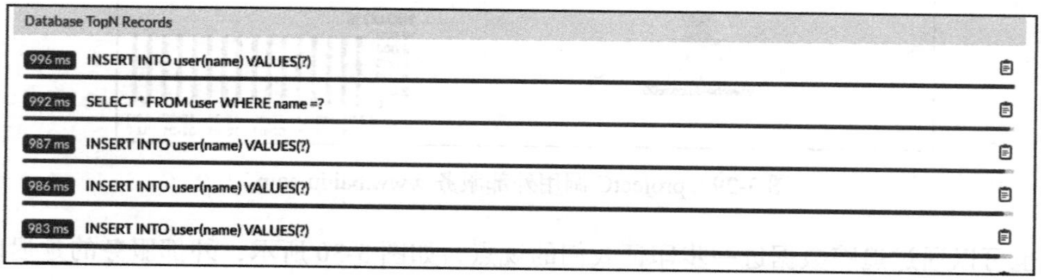

Database TopN Records

996 ms INSERT INTO user(name) VALUES(?)

992 ms SELECT * FROM user WHERE name =?

987 ms INSERT INTO user(name) VALUES(?)

986 ms INSERT INTO user(name) VALUES(?)

983 ms INSERT INTO user(name) VALUES(?)

图 3-31　慢 SQL 列表

### 3.4.7 处理告警

最后我们来处理一下实战环境中的告警。处理之前，我们先要了解这些告警信息是如何产生的。先从SLO（Service-Level Objective，服务级别目标）开始介绍。

SLO是从Google的SRE体系发展而来的。在谈SLO之前，一般用户应该对SLA（Service-Level Agreement，服务级别协议）有所了解。因为使用场景的不同，SLA可以被用来描述许多不同的事情。为了清楚起见，Google将它进行了拆解。

首先是SLI（Service-Level Indicator，服务级别指标），它是对所提供服务质量进行仔细定义的量化度量。大多数服务将请求等待时间（返回对请求的响应需要多长时间）视为关键SLI。其他常见的SLI包括错误率和系统吞吐量（常以每秒请求数衡量）。通常会汇总测量结果，即在测量窗口中收集原始数据，然后将其转换为比率、平均值或百分位数。

而后才是SLO，它是由SLI衡量的服务级别的目标值或值范围。因此，SLO的结构是SLI≤目标值，或下限值≤SLI≤上限值。例如，我们可能决定采用这样的SLO：平均查询请求延迟时间应小于100ms。

有了SLO设定，我们就可以设置SLA，并使用SkyWalking监控它们并配置告警阈值。

#### 1. SLO设定

选择适当的SLO是一件很难的事情。

第一，你不一定能知道选择什么样的值。对于从互联网而来的HTTP请求，每秒查询（QPS）指标基本上由用户的需求决定，你不能以此为凭据设置SLO。

第二，你希望每个请求的平均延迟小于200ms，而设置这样的目标可能反过来会激发开发人员去实现更低的延迟，或者加大投入购买更多的设备。这样虽然看起来是好事，但随着时间的推移，原有SLO会变得毫无意义。

第三，这点是比较微妙的。这两个SLI（QPS和延迟）可能有一定关联性，更高的QPS通常会导致更大的延迟，并且服务的性能在超出某些阈值后会出现大范围波动。

基于上述原因，设置SLO时要充分与用户积极沟通，设置合理的目标。用户对性能往往存在过于理想化的需求，如果没有设置目标的过程，非常容易得到一个不切实际的性能目标，甚至性能目标会与系统的设计和维护目标背道而驰。

### 2. 告警阈值设置

有了 SLO，就可以依照此信息设置告警的规则。下面是设置告警阈值的示例：

```
rules:
    # Rule unique name, must be ended with '_rule'.
    endpoint_percent_rule:
        # Metrics value need to be long, double or int
        metrics-name: endpoint_percent
        threshold: 75
        op: <
        # The length of time to evaluate the metrics
        period: 10
        # How many times after the metrics match the condition, will trigger
          alarm
        count: 3
        # How many times of checks, the alarm keeps silence after alarm
          triggered, default as same as period.
        silence-period: 10

    service_percent_rule:
        metrics-name: service_percent
        # [Optional] Default, match all services in this metrics
        include-names:
            - service_a
            - service_b
        threshold: 85
        op: <
        period: 10
        count: 4
```

这里展示了两个告警规则。

SLI 对应为 metrics-name 和 include-names。如果没有后者，该监控指标的所有服务均会被设置上此告警规则。告警阈值只支持数字类型。其中 period 和 count 需组合在一起使用。如“period=10, count=3”表示每 10 分钟内出现 3 次满足告警条件的情况，告警即被触发。silence-period 表示告警触发后，如果有持续告警，必须超过该时间。默认它与 period 保持一致。这个参数是为了防止因频繁产生告警而影响维护人员的判断。

### 3. 告警结果通知

SkyWalking 并没有插件化告警通知机制，而是使用 Webhook 将告警信息推送给一个HTTP服务，而后由该HTTP服务决定如何处理信息，可以选择发送到各种通知渠道，如邮件、微信和手机短信等，也可以触发多样的自动故障恢复机制。这些策略完全由用户控制。以下是告警消息格式：

```
[
    {
        "scopeId":1,
        "scope":"SERVICE",
        "name":"serviceA",
        "id0":12,
        "id1":0,
        "ruleName":"service_resp_time_rule",
        "alarmMessage":"alarmMessage xxxx",
        "startTime":1560524171000
    },
    {
        "scopeId":1,
        "scope":"SERVICE",
        "name":"serviceB",
        "id0":23,
        "id1":0,
        "ruleName":"service_resp_time_rule",
        "alarmMessage":"alarmMessage yyy",
        "startTime":1560524171000
    }
]
```

SkyWalking从6.5.0版本开始，可以通过动态配置模块去配置告警规则和结果通知。由于是动态生效，规则会在一个时间窗口后才生效。

#### 4. 消除告警结果

获得通知或者主动发现告警信息后，可以通过如图3-32所示的告警页面进行查找。

首先，告警信息是有维度的，不同维度的告警信息可能代表同一个问题。比如projectA的服务告警信息和进程实例告警信息很可能代表同一个信息。

其次，可以观察到，projectB的SLA告警是计算10分钟内是否有超过2分钟其值低于80%，且每次告警间隔了大约3分钟，这与下面系统的默认配置是相符的。

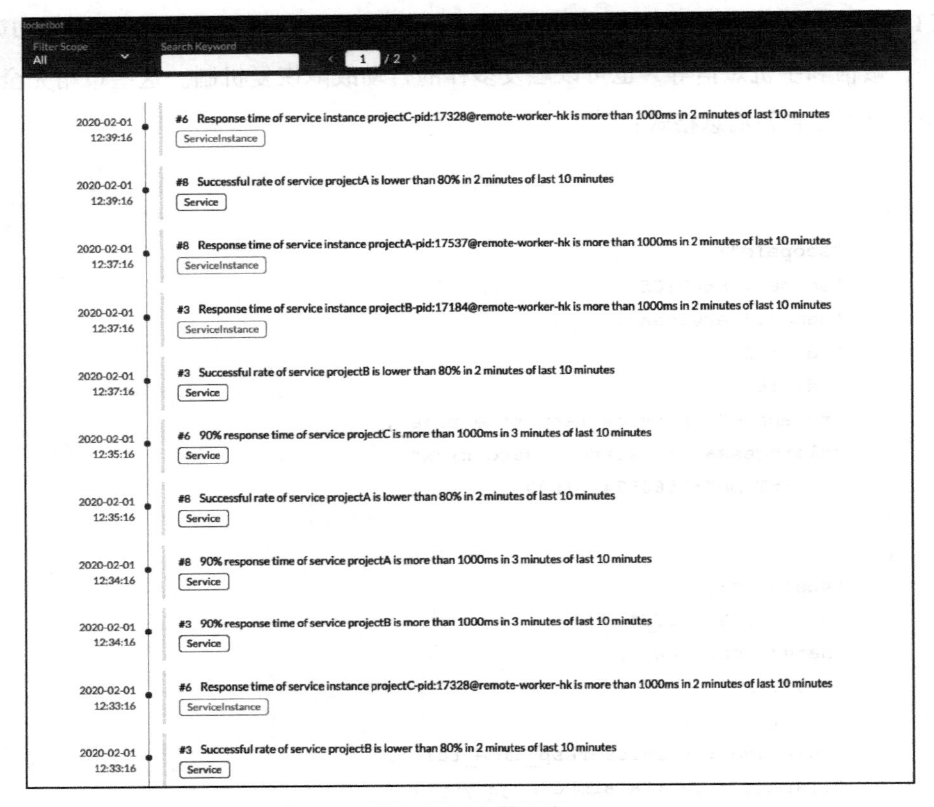


图 3-32　告警查询

```
service_sla_rule:
    # Metrics value need to be long, double or int
    metrics-name: service_sla
    op: "<"
    threshold: 8000
    # The length of time to evaluate the metrics
    period: 10
    # How many times after the metrics match the condition, will trigger alarm
    count: 2
    # How many times of checks, the alarm keeps silence after alarm triggered,
      default as same as period.
    silence-period: 3
    message: Successful rate of service {name} is lower than 80% in 2 minutes
        of last 10 minutes
```

现在就把 projectB 注入的错误代码去掉。

```
projectB/src/main/java/org/skywalking/springcloud/test/projectb/service/
ServiceController.java
```

重新打包并部署 projectB 服务，现在我们发现相关告警信息已经消除了。

## 3.5 本章小结

本章首先介绍了两种架构模式，阐明了 SkyWalking 对这两种模式的支持情况，并重点说明了其主要适用于微服务场景。而后通过一个实战案例，详细介绍了如何定位及解决问题，并通过该示例向读者展示了 SkyWalking 的核心功能。希望读者在阅读本章后，对 SkyWalking 的使用有更加深刻的理解。

下一章，我们将开始深入到 SkyWalking 的实现、模型和设计层面，进一步了解 SkyWalking 如何实现本章介绍的各种特性。

Chapter 4 第 4 章

# 轻量级队列内核

在 SkyWalking 中，收集数据到上报数据之间是通过轻量级队列内核来进行异步解耦的。本章将介绍轻量级队列内核的设计及原理。通过本章的学习，读者将会对轻量级队列内核有一定的了解，并可以根据实际业务场景进行定制化队列的开发。

## 4.1 什么是轻量级队列内核

轻量级队列内核是基于无锁环状队列的生产者—消费者内存消息队列，主要作用是在生产者和消费者之间创建一个缓冲的异步内存队列，防止因 SkyWalking 收集数据方生产数据的速度远大于往后端发送数据的速度造成数据积压和生产方阻塞。

轻量级队列内核的组成元素有 Buffer、Channel 和 DataCarrier，下面来一一介绍。

### 4.1.1 Buffer

Buffer 是 SkyWalking 队列内核中数据的载体，队列之中的数据都存储在 Buffer 中。Buffer 由如下属性组成。

- Object[] buffer：用于存储数据的队列。
- AtomicRangeInteger index：一个原子的循环索引，与 Buffer 一起实现环状队列。

- BufferStrategy strategy：队列策略。
- List<QueueBlockingCallback<T>> callbacks：数据阻塞时的回调函数。

下面我们具体介绍一下这 4 个属性并看一下它们之间的关系。

Object[] buffer 是一个拥有固定长度（长度由第 2 章介绍的 buffer.buffer_size 配置控制）的 Object 数组，AtomicRangeInteger index 则是基于原子类 AtomicIntegerArray 实现的一个原子循环索引，索引的最大值为 Object[] buffer 的长度。Object[] buffer 提供了数据存储介质，AtomicRangeInteger index 提供了原子性和循环性，这两部分组成了 SkyWalking 的无锁环状的轻量级队列内核。

生产者 Producer 在生产数据的时候，通过 AtomicRangeInteger index 来决定当前数据应该被存放在 Object[] buffer 的哪个索引中。

BufferStrategy strategy 是队列策略，是当生产者 Producer 往 Buffer 的某个索引存入数据时，其对应的索引还有旧的数据没有被消费时的解决策略。

List<QueueBlockingCallback<T>> callbacks 是在 BufferStrategy.BLOCKING 策略下，Producer 生产数据一直被循环阻塞的回调函数。

### 4.1.2 Channel

Channel 是管理 Buffer 的载体，由如下属性组成。

- Buffer<T>[] bufferChannels：Buffer 的数组集合，是队列内核中数据的载体。图 4-1 展示了 Channel 与 Buffer 的结构关系。
- IDataPartitioner<T> dataPartitioner：当数据被写入 Channel 时，由 dataPartitioner 来决定数据应该被存储在哪个 Buffer 之中以及存储数据失败时的重试次数。
- BufferStrategy strategy：队列策略。Channel 中的 BufferStrategy 与 Buffer 中的保持一致。
- long size：Channel 能够容纳数据的大小，其值为 Channel 中 Buffer 的数量乘以每个 Buffer 内部的 buffer 数组的长度。

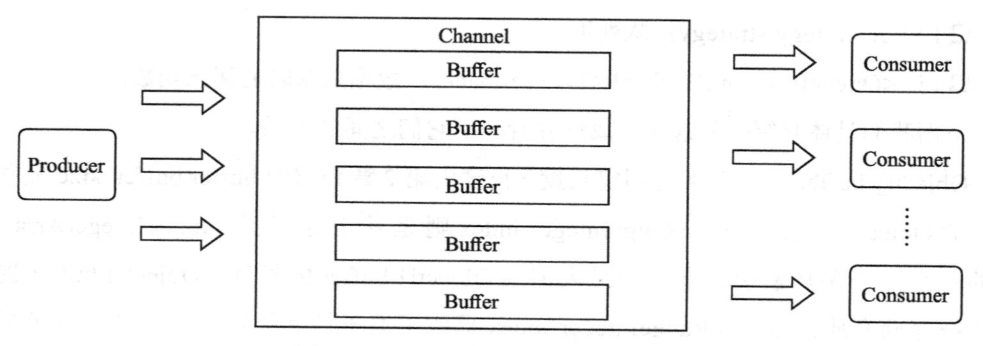


图 4-1 Channel 与 Buffer 的结构关系

### 4.1.3 DataCarrier

DataCarrier 是轻量级队列内核的门户，队列内核通过 DataCarrier 与 SkyWalking 的其他模块进行交互与合作。

DataCarrier 在初始化的时候需要 CHANNEL_SIZE、BUFFER_SIZE 两个参数，前者用来决定当前 Channel 中要有多少个 Buffer 的队列，而后者用来决定每一个 Buffer 队列的大小。

## 4.2 生产者—消费者如何协同

上一节介绍了轻量级队列是基于生产者—消费者的内存消息队列，本节主要介绍轻量级队列内核的生产者如何往队列中生产数据，以及消费者如何正确消费队列中的数据。

### 4.2.1 生产消息

#### 1. 如何生产消息

向队列中生产消息需要通过 DataCarrier 来执行。接下来以 SkyWalking 的 Trace 数据上报模块中的队列为例介绍生产者如何生产消息。

首先，对 DataCarrier 进行初始化，代码如下：

```
@DefaultImplementor
public class TraceSegmentServiceClient implements ... {
    ...
```

```
    private volatile DataCarrier<TraceSegment> carrier;
    ...
    @Override
    public void boot() throws Throwable {
        ...
        carrier = new DataCarrier<TraceSegment>(CHANNEL_SIZE, BUFFER_SIZE);
        carrier.setBufferStrategy(BufferStrategy.IF_POSSIBLE);
        carrier.consume(this, 1);
    }
    ...
}
```

整个 DataCarrier 的初始化分为三个部分：

1）设置 DataCarrier 的 Channel 中 Buffer 队列的数量和每一个 Buffer 队列的长度；

2）将 BufferStrategy 策略设置为 IF_POSSIBLE（在 4.1 节介绍过）；

3）设置当前 DataCarrier 的消费者（将在 4.2.2 节介绍）。

当 DataCarrier 初始化结束后，就可以通过其 API 来向队列中生产消息了。

```
@DefaultImplementor
public class TraceSegmentServiceClient implements ....{
    ...
    @Override
    public void afterFinished(TraceSegment traceSegment) {
        if (traceSegment.isIgnore()) {
            return;
        }
        if (!carrier.produce(traceSegment)) {
            ...
        }
    }
    ...
}
```

队列的生产使用比较简单，只需要通过 DataCarrier.produce(Data)，就可以往队列中生产数据了。

### 2. 生产消息的内部原理

（1）数据分发

上一小节介绍了 SkyWalking 轻量级队列内核生产者的使用方式，本节将会深入介绍生产者—生产消息的内部原理。

4.1 节介绍过，轻量级队列主要由多个 Buffer 组成。因为 Buffer 是最终数据的承载体，所以生产者在生产数据的时候，需要做以下两件事：

1）判断当前的数据应该存储在哪个 Buffer；

2）确定了某个具体的 Buffer 之后，需要确定数据存储在 Buffer 的具体位置。

SkyWalking 通过 IDataPartitioner<T> dataPartitioner 接口的 partition 方法来决定数据应该被存储在哪个 Buffer 中。该接口的定义如下：

```
public interface IDataPartitioner<T> {
    int partition(int total, T data);
    int maxRetryCount();
}
```

partition 方法的含义如下：int partition(int total, T data); 有两个入参，total 为 Channel 中 Buffer 队列的个数，data 为生产的数据。返回值为具体 Buffer 的索引值。

Channel 中 IDataPartitioner 的默认实现为从第一个 Buffer 到最后一个 Buffer 无限循环，具体实现如下：

```
public class SimpleRollingPartitioner<T> implements IDataPartitioner<T> {
    private volatile int i = 0;
    @Override
    public int partition(int total, T data) {
        return Math.abs(i++ % total);
    }
}
```

当获取到了数据应该被存在哪个 Buffer 之后，就要开始往 Buffer 队列中存储数据了。

（2）存储数据

当确定了具体的 Buffer 之后，下面就需要确定数据应该存储在 Buffer 的哪个位置。Buffer 中维护了一个索引，这个索引的作用就是判断数据应该被存储在 Buffer 的什么位置（见图 4-2）。

索引从 0 开始递增，一直到 Buffer 队列的最大长度后，又从 0 重新开始循环。

选定了数据在 Buffer 中的具体位置后，如果当前位置为空，直接存储并结束整个流程。而对于当前位置存在还未被消费的数据的情况，SkyWalking 提供了 3 种 Buffer 策略来应对。

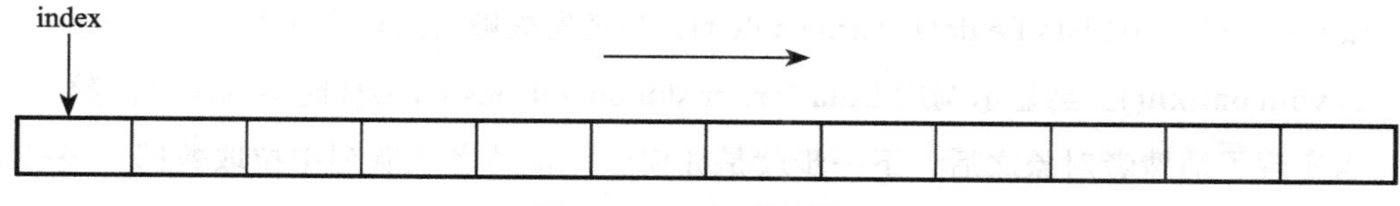


图 4-2　Buffer 中的索引

- BLOCKING：循环阻塞等待当前 Buffer 队列中对应的 index 空间为空（默认策略），在循环阻塞之中会回调 Buffer 的回调方法，用户可以通过设置回调方法来感知到是否有数据被 BLOCKING。
- OVERRIDE：用新数据覆盖旧数据。
- IF_POSSIBLE：从当前 index 起往后找 n 位，如果有空余，保存下来；如果没有，丢弃掉。n 是由 IDataPartitioner<T> dataPartitioner 接口的 maxRetryCount 来决定的，默认为 3。

## 4.2.2　消费消息

上一小节介绍了队列内核的生产者是如何往队列中生产消息的，本节主要介绍轻量级队列的消费端是如何消费数据的。

### 1. 如何消费消息

这里还是以 SkyWalking 的 Trace 数据上报模块中的队列为例来展开介绍。

队列的消费者需要实现 org.apache.skywalking.apm.commons.datacarrier.consumer.IConsumer 接口，代码如下：

```
public interface IConsumer<T> {
    void init();
    void consume(List<T> data);
    void onError(List<T> data, Throwable t);
    void onExit();
}
```

IConsumer 接口中每个方法声明的功能如下。

- void init：在 IConsumer 的实现类实例化时所触发的函数。
- void consume(List<T> data)：消费数据的回调入口，传入的参数即为当前消费者拉取队列中的数据。

- void onError(List<T> data, Throwable t)：当消费失败时的回调函数。
- void onExit()：当显示调用 DataCarrier.shutdownConsumers() 时会调用此函数。

当实现了消费者对象之后，下一步就是如何让此消费者从队列中拉取数据。轻量级队列使用了监听者模式来完成消费者对于队列数据的消费，即消费者如果想消费队列中的数据，是需要将自己注册到 DataCarrier 上的。4.2.1 节第 1 小节介绍了 DataCarrier 的初始化，其中的 carrier.consume(this, 1); 就是注册的行为。

```
public DataCarrier consume(IConsumer<T> consumer, int num) {
    return this.consume(consumer, num, 20);
}
```

而此方法的两个入参的含义分别为消费者对象和线程数量，此方法最终会创建 num 个以 IConsumer<T> consumer 为消费者的消费线程来进行队列数据的消费。而此方法内部也是调用了一个重载函数，区别在于多了后面的入参。这个 20 所代表的参数为 consumeCycle，consumeCycle 是用来决定消费循环的间隙时间（下一小节会介绍）。

结合上面两部分，对于队列消费端的使用者来说，只需要创建一个消费对象，并在对应的 consume(List<T> data) 方法中实现自己的消费数据逻辑，并把此对象注册在 DataCarrier 之中，就可以完成整个队列的消费逻辑。

#### 2. 消费消息的内部原理

上一小节介绍了 SkyWalking 轻量级队列内核消费者的使用方式，本节将会深入介绍消费者消费消息的内部原理，我们将从 Buffer 队列分配和消费逻辑两方面来展开。

（1）Buffer 队列分配

4.2.1 节介绍过 Channel 中会有多个 Buffer 队列，每个 Buffer 队列都会被写入数据，而对于消费者来说，是如何去消费多个 Buffer 队列上的数据的呢？

消费者对象在注册到 DataCarrier 的时候需要传入消费线程的数量，而每个消费线程在运行前都会进行 Buffer 队列分配。所谓 Buffer 队列分配，就是指 Buffer 与消费线程的对应关系。举个例子，如果有 5 个 Buffer 队列和 5 个消费线程，为了防止重复消息，SkyWalking 轻量级队列内核要求每个消费线程所消费的 Buffer 区间不能出现重叠（这也是此队列为无锁队列却能保证线程安全的原因），所以这种情况下，每一个消费线程都只对应消费一个 Buffer 队列。

但是这种例子只是一种情况，Buffer 队列分配的具体情况是由 Buffer 队列的数量和消费线程的数量来决定的。总的来说，Buffer 队列的数量和消费线程的数量可以分为如下两种情况。

① Buffer 队列数量大于等于消费线程数量

这种情况下，每一个消费线程都会按照顺序绑定一个或多个 Buffer 队列。假如有 5 个 Buffer 队列和 3 个消费线程，则消费线程 1 绑定 Buffer1 和 Buffer4，消费线程 2 绑定 Buffer2 和 Buffer5，消费线程 3 绑定 Buffer3。假如 Buffer 队列数量和消费线程数量相等，则每一个消费线程绑定一个 Buffer 队列。

② Buffer 队列数量小于消费线程数量

这种情况下，每个 Buffer 队列可能会被多个消费线程同时消费，但是同时消费的 Buffer 区间是不会重叠的。具体的分配逻辑如下。

1）将消费线程依次与 Buffer 队列对应起来，图 4-3 用 5 个消费线程和 3 个 Buffer 来举例说明。

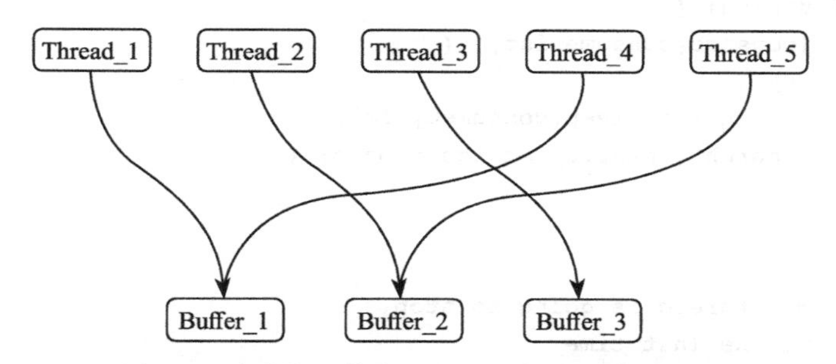


图 4-3　消费线程数多于 Buffer 数时的对应关系

如图 4-3 所示，每一个消费线程都与其对应的 Buffer 队列对应起来，有些 Buffer 队列对应了两个消费线程（Buffer_1 和 Buffer_2），有些对应了一个消费线程（Buffer_3）。

2）依次遍历 Buffer 队列，通过用 Buffer 的长度除以这个 Buffer 的消费线程数量，将整个 Buffer 的索引区间平分给此 Buffer 上的消费线程。对于图 4-3 中的 Buffer_1 来说，如果 Buffer_1 队列的长度为 500，消费线程 Thread_1 会绑定 Buffer_1 队列索引 0 ～ 249 的区间，消费线程 Thread_4 会绑定 Buffer_1 队列索引 250 ～ 499 的区间。具体分配情况如图 4-4 所示。

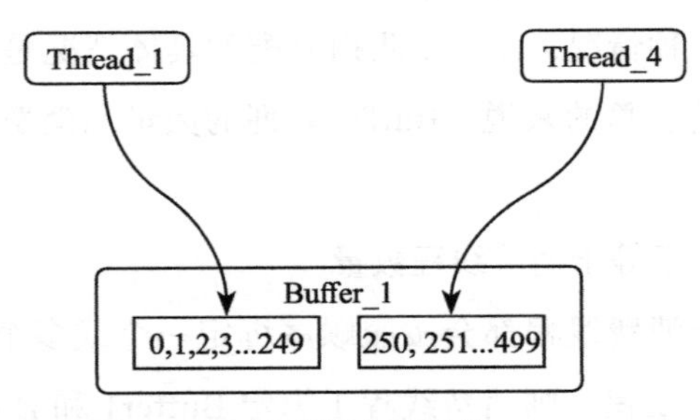

图 4-4　多线程同步消费单一 Buffer

（2）消费逻辑

当每个消费线程所对应的 Buffer 队列区间分配好以后，就开始执行消费逻辑。实现代码如下：

```
@Override
public void run() {
    running = true;
    final List<T> consumeList = new ArrayList<T>(1500);
    while (running) {
        if (!consume(consumeList)) {
            try {
                Thread.sleep(consumeCycle);
            } catch (InterruptedException e) {
            }
        }
    }
    // consumer thread is going to stop
    // consume the last time
    consume(consumeList);

    consumer.onExit();
}
```

每个消费线程都会初始化一个初始容量在 1500 的 consumeList，然后开始循环进行消费。消费逻辑为将此消费线程所对应的 Buffer 队列的区间进行从头到尾的遍历，碰到非 null 的值就将其存入 consumeList 中，并将 Buffer 队列下这个 index 设为 null。

每次循环的间隔为 consumeCycle 毫秒，这个参数是从消费者往 DataCarrier 中注册时传入的。

获取完所有可消费的数据之后，就会调用此消费者的 void consume(List<T> data); 进行数据的消费：

```
private boolean consume(List<T> consumeList) {
    ...
    if (!consumeList.isEmpty()) {
        try {
            consumer.consume(consumeList);
        } catch (Throwable t) {
            consumer.onError(consumeList, t);
        } finally {
            consumeList.clear();
        }
        return true;
    }
    return false;
}
```

此方法结构比较简单，但却能很清晰地展示 IConsumer 接口中声明方法的作用。

## 4.3　本章小结

本章主要为读者介绍了 SkyWalking 的轻量级队列内核的设计初衷及其设计细节。本章中使用了 SkyWalking 的 Trace 数据上报模块来进行分析，但并不只有这一处使用了轻量级队列，轻量级队列在 SkyWalking 中的使用是非常广泛且重要的，而且轻量级队列内核所设计的 API 非常清晰、简单。读者如果有兴趣，可以根据自己业务的实际情况对队列参数进行修改和更深一步的定制。

Chapter 5 第5章

# SkyWalking 追踪模型

追踪模型是分布式追踪系统的基础。目前分布式追踪技术已被广泛应用在生产级系统内部，如果没有追踪模型的创新，这一切是不可能发生的。SkyWalking 的追踪模型更是体现了依靠经典理论，追求实际生产效果的宗旨。

本章首先介绍经典的追踪模型，介绍不同的技术路线并比较它们的优缺点，而后在此基础上重点介绍 SkyWalking 追踪模型的特点及其对比于经典模型的优势。

## 5.1 追踪模型入门

现代互联网服务通常被实现为复杂的大规模分布式系统。这些应用程序可能由不同团队开发的软件模块集合构成，可能使用不同的编程语言，并且可以跨越多个物理设备甚至数千台计算机。在这样的环境中，有助于理解系统行为和有关性能问题的监控诊断工具是非常宝贵的。

### 5.1.1 Dapper 与追踪模型

Dapper 是谷歌的生产分布式系统追踪基础设施，其设计目标是满足超大规模系统的追踪监控需求，具有低开销、应用级透明度和多环境的部署等特点。能够在谷歌内部被使用超过 10 年，Dapper 的成功因素包括采样和严格限制外部组件。但最重要的成果还是来自开发者和运营团队，他们均认为 Dapper 是非常有帮助的。

Dapper 最初是一个独立的追踪工具，后来发展成为监控平台。同时它衍生出许多不同的工具，其中一些工具连它的设计者也没有预见到。谷歌曾经在论文中描述了一些使用 Dapper 构建的分析工具，分享了内部使用情况的统计数据及意外状况，并总结了迄今为止的经验教训。谷歌构建了 Dapper，为开发人员提供分析复杂分布式系统行为的方案，并证明了这种系统对谷歌这种量级的企业是非常有帮助的。

简单介绍 Dapper 相关背景后，我们看一下 Dapper 所解决的主要问题。如图 5-1 所示是一个典型的分布式系统。

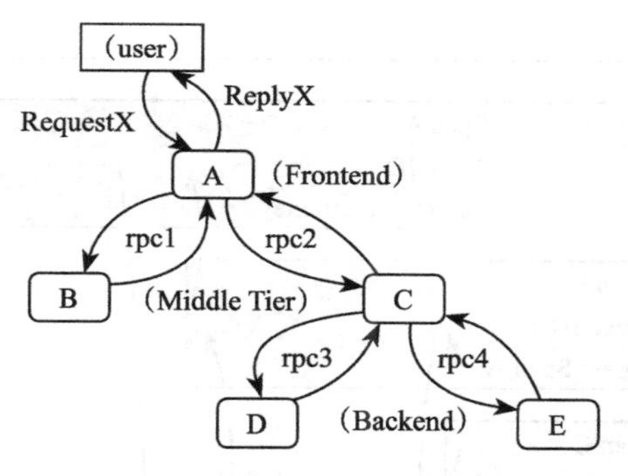


图 5-1　分布式系统拓扑图

在 Dapper 论文写作的时候，存在以下两类解决复杂分布式系统问题定位的思路。

（1）黑盒法

黑盒法认为目标系统应被看作一个“黑盒”，我们应该只关注系统之间的消息。如 5-2 所示，细线表示真实获取的数据，而粗线表示服务节点内部的调用，是系统推测出来的数据。

当细线部分数据搜集完成，使用回归分析等统计学算法将这些片段再重新组合成为一条完整的链路。

（2）标记法

标记法需要给消息打标。如图 5-3 所示，这种方法是使用一个全局的追踪 ID，并结合一些其他的标记，如父 ID、子 ID 等，让消息在数据层面产生关联关系，从而串联出整条追踪链路。

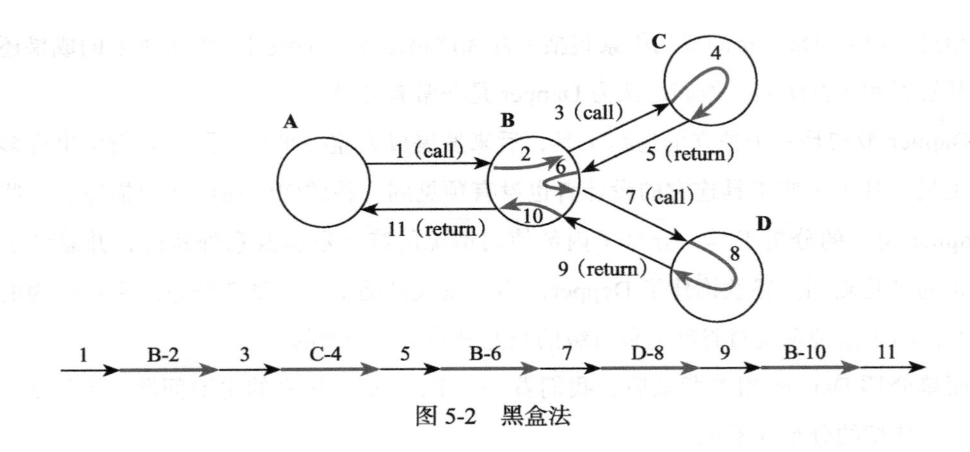


图 5-2 黑盒法

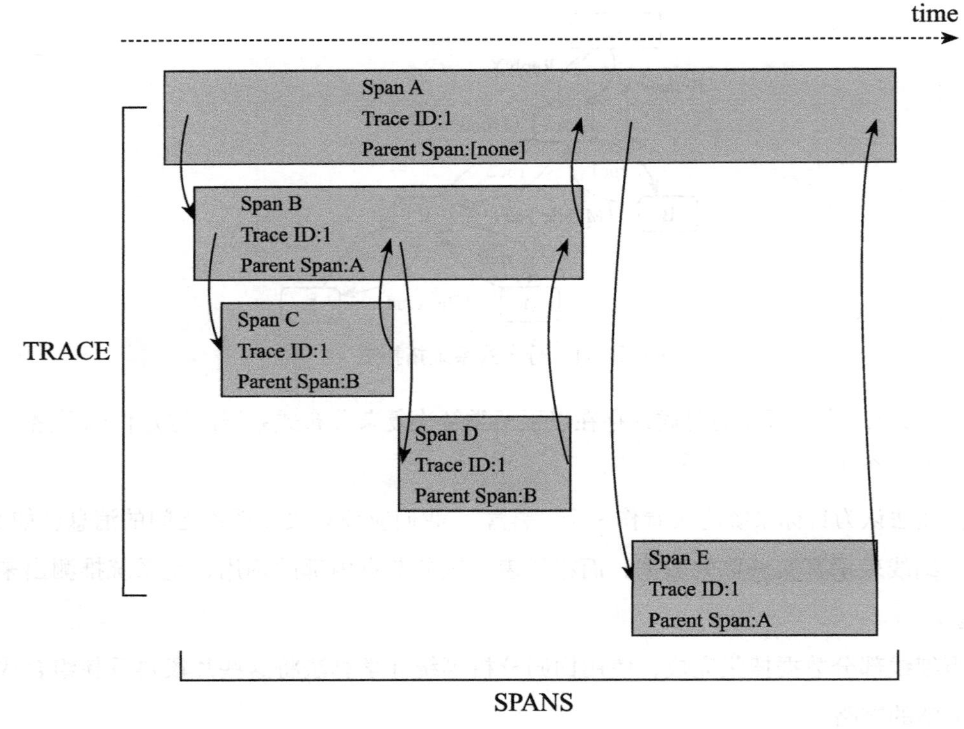


图 5-3 标记法

黑盒法相比于标记法，优点是对于消息体没有侵入性，比较方便部署，但是它需要更多的数据进行分析，以获得更为精准的结果。而标记法的一个明显缺点是需要侵入到目标系统之中，从而增加相关的附加标记。

Dapper 正是采用了后一种，也就是标记法。因为谷歌内部的各种 RPC 调用使用了通用的库，可在只改动部分代码的情况下，增加附加标记。

通常 Dapper 的追踪目标是一个 RPC 嵌套树，但是在实践中，它也经常被用在非 RPC 场景，如 STMP 邮件发送、外部进入的 HTTP 请求和数据库的 SQL 访问等。所以 Dapper 只关心调用树、Span 和消息标记，而不单纯限制这些数据必须来源于 RPC。

## 5.1.2 典型的追踪模型

我们来介绍一种典型的追踪模型，它来源于 Dapper，并被 Zipkin、SkyWalking 等广泛使用。当然 SkyWalking 对该模型进行了一些改进，但由于典型模型比较易于理解，它是学习 SkyWalking 模型的一个很好的入门手段。

图 5-4 所示为一个典型的追踪树模型，它是由一组相互关联的节点组成的，这些节点我们一般称作 Span。Span 两端的连线表示了它和它的父 Span 之间的关系。一个 Span 通常包含时间戳、Span 的开始和结束时间、整个追踪树的 traceId、当前 Span 的 ID、父 Span 的 ID，最后是一些额外的信息，用来存储当前 Span 的应用相关信息。

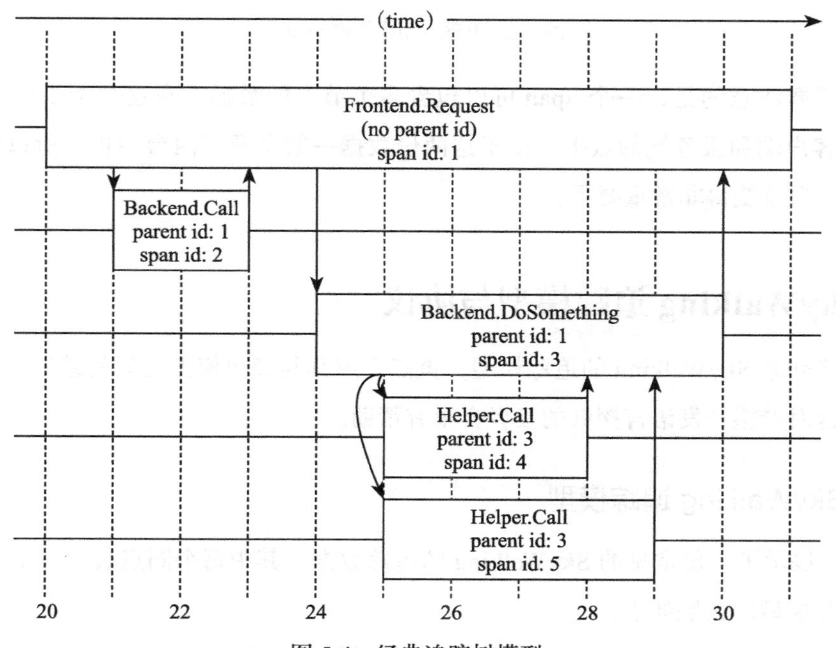


图 5-4 经典追踪树模型

Span 中的 SpanId 和 ParentId 是用来串联起整个追踪树的关键，没有 ParentId 的 Span 被认为是 Root Span。在一棵追踪树内的所有 Span 均包含一个相同的 traceId。所有 ID 均应该是唯一的。每个 Span 代表了一次调用，每增加一层调用服务，就会导致追踪树层次的增加。

图 5-5 展示了一个典型 RPC 调用的 Span，Span 的开始和结束时间是被追踪探针从目标 RPC 调用库中获取的。“ foo”是一个用户自定义的标记，这个标记同其他 Span 内部标记一起被存储到后台。

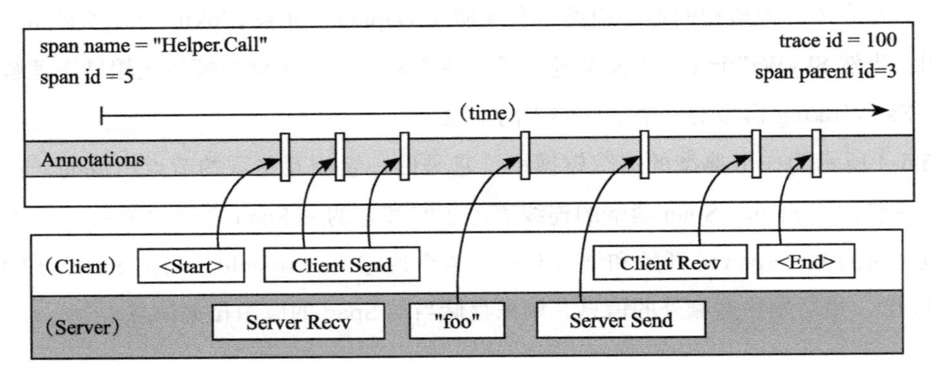


图 5-5 RPC 调用中的 Span

这里需要注意的是，一个 Span 可以包含多个节点的数据。在这个例子中，Span 就同时包含客户端和服务端的数据。由于这两份数据一般来源于两台主机，所以保持多台主机时间一致就变得非常重要了。

## 5.2 SkyWalking 追踪模型与协议

本节将介绍 SkyWalking 的追踪模型，重点介绍其与经典模型之间的差异，并介绍追踪协议，这对希望开发语言探针的读者会很有帮助。

### 5.2.1 SkyWalking 追踪模型

图 5-6 展示了一份常见的 SkyWalking 的追踪数据，其中每个圆点表示一个 Span。其与经典追踪模型的区别如下。

- 有 Segment。Segment 是 SkyWalking 一个创新的概念。一个 Segment 是 Trace 在

一个进程内的所有 Span 的集合。如果是多个线程来协同生产成一个 Trace，它们也只会共同创建一个 Segment，而不是多个。在 UI 中以不同颜色来区分不同的 Segment。图 5-6 中，projectA、projectB 和 projectC 分别表示 3 个不同的 Segment。

引入 Segment 的概念首先是出于性能考虑，同一个实例将所有 Span 进行组合后批量发送，效率会大大提升，特别是在 Span 较多的情况下。其次，使用 Segment 可以帮助用户来观察服务之间的调用关系，使可视化内容更加丰富。

- 没有 Root Span。SkyWalking 的第一个没有父 Span 的 Span 并不叫 Root Span。由于模型支持多个入口，故并不会有唯一的 Root 节点，所以 SkyWalking 取消了 Root Span 的概念。
- 一次调用被保存在两个 Span 中。如图 5-6 所示，RPC 调用被保存在两个 Span 中。这种方式的优势在于后端的处理相对简单，无须进行阻塞性的数据整合，提高了数据处理的吞吐量，同时避免了为收到 Server 数据，导致分析后台挂死的潜在风险。

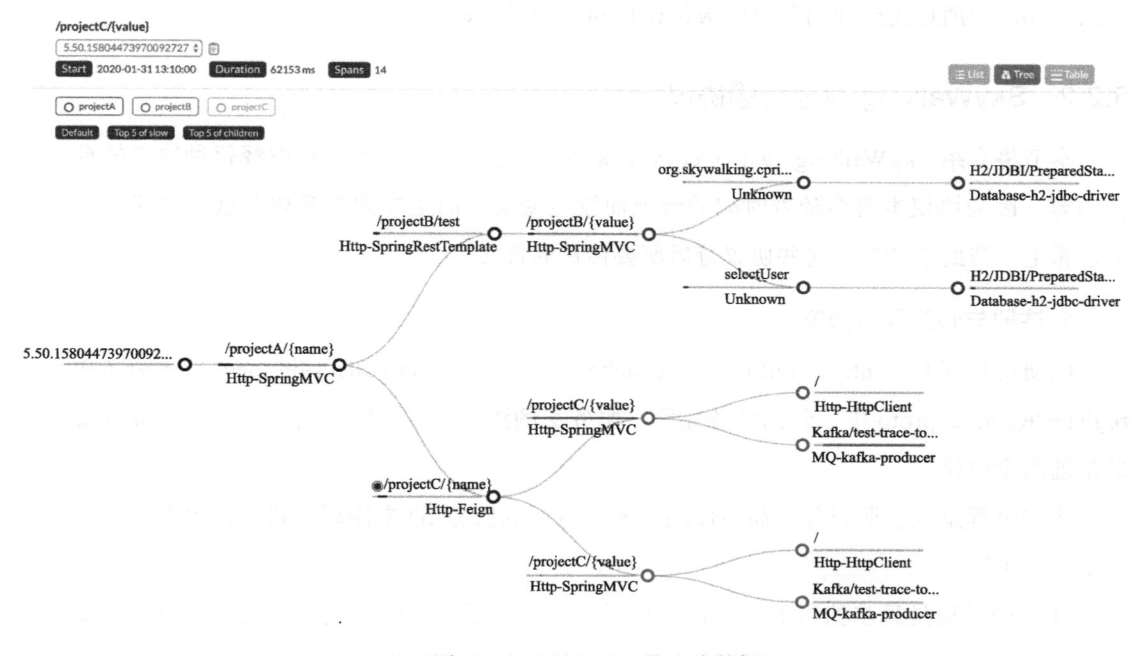


图 5-6　SkyWalking 的追踪数据

再来看另一种 SkyWalking 的追踪数据，如图 5-7 所示。

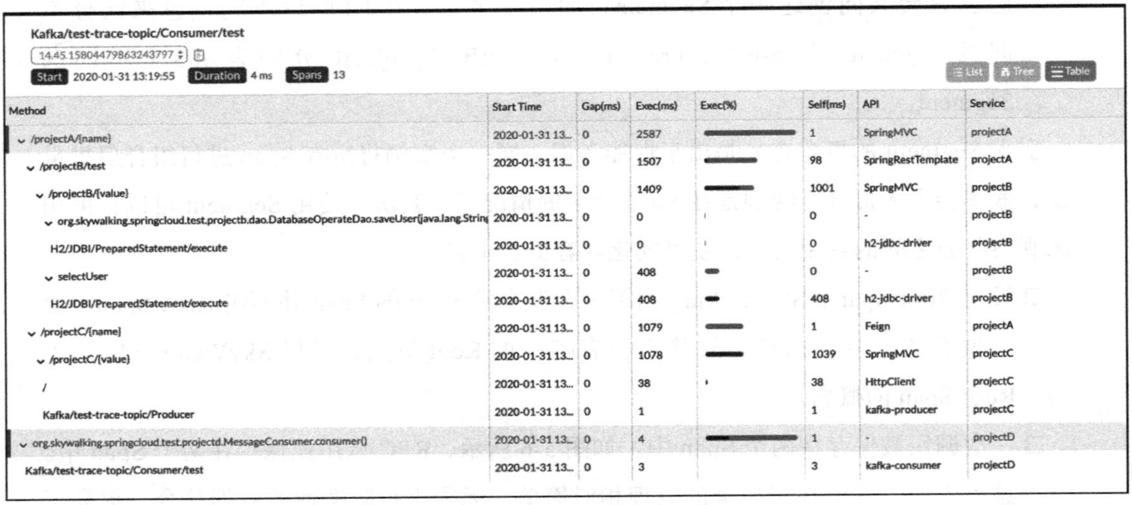

Kafka/test-trace-topic/Consumer/test

14.45.15804479863243797

Start 2020-01-31 13:19:55 Duration 4 ms Spans 13

List Tree Table

| Method | Start Time | Gap(ms) | Exec(ms) | Exec(%) | Self(ms) | API | Service |
| --- | --- | --- | --- | --- | --- | --- | --- |
| /projectA/{name} | 2020-01-31 13... | 0 | 2587 | | 1 | SpringMVC | projectA |
| /projectB/test | 2020-01-31 13... | 0 | 1507 | | 98 | SpringRestTemplate | projectA |
| /projectB/{value} | 2020-01-31 13... | 0 | 1409 | | 1001 | SpringMVC | projectB |
| org.skywalking.springcloud.test.projectb.dao.DatabaseOperateDao.saveUser(java.lang.String | 2020-01-31 13... | 0 | 0 | | 0 | - | projectB |
| H2/JDBI/PreparedStatement/execute | 2020-01-31 13... | 0 | 0 | | 0 | h2-jdbc-driver | projectB |
| selectUser | 2020-01-31 13... | 0 | 408 | | 0 | - | projectB |
| H2/JDBI/PreparedStatement/execute | 2020-01-31 13... | 0 | 408 | | 408 | h2-jdbc-driver | projectB |
| /projectC/{name} | 2020-01-31 13... | 0 | 1079 | | 1 | Feign | projectA |
| /projectC/{value} | 2020-01-31 13... | 0 | 1078 | | 1039 | SpringMVC | projectC |
| / | 2020-01-31 13... | 0 | 38 | | 38 | HttpClient | projectC |
| Kafka/test-trace-topic/Producer | 2020-01-31 13... | 0 | 1 | | 1 | kafka-producer | projectC |
| org.skywalking.springcloud.test.projectd.MessageConsumer.consumer() | 2020-01-31 13... | 0 | 4 | | 1 | - | projectD |
| Kafka/test-trace-topic/Consumer/test | 2020-01-31 13... | 0 | 3 | | 3 | kafka-consumer | projectD |

图 5-7　多 Entry Span 追踪数据

这份数据体现了 SkyWalking 可以同时支持多个 Entry Span 所带来的好处。我们可以看到 Kafka 的消息生产和消费可以被保存在同一个 Trace 中。

## 5.2.2　SkyWalking 数据传输协议

本节将介绍 SkyWalking 的相关数据传输协议。笔者不会在此详细解释每种协议的具体内容，因为协议本身会随着时间的流逝而发生变动，而主要把笔墨放在这些协议背后的逻辑上，帮助读者理解这些协议背后所要传达的含义。

### 1. 注册与心跳保持协议

注册协议保存在 https://github.com/apache/skywalking-data-collect-protocol/blob/v6.6.0/register/Register.proto 中，包括服务注册、服务实例注册和其他实体的注册，其中最重要的是前两个协议。

注册过程是先注册服务，而后使用服务端返回的服务 ID 来注册协议。这里有以下两个要点需关注。

- 注册过程是异步执行的，所以注册结果很可能返回 NULL。使用该服务时，应该把它放入一个循环中，直到返回正常结果再执行数据发送操作。每次循环后需要等待一段时间再继续操作。

- 操作可以批量执行，所以要认真检查返回结果是否为客户端所需要的结果。

注册中其他部分的协议是为提高数据传输效率服务的，是可选的组件。

注册完成后，服务实例需要发送心跳到后端，协议为 https://github.com/apache/skywalking-data-collect-protocol/blob/v6.6.0/register/InstancePing.proto。该协议用来帮助后台了解进程是否存活。

### 2. 数据收集协议

数据收集协议保存在 https://github.com/apache/skywalking-data-collect-protocol/blob/v6.6.0/language-agent-v2/trace.proto。这里面有以下几点需要注意。

1）Segment 对象保存有一个进程内部单次访问的所有 Span。

2）Span 的类型分为 entry、local 和 exit，具体介绍如下。

- entry 表示进入 segment 的请求，一般为一个 HTTP 或 RPC 服务，如 SpringMVC、httpServer 等。
- local 表示 Segment 内部请求，一般为一个函数调用或跨线程调用等。
- exit 表示从 Segment 调出，一般为 httpClient，数据库驱动执行访问数据库等操作。

3）SegmentRef 是用来关联不同 Span 的，里面除了做关联的字段，还有其他冗余字段用来加快后台的分析处理速度。Ref 被设计为一个数组是为了支持多个 Entry。

- 当只有一个 Entry 时，这是一个很常见的服务调用，这时候 Ref 中只有一个值。
- 当出现两个 Entry 时，典型场景为如果一个 MQ 消费端进行批量消费，而这些消息来自不同的生产者，则会出现两个以上的 Entry Span。

4）协议中有一些既有 id 又有 name 的字段，在使用注册协议中相关协议将 name 转换为 id 后，可以使用 id 替换 name 进行数据传输，从而减少发送的数据量，达到提高传输效率的目的。

### 3. 其他领域协议

这部分是一组协议的合集，包括 JVM 指标协议、CLR 指标协议、通用 Service Mesh 协议等。这些协议都是服务于具体场景的，用户可以根据自己的实际需求来使用。

另外，SkyWalking 未来会增加更多领域协议以支持更多的应用场景。

## 5.3 SkyWalking 探针上下文传播协议

SkyWalking 的传播协议是将 Segment 和 Span 连接在一起的关键组成部分。

### 5.3.1 传播模型

SkyWalking 的传播协议比传统分布式追踪协议要复杂很多，它更接近于商业 APM 系统的协议规格。以下是一个例子：

```
1-TRACEID-SEGMENTID-3-5-2-IPPORT
```

协议内字段使用“-”相连，所有字符串类型一般会使用 Base64 编码计算。由于只有一份数据，只需一个字段就可以进行存储。

形成该字符串后，就可以将其放入 RPC 协议内，如图 5-8 所示的那样，在整个微服务服务之间进行传播。

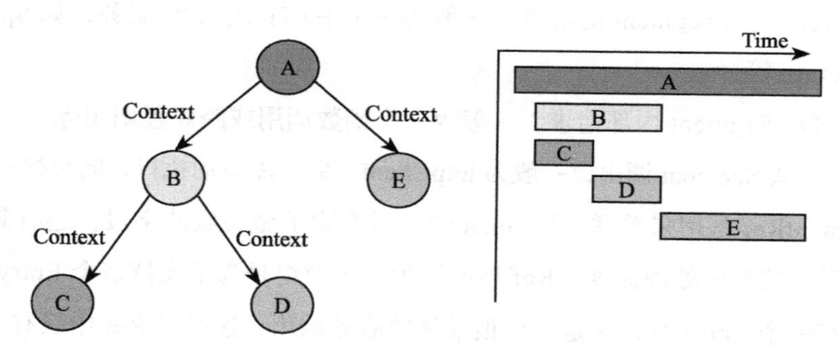


图 5-8 服务间上下文传播

### 5.3.2 传播上下文

当前最新的协议是 2.0 版本。传播上下文是一个键值对，key 为 sw6，value 由多个字段组成，其中有必填字段，还可以有可选字段。

以下几个为必填字段。

- 采样标记：0 或 1；0 表示没有采样，1 表示目前需要采样。
- TraceId：全局的追踪 ID，由 3 个 long 类型的数字组成。
- 父 SegmentId：当前 Segment 上一级 Segment 的 ID，由 3 个 long 类型的数字组成。
- 父 SpanId：上一级 Span 的 ID，它应存在于上一级 Segment 中。

- 父服务实例 ID：上一级进程的注册 ID。
- 入口服务实例 ID：入口服务实例的注册 ID。
- 请求的目标地址：网络地址，表示客户端访问服务端使用的地址（不一定为 IP+PORT），既可以是字符串，也可以是使用注册协议进行注册的网络地址 ID。

除了必填字段外，也有一些可选字段供用户使用。以下是两个可选字段

- 入口的端点：入口服务的端点名称（Endpoint），既可以是字符串，也可以是注册后的 ID。
- 父服务的端点：上级服务入口处的端点，既可以是字符串，也可以是注册后的 ID。

图 5-9 展示了如何将传播上下文嵌套在 HTTP 协议中。在 HTTP 协议中，将传播上下文放入 Header 中。其他的 RPC 协议一般都会提供用户自定义字段，可将传播上下文协议写入其中，而后进行传播。

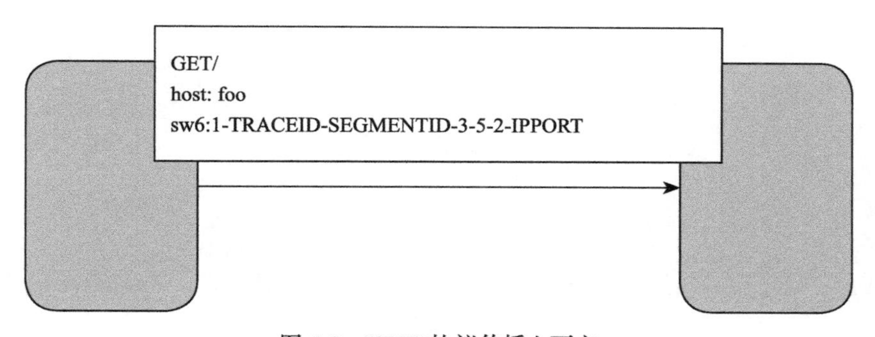


图 5-9　HTTP 协议传播上下文

## 5.4　SkyWalking v3 协议

SkyWalking 预计将在 8.0 版本全面切换到 v3 协议，包括追踪协议和 Header 协议都会发生不兼容现有版本的升级。社区综合评估后，决定取消数据 ID 和名称的交换注册，所有协议中只保留字符串类型的名称。所以，以上介绍的协议内容逻辑上基本保持不变，只有 5.2.2 节中的注册将被移除，其他协议不再包含 id 字段。

## 5.5 本章小结

本章介绍了SkyWalking的追踪模型，首先使用Dapper的模型引入了经典的追踪模型，而后比较了SkyWalking的模型与经典模型的差异，最后介绍了传播协议。

通过这一章的介绍，读者可以了解SkyWalking追踪模型的详细内容，并理解背后的思想原理。这对使用和维护SkyWalking大有好处，甚至可以顺利开发业务探针和语言探针。

下一章，我们开始介绍SkyWalking后端的架构和设计。

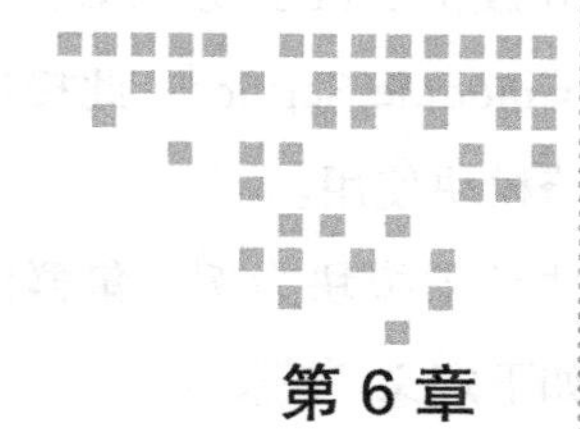

第6章 Chapter 6

# SkyWalking OAP Server 模块化架构

模块化架构是整个 SkyWalking 后端 OAP Server 架构组织方式的核心思想，了解 SkyWalking 的模块化设计，可以帮助读者更深刻地理解后端服务的启动顺序、配置文件、源码、可能的扩展点及扩展方式。即使对于新人，也建议不要跳过本章，6.1 节和 6.2 节可以帮助新人在错误地修改配置文件后，理解 OAP Server 输出的启动错误。

## 6.1 模块化框架

模块化框架是指，整个程序不使用硬编码耦合的方式进行程序链接，而是按照预先的设计，被划分成多个模块（Module），模块间无耦合关系，只定义了模块对外开放的服务接口（Java API）。每个模块可以有多个实现（ModuleProvider），但每次启动中，每个模块只能有一个实现被激活。

### 6.1.1 模块和模块实现

针对上述的模块与模块实现，我们进行更深入的解释。模块定义（ModuleDefine）可以被任意新建，每个模块定义需要包含下列关键信息。

- 模块名称。任意字符串名称，全局唯一，不能和其他加载的模块重名。

- 对外开放的 API 服务列表。每个接口需要实现 org.apache.skywalking.oap.server.library.module.Service。此接口中无任何方法，仅要求程序显式声明，以明确此接口会跨模块使用。

以集群协调器模块为例，集群协调器模块用于保证 OAP 模块在集群模式下正常工作，它包含如下定义。

```
public class ClusterModule extends ModuleDefine {
    public static final String NAME = "cluster";
    public ClusterModule() {
        super(NAME);
    }
    @Override public Class[] services() {
        return new Class[] {ClusterRegister.class, ClusterNodesQuery.class};
    }
}
```

cluster 是此模块的名称，ClusterRegister 和 ClusterNodesQuery 是此模块对外开放的服务接口，所有的模块实现都需要提供这两个接口的实际实现。

模块实现（ModuleProvider）是依附在模块定义下的，每个模块实现只能针对一个模块定义。模块实现需要注册所有对外服务接口的实现类，以保证完成此模块对外承诺的所有功能特性。模块实现需要实现以下逻辑。

- 模块实现名称和任意字符串名称在同一模块的所有实现中均需保持唯一。
- 所属模块，指向上面的模块定义。
- 相关配置。同一模块下的不同实现，因为技术细节不同，提供的配置是有巨大差异的，所以配置信息不是在模块层面定义，而是在实现层面定义。如存储模块的两个实现 MySQL 和 Elasticsearch，无论是在连接方式还是在访问特性、参数上都有巨大差别。此处可以使用任意的 JavaBean 作为配置类。模块化框架将使用依赖注入的方式，对配置类进行初始化复制。
- 依赖模块列表。依赖关系和相关配置类似，不同的实现，因为技术细节不同，所依赖的模块也会有很大的差别。
- 对外服务接口列表的实现类注册。模块实现要求在模块实现初始化阶段（prepare）完成所有方法实现类的注册，并在初始化阶段结束后，保证此服务可用。所以在服务初始化阶段，多数模块会使用阻塞的方式完成响应的初始化加载。注意，在此阶段，此模块实现不能调用任何其他模块的服务，否则会出现断言异常“Still in preparing stage”。

- 模块实现还会提供启动（start）和全局启动（notifyAfterCompleted）完成通知两个阶段。这和模块启动顺序与依赖有关，我们将在 6.2 节详细介绍。

针对模块定义中的 cluster 模块，读者可以参考 ClusterModuleZookeeperProvider 查看模块实现的定义方式和逻辑。

### 6.1.2 模块管理配置文件

OAP Server 的模块化内核由 Config 目录下的 application.yml 驱动，启动哪些模块和使用每个模块的哪种实现都由此文件来管理和驱动。OAPServerBootstrap 作为整个 OAP Server 的主入口，会使用模块化内核 ModuleManager 加载此配置文件。

application.yml 文件是一个标准的 YAML 格式文件。从逻辑层次上说，它可分为 3 层，分别是模块定义、模块实现定义和模块实现参数定义。下面是一个典型的模块配置文件片段。

```
core:
    default:
        # Mixed: Receive agent data, Level 1 aggregate, Level 2 aggregate
        # Receiver: Receive agent data, Level 1 aggregate
        # Aggregator: Level 2 aggregate
        role: ${SW_CORE_ROLE:Mixed} # Mixed/Receiver/Aggregator
        restHost: ${SW_CORE_REST_HOST:0.0.0.0}
        restPort: ${SW_CORE_REST_PORT:12800}
        restContextPath: ${SW_CORE_REST_CONTEXT_PATH:/}
        gRPCHost: ${SW_CORE_GRPC_HOST:0.0.0.0}
        gRPCPort: ${SW_CORE_GRPC_PORT:11800}
        downsampling:
            - Hour
            - Day
            - Month
```

此配置块可以解读为，OAP 此时需要启动 core 模块，模块实现为 default[⊖]。第三级配置，如 role、restHost、restPort 等，均为 default 实现的配置参数。

⊖ 如果 SkyWalking 内部只提供一种实现，或者推荐采用此实现，则会将 default 作为模块名称。

除了模块配置的层级结构，读者还需要注意与配置参数相关的两个特性。

- 配置参数项不一定全部包含在 Apache 官方发布的 application.yml 中，该文件中只给出了大部分可选配置。而对于全部的配置，更好的获取方式是快速阅读源码。例如 core 模块的 default 实现 CoreModuleProvider，在定义时执行了它的配置参数类为 CoreModuleConfig，那么这个类的所有属性其实都是可以在 application.yml 中使用的参数。
- 参数值的设置方法。可以观察到，所有的配置属性都可以写成 ${ 变量名 : 默认值 }，如对于 port 写成 ${SW_CORE_REST_PORT:12800}。这个变量名是指，可以通过环境变量来在启动时复写这个参数值。这在容器环境，或者测试、准生产、生产环境切换时，是十分重要的。它保证了所有环境可以使用相同的 OAP Server 二进制包或者镜像，只需要保证环境变量和指定环境对应即可。

SkyWalking 提供了十多个默认模块及多种实现，下一节介绍这些模块是如何依赖和启动的。

## 6.2 模块启动与模块依赖

上一节，我们介绍了模块、模块实现和模块管理配置文件，并且提到这些模块的实现会对其他模块有依赖。这一节，我们将具体介绍这种依赖定义模型。

首先，模块依赖实际上是模块实现对其他模块的依赖。如存在 A、B、C、D 四个模块，这四个模块之间其实没有任何依赖关系，而是 A 的 a1 实现对 C 和 D 模块有依赖。这个依赖的深层次含义是，因为 A 的 a1 实现需要使用 C 和 D 模块对外提供的服务接口 API，所以 a1 才会声明这种依赖。模块实例的依赖关系是具有传递性的，如果 B 的 b1 实现又对 A 模块有依赖，则逻辑上，C 和 D 模块必须在 A 之前启动，而 B 只能最后启动。因此本质上，模块的依赖是要解决模块的启动顺序问题。

其次，更重要的是，模块间不允许使用 API 直接相互调用。在 Maven 的依赖定义上，也不用 B 模块的 b1 实现直接依赖 A 的 a1 实现，而是只能依赖 A 模块定义，即只能直接使用 A 模块的服务接口 API，而非实现。故读者在阅读代码时，会发现有类似这样的调用模式：

```
moduleManager.find(CoreModule.NAME).provider().getService(SourceReceiver.
    class);
```

这说明此时准备发起跨模块服务接口 API 调用，正在通过模块化内核寻找实现。读者需要清楚，SkyWalking 的模块化内核不会对这种服务查找的 API 进行限制，所以，如果模块实现在服务实现中没有定义模块依赖，但是却在运行时使用了此模块，则可能造成服务正常启动，而实际运行时出现异常。从设计角度而言，SkyWalking 不在运行态进行模块依赖检测，是为了避免不必要的性能消耗。

## 6.3　模块可替换性

由于模块实现这种概念的存在，显然，模块是具备可替代性的。即使在 SkyWalking 官方实现内部，也已经存在模块的多种实现，如集群协调器模块、存储模块、配置中心模块等。例如集群协调器模块，它几乎包含了所有流行的服务发现机制的实现，如默认单机模式、ZooKeeper、etcd、Consul、Kubernetes 等。这些实现之间都可以通过 application.yml 配置不同的实现名称和配置参数，来激活不同的服务发现机制。

如 ZooKeeper 集群协调器实现的配置如下：

```
cluster:
    zookeeper:
        nameSpace: ${SW_NAMESPACE:""}
        hostPort: ${SW_CLUSTER_ZK_HOST_PORT:localhost:2181}
        #Retry Policy
        baseSleepTimeMs: ${SW_CLUSTER_ZK_SLEEP_TIME:1000} # initial amount of
            time to wait between retries
        maxRetries: ${SW_CLUSTER_ZK_MAX_RETRIES:3} # max number of times to
            retry
        # Enable ACL
        enableACL: ${SW_ZK_ENABLE_ACL:false} # disable ACL in default
        schema: ${SW_ZK_SCHEMA:digest} # only support digest schema
        expression: ${SW_ZK_EXPRESSION:skywalking:skywalking}
```

而 Kubernetes 的集群协调器配置如下：

```
cluster:
    kubernetes:
        watchTimeoutSeconds: ${SW_CLUSTER_K8S_WATCH_TIMEOUT:60}
```

```
            namespace: ${SW_CLUSTER_K8S_NAMESPACE:default}
            labelSelector: ${SW_CLUSTER_K8S_LABEL:app=collector,release=skywalking}
            uidEnvName: ${SW_CLUSTER_K8S_UID:SKYWALKING_COLLECTOR_UID}
```

针对模块可替换性，读者需要注意，SkyWalking 的模块化平台是不允许同时使用两个模块实现的，否则在启动时会出现“ xxx is defined as 2nd provider.”的异常信息。如果用户真的需要将两个模块实现整合成一个，成为主从关系或者镜像关系，则需要自己提供一个新模块实现，使用硬编码的方式进行整合。这种看似略显严格的方式，实际上保证了模块实现的语义清楚明确，防止模块化被滥用。

## 6.4 模块实现选择器

从 7.0.0 版本开始，SkyWalking 提供了一种新的模式来激活模块实现。下面是 7.0.0 发行版的模块管理配置文件中关于集权管理的片段。

```
cluster:
    selector: ${SW_CLUSTER:standalone}
    standalone:
    zookeeper:
        nameSpace: ${SW_NAMESPACE:""}
        hostPort: ${SW_CLUSTER_ZK_HOST_PORT:localhost:2181}
    kubernetes:
        watchTimeoutSeconds: ${SW_CLUSTER_K8S_WATCH_TIMEOUT:60}
        namespace: ${SW_CLUSTER_K8S_NAMESPACE:default}
        labelSelector: ${SW_CLUSTER_K8S_LABEL:app=collector,release=skywalking}
```

selector 为新增的配置项，它可能通过名称匹配，执行需要的模块实现。这种模式比 6.x 的修改 application.yml 的方式更友好，可以有效避免 6.3 节中提到的“ xxx is defined as 2nd provider.”异常信息。同时，它保证了镜像中永远包含模块管理文件的全文，不再需要通过注释的方式进行切换。

这个配置项是可选项，保证旧的模块管理文件依然可以正常运行，保证向前兼容。

## 6.5 新增模块

我们在 6.1 节中，已经介绍了模块定义的 5 个重要组成部分：

- 模块定义
- 开放 API 服务列表
- 模块实现
- 模块实现相关配置
- 服务实现模块依赖定义

此外，在完成上述定义后，还需要通过 SPI 定义文件激活模块和模块实现。需要在指定模块和模块实现代码的 resources/META-INF/services 目录下添加使用下面两个文件。

- org.apache.skywalking.oap.server.library.module.ModuleDefine
- org.apache.skywalking.oap.server.library.module.ModuleProvider

最后在 application.yml 文件中声明此模块，并指定模块的实现。那么在 OAP Server 启动时，此模块就会被加载并按照服务依赖声明的顺序来启动了。

## 6.6 本章小结

本章内容很简短，技术难度不大，但是本章是理解 OAP Server 设计核心的重要前提，也是帮助读者进一步阅读代码的关键。

Chapter 7 第7章

# Observability Analysis Language 体系

Observability Analysis Language（OAL）是 SkyWalking 从 6.0 开始设计的专有脚本语言，用于描述 SkyWalking 后端分析平台（OAP）运行模式，分析指标的类型和参数。同时，OAL 生成的指标数据是后续数据导出和告警的数据源。理解 OAL 及其设计原理，才能够理解 SkyWalking 后端分析平台的核心。

## 7.1 什么是 OAL

OAL 是用户可自定义的描述分析过程的可扩展、轻量级编译型语言。OAL 使用 SkyWalking 自带的编译器，在运行态编译成 Java class 文件（从 SkyWalking 6.3 起），使用 SkyWalking 流计算引擎加载运行。

SkyWalking 的流计算引擎支持以下两种流计算定义模式。

- 通过硬编码定义，主要用于元数据、关系数据、明细数据等非指标类型的流式计算数据。
- 通过 OAL 定义，这主要用于指标数据，针对特定的服务、服务实例或相互之间的关系来进行统计数据聚合计算。

根据上面的两种流计算定义模式，OAL 分为以下两类。

- 禁用特定流计算指令，用于通过 OAL 关闭使用硬编码定义的流计算过程。
- 指标计算定义指令，用于定义指标的计算过程。

这两种模式从正反两方面定义了流计算的扩展和限制机制，既允许通过代码和 OAL 扩展计算能力，又可以在后期禁用已经在内核中默认包含的计算。

## 7.2 OAL 实现原理

讲 OAL 的实现原理，首先要从 SkyWalking 流计算引擎说起。SkyWalking 内建了一套非常轻量级的流计算引擎。

流计算引擎接受类型为 Source(org.apache.skywalking.oap.server.core.source.Source) 的数据源，每种 Source 会通过指定类型的 Dispatcher(org.apache.skywalking.oap.server.core.analysis.SourceDispatcher) 转换为流计算引擎可以处理的原始数据类型。在 SkyWalking 的流计算中，目前存在以下 4 种原始数据类型。

- Inventory 数据，即元数据，如服务名称定义、Endpoint 定义。
- Record 数据，即明细数据，如 Trace、访问日志。
- Metrics 数据，即指标数据，绝大多数 OAL 指标都会生成这个类型。
- TopN 数据，即周期性抽样数据，如慢 SQL 的周期性采集。

这 4 种类型的数据分别由 5 种流计算模型来处理。

- 注册模型（InventoryStreamProcessor），针对 Inventory 数据。注册模型不产生统计数据聚合，但是由于需要首次注册或更新，为了保证更新频率不至太高，需要进行归并；而且同一个服务的数据可能会在整个后端集群的不同节点收到，则这是一个分布式归并过程。相同 ID 的实体会归并到同一个集群实例中，在完成与存储的合并后更新数据。
- 明细模型（RecordStreamProcessor），针对 Record 数据。明细数据的特点是数据量大，但是不需要归并，所以它的处理流程在各个 OAP 实例内部完成。明细数据采用缓存、异步批量处理和流式写入的方式保存到存储中。
- 指标模型（MetricsStreamProcessor），针对 Metrics 数据。这是 SkyWalking 指标统计中最典型的分布式统计流程。这里会使用 SkyWalking 中的两阶段（L1 和 L2）

汇集，L1 汇集是针对相同 ID 的实体，在当前 OAP 节点中进行汇集计算（L1），然后通过 ID 进行 hash 路由，在分布式环境中，使得离散的数据进行二次汇集（L2）。之后再通过与存储中数据的汇集计算，完成入库。

- 采样模型（TopNStreamProcessor），针对 TopN 数据。采样数据是唯一一种不进行全量保存的数据。采样数据在当前 OAP 节点中，根据排序（自定义排序算法）关系，筛选出符合条件的 TopN 条数据，每 10 分钟进行一次持久化到存储的操作。这种计算模型不会进行分布式汇集，只是尽可能减少数据样本，在查询阶段，才确认最终的 TopN 值。理论上，查询的 TopN 选取数据不应该大于每个节点 TopN 采样数量，以保证数据的准确性。
- 非流式交互模型（NoneStreamingProcessor）。这是 SkyWalking 7.0.0 中加入的一种新的交互模型，它主要支撑页面交互，直接对数据库进行读写操作，类似于传统的 CURD 操作。

OAL 着重在指标模型分析的自动化生成。OAL 采用运行时编译，编译过程在启动态完成，最终生成 Java 字节码，交给 JVM 运行，所以 OAL 在运行态与硬编码定义的流计算没有差异，也不会影响执行效率。

OAL 的工作一共分为以下 3 个阶段。

1）语法和词法解析。此阶段由自定义的 Antlr 解析器完成。对 Antlr 或者语法解析有兴趣的读者，可以在 oap-server/oap-grammar/src/main/antlr4/org/apache/skywalking/oal/rt/grammer 下找到 OALLexer.g4 和 OALParser.g4 这两个文件，它们分别是词法树和语法树描述。结合 7.3 节的 OAL 语法，可以比较快速地读懂这两个文件的内容。

2）动态代码生成。此阶段借助 Javassist 辅助生成运行态代码。在 SkyWalking 6.3 之前，代码是在编译态生成，然后打包成 jar 包进行运行，但是这种方式对容器化不太友好，每次修改都需要重新打包镜像。从 SkyWalking 6.3 开始，使用了动态代码技术，直接将生成好的代码注入 JVM 中进行运行。在 oap-server/oal-rt/src/main/resources/code-templates 目录下，可以找到代码块的生成逻辑。注意，平时大家书写源码时，有些写法是经过编译器优化的，与直接使用 Javassist 支持的编译不同。

3）流计算注册。使用内部流计算初始化 API，将动态代码定义的流计算过程通知流计算引擎。

## 7.3 OAL 语法

OAL 主要由两条语法构成：指标计算定义语法和 disable 语法。

### 7.3.1 指标计算定义语法

指标计算定义的语法格式如下。

```
// 声明 Metrics
METRICS_NAME = from(SCOPE.(* | [FIELD][,FIELD ...]))
[.filter(FIELD OP [INT | STRING])]
.FUNCTION([PARAM][, PARAM ...])
```

此语句由如下几个部分组成。

- Metrics 变量定义：此名称是后续查询、计算、告警、存储等多处将使用的逻辑名称。此名称要求在 OAL 中保持唯一。建议用小写，并使用短下划线“_”进行分割。
- from 关键字：定义语句开始。
- Scope 及其属性：标识计算主体。SkyWalking OAL 内建了一大批 Scope，用于描述接收到的遥感数据实体，每个实体中会有多个属性，稍后会详细介绍这些实体和属性。后续的所有计算将针对此实体对象得到统计汇集结果。
- filter 过滤器（可选）：使用 Scope 中的若干属性，来过滤数据是否进入最终统计。在流式分析入口处，所有数据都 100% 输入到计算流中，由各个指标决定是需要过滤还是全量计算。filter 函数可以有多个，进行多级过滤，如 service_2xx = from(Service.*).filter(responseCode >= 200).filter(responseCode < 400).cpm();。
- FUNCTION 计算函数：针对过滤完成的数据，进行执行的函数计算，如百分比、最大、最小、热力图计算等。不同的函数具有不同的参数，本节最后会详细介绍。

SkyWalking 的主工程中已经包含了默认的 OAL 脚本，可以在 oap-server/server-starter 模块下的资源文件夹中找到此定义脚本，如 https://github.com/apache/skywalking/blob/v7.0.0/oap-server/server-bootstrap/src/main/resources/official_analysis.oal，也可以在二进制发布包的 config 目录下找到同名文件。

#### 1. Scope 定义

Scope 的种类很多，而且支持扩展，这里无法逐一介绍。我们选择最重要的核心

Scope进行详细说明，理解了这些之后，其他scope也会变得很好理解。

Scope和注册模型有着直接的关系。在SkyWalking中，有全局（All）、服务（Service)，服务实例（Service Instance)、端点（Endpoint）四个基本模型，具体介绍如下。

- 全局（All）代表全局访问。
- 服务（Service）是一组具有相同逻辑抽象的程序，一般指具有相同业务功能的实例构成的集群。
- 服务实例（Service Instance）是服务的最小单位，多个服务实例构成一个服务。在JavaAgent场景下，服务实例是一个JVM进程；在Service Mesh中，服务实例一般是一个Pod。
- 端点（Endpoint）是一个逻辑概念，它代表在一个服务中对外提供独立功能的逻辑实体。常见的形态包含服务的URI、服务类名+方法名+参数类型。它一般存在于服务的所有实体上，不和实例有依赖关系。端点不映射唯一的概念，靠SkyWalking插件和服务端逻辑决定什么样的数据可以作为端点。

依据这些概念，SkyWalking构建了7种核心Scope。由于在统计和汇集各个Scope时，需要根据不同的实体进行构建，所以每一个Scope具有自己独立的聚合键（All除外)。在聚合计算和入库存储时，聚合键和时间戳工程构成唯一性主键。其中时间戳由统计时间的维度决定，如服务在2017年1月28日18点40分统计指标，则分钟级时间戳为201701281840，小时级时间戳为2017012818。

表7-1～表7-7详细说明了各个Scope的属性及其含义。

表7-1　All的属性及其含义

| 名　称 | 说　　明 | 聚合键 | 字段类型 |
|---|---|---|---|
| name | 本次请求的服务名称 | | String |
| serviceInstanceName | 本次请求的服务实例名称 | | String |
| endpoint | 本地请求的端点名称（URI、服务方法等） | | String |
| latency | 请求耗时 | | int（毫秒） |
| status | 请求状态，成功/失败 | | bool（true表示成功） |
| responseCode | HTTP请求的返回码，如200、302、404等 | | int |
| type | 本地请求类型，如Database、HTTP、RPC、gRPC | | int |

表7-2 Service的属性及其含义

| 名称 | 说明 | 聚合键 | 字段类型 |
|---|---|---|---|
| id | 本次请求的服务ID | 是 | int |
| name | 本次请求的服务名称 | | String |
| serviceInstanceName | 本次请求的服务实例名称 | | String |
| endpointName | 本地请求的端点名称（URI、服务方法等） | | String |
| latency | 请求耗时 | | int |
| status | HTTP请求的返回码，如200、302、404等 | | bool（true表示成功） |
| type | 本地请求类型，如Database、HTTP、RPC、gRPC | | enum |
| responseCode | HTTP请求的返回码，如200、302、404等 | | int |

表7-3 ServiceInstance的属性及其含义

| 名称 | 说明 | 聚合键 | 字段类型 |
|---|---|---|---|
| id | 本次请求的服务实例ID | 是 | int |
| name | 本次请求的服务实例名称 | | String |
| serviceName | 本次请求的服务名称 | | String |
| endpointName | 本地请求的端点名称（URI、服务方法等） | | String |
| latency | 请求耗时 | | int |
| status | HTTP请求的返回码，如200、302、404等 | | bool（true表示成功） |
| type | 本地请求类型，如Database、HTTP、RPC、gRPC | | enum |
| responseCode | HTTP请求的返回码，如200、302、404等 | | int |

表7-4 Endpoint的属性及其含义

| 名称 | 说明 | 聚合键 | 字段类型 |
|---|---|---|---|
| id | 本次请求的端点ID | 是 | int |
| name | 本次请求的端点名称 | | String |
| serviceName | 本次请求的服务名称 | | String |
| serviceInstanceName | 本地请求的服务实例名称 | | String |
| latency | 请求耗时 | | int |
| status | HTTP请求的返回码，如200、302、404等 | | bool（true表示成功） |
| type | 本地请求类型，如Database、HTTP、RPC、gRPC | | enum |
| responseCode | HTTP请求的返回码，如200、302、404等 | | int |

表7-5 ServiceRelation的属性及其含义

| 名称 | 说明 | 聚合键 | 字段类型 |
|---|---|---|---|
| sourceServiceId | 本次请求发起方的服务ID | 是 | int |
| sourceServiceName | 本次请求发起方的服务名称 | | String |
| sourceServiceInstanceName | 本次请求发起方的服务实例名称 | | String |
| destServiceId | 本次请求提供方的服务ID | 是 | int |

（续）

| 名称 | 说明 | 聚合键 | 字段类型 |
|---|---|---|---|
| destServiceName | 本次请求提供方的服务名称 | | String |
| destServiceInstanceName | 本次请求提供方的服务实例名称 | | String |
| endpoint | 本次请求的端点名称 | | String |
| componentId | 本次请求使用的技术组件 ID | 是 | int |
| latency | 请求耗时 | | int |
| status | HTTP 请求的返回码，如 200、302、404 等 | | bool（true 表示成功） |
| type | 本地请求类型，如 Database、HTTP、RPC、gRPC | | enum |
| responseCode | HTTP 请求的返回码，如 200、302、404 等 | | int |
| detectPoint | 本地请求探测点位置，客户端、服务端或 proxy 端 | | enum |

表 7-6 ServiceInstanceRelation 的属性及其含义

| 名称 | 说明 | 聚合键 | 字段类型 |
|---|---|---|---|
| sourceServiceInstanceId | 本次请求发起方的服务实例 ID | 是 | int |
| sourceServiceName | 本次请求发起方的服务名称 | | String |
| sourceServiceInstanceName | 本次请求发起方的服务实例名称 | | String |
| destServiceInstanceId | 本次请求提供方的服务实例 ID | 是 | int |
| destServiceName | 本次请求提供方的服务名称 | | String |
| destServiceInstanceName | 本次请求提供方的服务实例名称 | | String |
| endpoint | 本次请求的端点名称 | | String |
| componentId | 本次请求使用的技术组件 ID | 是 | int |
| latency | 请求耗时 | | int |
| status | HTTP 请求的返回码，如 200、302、404 等 | | bool（true 表示成功） |
| type | 本地请求类型，如 Database、HTTP、RPC、gRPC | | enum |
| responseCode | HTTP 请求的返回码，如 200、302、404 等 | | int |
| detectPoint | 本地请求探测点位置，客户端、服务端或 proxy 端 | | enum |

表 7-7 EndpointRelation 的属性及其含义

| 名称 | 说明 | 聚合键 | 字段类型 |
|---|---|---|---|
| endpointId | 父级端点 ID | 是 | int |
| endpoint | 父级端点名称 | | String |
| childEndpointId | 子级端点 ID | 是 | int |
| childEndpoint | 子级端点名称 | | String |
| endpoint | 本次请求的端点名称 | | String |
| componentId | 本次请求使用的技术组件 ID | 是 | int |
| rpcLatency | 请求耗时 | | int |
| status | HTTP 请求的返回码，如 200、302、404 等 | | bool（true 表示成功） |
| type | 本地请求类型，如 Database、HTTP、RPC、gRPC | | enum |
| responseCode | HTTP 请求的返回码，如 200、302、404 等 | | int |
| detectPoint | 本地请求探测点位置，客户端、服务端或 proxy 端 | | enum |

### 2. filter 定义

filter 函数对所有的 Scope 入口数据进行条件过滤，所有过滤后的数据才进行最终的统计计算。

filter 函数支持 ==、>、>=、<、<=。其中 == 支持数字、枚举和字符串，其他运算符针对数字类型。

filter 可以进行多级运算，多级间为“与（And）”关系。截止本书写作时，暂不支持“或（Or）”及括号运算符。由于监控指标计算一般逻辑并不复杂，此处需要复杂表达式的情况不太常见。同时用户可以选择直接扩展操作符来扩展较为复杂的计算逻辑。如计算 HTTP 返回值为 4xx 的请求每分钟调用数，filter 可以写成

```
service_instance_4xx = from(ServiceInstance.*).filter(responseCode >= 400)
    .filter(responseCode < 500).cpm();
```

### 3. FUNCTION 定义

FUNCTION 函数用于进行最终的计算，目前代码中已包含以下计算函数。

1）count：计次函数，即单位时间内发生的次数。

2）cpm：每分钟调用次数，此计算随统计时间范围变化而变化。如时间精度为分钟，则代表这一分钟内平均支持次数；如果时间精度为天，则代表当天的执行次数除以 1440 分钟（$24 \times 60$）。

3）doubleAvg：针对 double 类型的平均值计算。

4）longAvg：针对 long 类型的平均值计算。

5）maxDouble：针对 double 类型，当前时间周期内最大值计算。

6）maxLong：针对 long 类型，当前时间周期内最大值计算。

7）p50、p75、p90、p95、p99：当前时间周期，百分位数（percentile）计算（见图 7-1）。

百分位数的定义为，如果将一组数据从小到大排序，并计算相应的累计百分位，则某一百分位所对应数据的值就称为这一百分位的百分位数。百分位数可表示为一组 $n$ 个观测值按数值大小排列，处于 $p$% 位置的值称第 $p$ 百分位数。例如，用 99 个数值或 99 个点，将按大小顺序排列的观测值划分为 100 个等分，则这 99 个数值或 99 个点就称为百分位数。

p50、p75、p90、p95、p99 这 5 个值默认在 SkyWalking 中的同一个指标图上展现，一般称为延迟的五线图（图中左侧，从下往上数值依次增加），用于识别延迟的稳定程度

及响应的长尾效应。

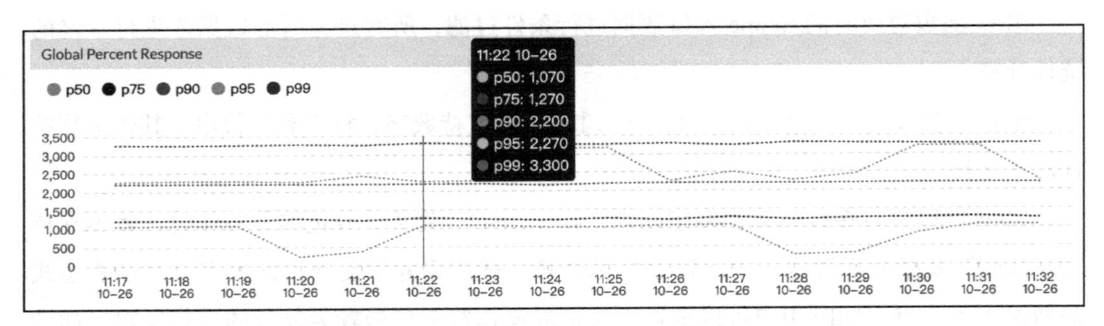


图 7-1 响应时间百分位数五线图

此函数包含一个参数，代表进行分组时的精度，单位为毫秒。如 service_p99 = from(Service.latency).p99(10); 代表百分位数统计精度为 10 毫秒，如响应时间 10~20 毫秒会被认为响应时间为 10~20 分组。

8）thermodynamic：热力图函数（heatmap，见图 7-2）。

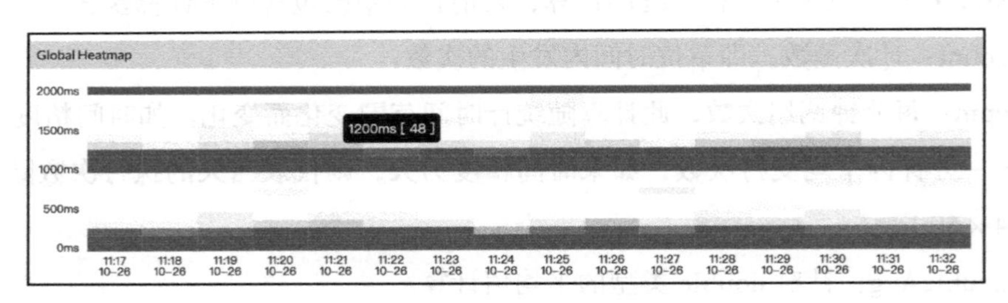


图 7-2 SkyWalking 热力图

热力图一般用于显示一个数值矩阵，颜色越深的节点，代表落在此访问时间范围的请求越多。热力图一般用于展现请求在每个时间窗口，对于那个反应时间区间的密集程度。热力图能比百分位数五线图更明确地标识请求的分布情况。

此函数包含两个入参，第一个和百分位数一样，代表入参，第二个为总分组数。SkyWalking 建议使用 100ms 为精度，20 为分组数值，即在 0 ～ 2 秒访问时间内能够按照 100ms 精度分组统计。

## 7.3.2 disable 语法

disable（stream name），这个语法比较简单，主要用来关闭通过硬编码定义的处理流。

例如，ZipkinSpanRecord 通过硬编码方式定义了名为 zipkin_span 的处理流，那么当我们并不需要 zipkin 相关处理时，可以在 OAL 中使用 disable(zipkin_span) 关闭相关处理流。

这里你可能会感兴趣，关闭和不关闭有什么区别。这分为两个角度：第一，在功能上，不关闭处理流不会造成任何功能问题；第二，在性能上，如果开启了不需要的处理流，会占用一小部分的内存和 CPU 时间，对性能有一些影响，但是影响比较有限。

另外，在 SkyWalking 发行版 OAL 的结尾处，我们已经列举出了所有可能需要被关闭的使用硬编码方式启动的处理流（如下）。读者可以根据自身情况选择关闭。

```
// Disable unnecessary hard core stream, targeting @Stream#name
/////////
// disable(segment);
// disable(endpoint_relation_server_side);
// disable(top_n_database_statement);
// disable(zipkin_span);
// disable(jaeger_span);
// disable(profile_task);
// disable(profile_task_log);
// disable(profile_task_segment_snapshot);
```

## 7.4 本章小结

OAL 作为后端 OAP 指标分析的核心，对于需要对后端分析进行二次开发和定制的用户来说，至关重要。本章详细描述了 OAL 的组成和使用方法，需要二次开发和扩展 OAL 引擎的用户，也可以以本章的介绍为切入点，对代码进行更为深入的解读。

Chapter 8 第8章

# SkyWalking OAP Server 集群通信模型

SkyWalking 后端 OAP 集群针对监控数据聚合的特点，提供了几种流式计算的模型。结合第7章提到的 OAL 体系，可以更好地理解这几种通信模型的功能性需求。理解和掌握集群通信协议和通信模型，有助于在大规模集群部署或者集群模型定制扩展时，提供理论指导。

需要注意的是，OAP 集群通信模式，特指后端 OAP 集群节点间的分布式计算模型。SkyWalking 的官方探针或根据 SkyWalking 协议实现的探针，都通过 HTTP 或者 gRPC 直接与后端连接。两者之间的负载均衡有两种选择：在客户端实现轻量级负载，即配置多个地址，随机选择一个；使用目前已经非常成熟的 Proxy 解决方案，如 Envoy、Nginx 等。

SkyWalking 不实现探针对 OAP 集群的服务，是刻意设计的，有深层次的技术原因，其主要原因有两个：其一，监控的目标服务经常部署在多个 VPC 子网内，而 OAP 集群和业务系统集群在通常情况下，也部署在一个独立 VPC 集群内（OAP 集群属于运维团队 VPC），此时简单的服务发现并不能很好地工作；其二，OAP 集群支持在多种集群管理组件间切换，在探针端实现将使得探针包体积明显变大，对更新和使用造成不便。

## 8.1　计算流

SkyWalking OAP 用于监控数据的分布式计算系统，因此在流计算过程中，不考虑对于数据一致性的保证，也没有事务等概念，即在极端情况下，可能出现监控数据的丢失，但会最大限度保障后端 OAP 集群的可用性。

Metrics 计算属于分布式聚合计算，因此目前的默认 OAP 集群计算流被分成了两种职责。

- 职责 1：数据接收和解析，并进行当前 OAP 节点内的数据聚合，使用 OAL 或者其他聚合模式。
- 职责 2：分布式聚合，即根据一定的路由规则，将经过职责 1 聚合后的数据路由到指定节点，进行二次汇集，并入库。这也是 OAP 节点间需要服务发现的原因。

根据这两种职责，OAP 节点存在两种角色 Receiver（承担职责 1）和 Aggregator（承担职责 2），另外在默认情况下，为了减少部署难度，所有节点都会使用 Mixed 角色（同时承担职责 1 和 2），见图 8-1。在大规模部署时，可以根据网络流量需要选择分离角色，进行两级部署的模式，见图 8-2。

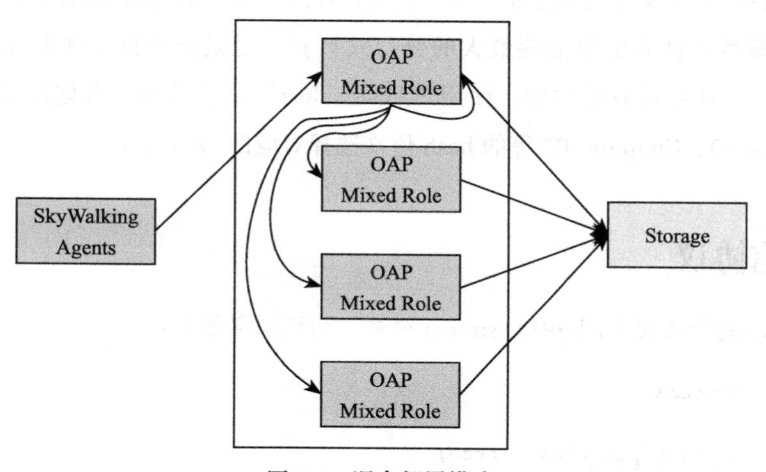


图 8-1　混合部署模式

第 7 章在讲到 OAL 时，提到过 4 种计算模型：注册模型、明细模型、指标模型和采样模型。其中，明细模型和采样模型都是直接在 Receiver 角色节点内处理并入库的，而注册模型和指标模型会使用分布式计算流，即会用到 Aggregator 角色的节点。其中

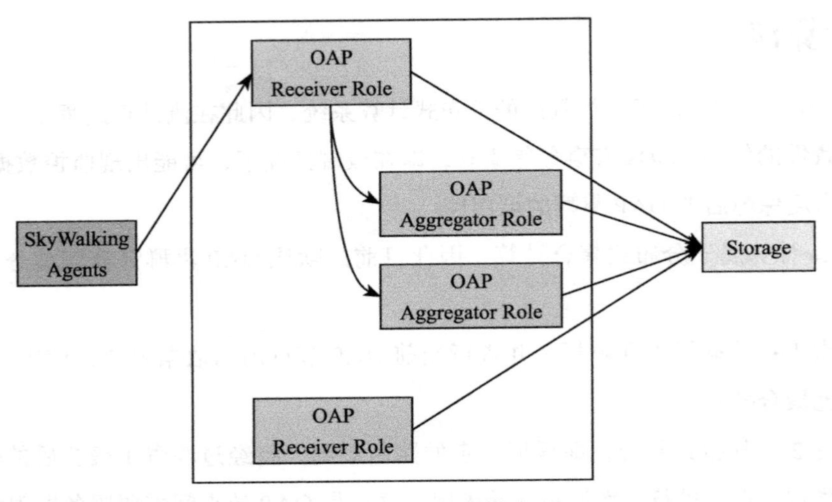


图 8-2　分离部署模式

- 注册模型为了保证注册和更新的串行，使用“select first”路由策略，即使用集群协调器中记录的节点有序表（按注册地址排序），选择第一个节点。所以在整个分布式集群条件下，有且仅有一个节点充当真正的注册职责。但注册数据和更新数据，会在两阶段的注册过程中进行去重和合并，最大限度地节约网络流量。
- 指标模型是计算资源消耗最大的分布式计算，也是整套计算流要支持的核心计算模型。在此计算过程中，使用“hash select”路由策略，根据计算的实体，如Service ID、Endpoint ID 等的 hash 值来选择对应的 OAP Server。

## 8.2　通信协议

OAP 间的通信协议采用 gRPC stream 模式。协议定义如下：

```
syntax = "proto3";

option java_multiple_files = true;
option java_package = "org.apache.skywalking.oap.server.core.remote
    .grpc.proto";

service RemoteService {
    rpc call (stream RemoteMessage) returns (Empty) {
    }
```

```
}

message RemoteMessage {
    string nextWorkerName = 1;
    RemoteData remoteData = 3;
}

message RemoteData {
    repeated string dataStrings = 1;
    repeated int64 dataLongs = 2;
    repeated double dataDoubles = 3;
    repeated int32 dataIntegers = 4;
    repeated IntKeyLongValuePair dataIntLongPairList = 5;
}

message IntKeyLongValuePair {
    int32 key = 1;
    int64 value = 2;
}

message Empty {
}
```

此协议不包含业务字段名称，按照数据类型以及字段定义顺序进行序列化，力求减少非数据字段的传输。在 OAL 的每个函数中，都有一些字段使用了 @Column 标注，这些字段会按照字段类型、声明顺序将字段值序列化到传输协议中，并根据路由协议传递到指定的 OAP 服务器后，按照同样规则进行反序列化。

读者可以在 oal-rt 模块下找到 serialize.ftl 和 deserialize.ftl 文件，这是 OAL 动态代码生成器的一段脚本，里面描述了序列化和反序列化代码的生成过程。其中，序列化过程如下：

```
public org.apache.skywalking.oap.server.core.remote.grpc.proto.RemoteData.
        Builder serialize() {
    org.apache.skywalking.oap.server.core.remote.grpc.proto.RemoteData.Builder
        remoteBuilder = org.apache.skywalking.oap.server.core.remote.grpc.
        proto.RemoteData.newBuilder();
    <#list serializeFields.stringFields as field>
        remoteBuilder.addDataStrings(${field.getter}());
    </#list>

    <#list serializeFields.longFields as field>
        remoteBuilder.addDataLongs(${field.getter}());
```

```
    </#list>

    <#list serializeFields.doubleFields as field>
        remoteBuilder.addDataDoubles(${field.getter}());
    </#list>

    <#list serializeFields.intFields as field>
        remoteBuilder.addDataIntegers(${field.getter}());
    </#list>
    <#list serializeFields.intKeyLongValueHashMapFields as field>
        java.util.Iterator iterator = super.getDetailGroup()
             .values().iterator();
        while (iterator.hasNext()) {
            remoteBuilder.addDataIntLongPairList(((org.apache.skywalking
                .oap.server.core.analysis.metrics
                .IntKeyLongValue)(iterator.next())).serialize());
        }
    </#list>

    return remoteBuilder;
}
```

## 8.3 集群协调器

根据上述集群模式的讲解，读者可以发现，SkyWalking OAP 的集群协调器所需要承担的职责是比较简单的，大体可以分为两大类：

- ❑ 对具有 Aggregator 职责的 OAP Server 进行注册；
- ❑ 在 Receiver 职责的 OAP Server 上，读取 Aggregator 职责的 OAP Server 列表。

针对这两个特性，用户可以选择或者使用已经存在的集群协调器，包括 ZooKeeper、etcd、Kubernetes、API Server、Consul、Nacos，代码如下。用户只需要注释掉默认的 standalone 实现，激活（取消注释，或者使用 7.0.0 中的 selector 选择器）其他的集群管理器，并配置相应的参数，即可实现采用相应的集群管理器。

```
cluster:
  standalone:
#   Please check your ZooKeeper is 3.5+, However, it is also compatible with
    ZooKeeper 3.4.x. Replace the ZooKeeper 3.5+
#   library the oap-libs folder with your ZooKeeper 3.4.x library.
```

```
#  zookeeper:
#    nameSpace: ${SW_NAMESPACE:""}
#    hostPort: ${SW_CLUSTER_ZK_HOST_PORT:localhost:2181}
#    #Retry Policy
#    baseSleepTimeMs: ${SW_CLUSTER_ZK_SLEEP_TIME:1000} # initial amount of
     time to wait between retries
#    maxRetries: ${SW_CLUSTER_ZK_MAX_RETRIES:3} # max number of times to retry
#    # Enable ACL
#    enableACL: ${SW_ZK_ENABLE_ACL:false} # disable ACL in default
#    schema: ${SW_ZK_SCHEMA:digest} # only support digest schema
#    expression: ${SW_ZK_EXPRESSION:skywalking:skywalking}
#  kubernetes:
#    watchTimeoutSeconds: ${SW_CLUSTER_K8S_WATCH_TIMEOUT:60}
#    namespace: ${SW_CLUSTER_K8S_NAMESPACE:default}
#    labelSelector: ${SW_CLUSTER_K8S_LABEL:app=collector,release=skywalking}
#    uidEnvName: ${SW_CLUSTER_K8S_UID:SKYWALKING_COLLECTOR_UID}
#  consul:
#    serviceName: ${SW_SERVICE_NAME:"SkyWalking_OAP_Cluster"}
#     Consul cluster nodes, example: 10.0.0.1:8500,10.0.0.2:8500,10.0.0.3:8500
#    hostPort: ${SW_CLUSTER_CONSUL_HOST_PORT:localhost:8500}
#  nacos:
#    serviceName: ${SW_SERVICE_NAME:"SkyWalking_OAP_Cluster"}
#    # Nacos Configuration namespace
#    namespace: ${SW_CLUSTER_NACOS_NAMESPACE:"public"}
#    hostPort: ${SW_CLUSTER_NACOS_HOST_PORT:localhost:8848}
#  etcd:
#    serviceName: ${SW_SERVICE_NAME:"SkyWalking_OAP_Cluster"}
#     etcd cluster nodes, example: 10.0.0.1:2379,10.0.0.2:2379,10.0.0.3:2379
#    hostPort: ${SW_CLUSTER_ETCD_HOST_PORT:localhost:2379}
```

如果需要，也可以快速开发更多的集群管理器，只需要实现两个接口，ClusterRegister 和 ClusterNodesQuery，实现注册和列表查询即可。大多数情况下，默认提供的集群协调器应该已经够用，定制化的集群协调器常用在私有的注册中心，或者其他容器管理平台（非 Kubernetes）上。

## 8.4　本章小结

本章系统介绍了 OAP 集群的工作模式，以及集群中的节点职责、通信协议。读者现在应该已经对 OAP 集群的运行有了清晰的概念。下一章将介绍的存储模型也是作用在相同的流计算模式下，数据存储和更新的最终持久化形态。相信大家在学完了第 7 章和第 8 章后，能够更好地理解下一章中的存储模型。

Chapter 9 第 9 章

# SkyWalking OAP Server 存储模型

本章主要对 SkyWalking OAP 存储模型进行详解。首先会介绍后端的 4 种存储模型结构，使读者对各种存储模型产生感性的认识，了解 OAP 存储模型结构对二次开发和 UI 功能定制很有帮助。然后，会以 OAP 后端链路收集插件，详细介绍 4 种模型相互之间的联系。最后，会针对指标模型（Metrics）的存储过程，来讲述 Source 通过 OAL 脚本进行聚合分析，最终生成指标数据的过程。

## 9.1 模型结构介绍

通过对第 7 章的学习，我们了解到 OAP 后端有 4 种存储模型，下面就针对这 4 种存储模型的结构进行介绍。

### 9.1.1 注册模型结构

注册模型（Inventory）需要继承 RegisterSource 类。基类 RegisterSource 有 4 个属性：

- sequence 属性通过使用自动递增序列，来保证同一个注册模型中，注册模型的 sequence 是递增连续的，且保证全局唯一；
- registerTime 属性用来记录注册模型的首次记录时间；

- heartbeatTime 和 lastUpdateTime 属性，顾名思义，分别通过心跳时间和最后更新时间来实现将注册数据的状态标记为存活。

目前 OAP 有如下注册模型。

- ServiceInventory：服务名称注册模型，记录着所有服务名称的定义，其中包括 Agent 配置的 service_name、对端资源（peer）和 RPC 框架的调用地址的注册模型分析。
- ServiceInstanceInventory：服务实例注册模型，以服务名称下的每一个服务进程为维度的注册模型。
- NetworkAddressInventory：网络地址注册模型，以 IP+ 端口为维度的注册模型。
- EndpointInventory：Endpoint 注册模型，以端点名称（Endpoint）为维度的注册模型。

SkyWalking 通过设计和使用各种维度的注册模型来优化网络传输效率和存储计算能力。

在探针侧，在探针启动时，会根据本实例的进程信息和探针配置文件中的服务名称与 OAP 进行注册通信，获取到本服务名称和服务实例的注册 sequence 信息。在进程信息上报时，使用这些注册信息可以优化网络传输效率。

在上报侧，在探针上报 Trace Segment 信息时，端点名称会通过端点注册模型（EndpointInventory）将端点名称映射为端点名称的 sequence，对端资源会通过网络地址注册模型（NetworkAddressInventory），将对端资源的地址转换为网络地址注册模型中的 sequence 值，从而在上报 Trace Segment 时，大幅减小数据包的体积。

在流式计算侧，OAL 脚本定义的索引属性对已注册模型中的 sequence 属性进行存储，实现存储优化，同时注册模型信息会以 JVM 缓存的形式，在 OAP 提供快速的 sequence 数据转义为全量的注册信息。

下面以 ServiceInventory（服务名称注册模型）为例，来详细介绍每个注册模型结构中的共有属性，以及此模型结构的独特属性字段的类型与描述，参见表 9-1。

**表 9-1 服务名称属性字段的类型与描述**

| 字段名称 | 字段类型 | 父类属性 | 字段描述 |
|---|---|---|---|
| sequence | int | 是 | 序列号，连续递增，是一个无符号整型 |
| registerTime | long | 是 | 首次注册时间 |

（续）

| 字段名称 | 字段类型 | 父类属性 | 字段描述 |
|---|---|---|---|
| heartbeatTime | String | 是 | 心跳时间，代表服务还存活 |
| lastUpdateTime | int | 是 | 最后更新时间 |
| name | String | | 服务名称<br>格式1：IP:port+分号分隔，为分析出来的节点<br>格式2：skywalking.agent.serviceName，为Agent节点 |
| isAddress | int | | 是不是IP地址<br>0：服务实例<br>1：IP地址 |
| addressId | int | | 网络地址ID，若isAddress==1，则addressId的值为NetworkAddress Inventory中的ID的映射 |
| nodeType | int | | 节点类型<br>0：未知节点（Unknown）<br>1：数据库节点（Database）<br>2：RPC框架（RPCFramework）<br>3：HTTP节点（Http）<br>4：消息队列节点（MQ）<br>5：缓存节点（Cache）<br>-1：未识别节点（UNRECOGNIZED） |
| mappingServiceId | int | | 服务名称ID映射 |

### 9.1.2 明细模型结构

明细模型（Record）需要集成Record类。基类Record有timeBucket属性，负责记录当前明细记录所在的时间窗口。目前OAP有如下明细模型。

- SegmentRecord：Trace Segment明细记录模型，SkyWalking Agent发送过来的链路数据，经过skywalking-trace-receiver-plugin插件接收并解析后，得到的Trace Segment明细记录。
- AlarmRecord：报警明细数据模型，通过在OAP定义报警规则，在指标触发报警规则时，会产生对应的报警明细数据模型。报警指标的规则定义以及Webhook配置详见https://github.com/apache/skywalking/blob/master/docs/en/setup/backend/backend-alarm.md。
- JaegerSpanRecord、ZipkinSpanRecord：通过实现其他分布式数据的接收协议的插件，来完成其他分布式链路追踪Span明细记录。可在SkyWalking收集插件的目录下，学习相应的插件收集过程，插件的URL为

https://github.com/apache/skywalking/tree/master/oap-server/server-receiver-plugin。

下面以接收并解析 SkyWalking Agent 发过来的 SegmentRecord，即 Trace Segment 明细记录模型数据为例，来详细介绍每个明细模型结构中的共有属性，以及此模型结构的独特属性的字段类型与描述，参见表 9-2。

表 9-2　Trace Segment 明细模型属性字段的类型与描述

| 字段名称 | 字段类型 | 父类属性 | 字段描述 |
|---|---|---|---|
| timeBucket | long | 是 | 时间窗口，单位秒，格式为 yyyyMMddHHmm |
| segmentId | String | | Segment 唯一标识 |
| traceId | String | | 基于雪花算法实现的分布式 ID |
| serviceId | int | | 服务 ID |
| serviceInstanceId | int | | 服务实例 ID |
| endpointName | String | | 端点名称，通过 endpointId 关联 EndpointInventory 获得 |
| endpointId | int | | 端点 ID |
| startTime | long | | 链路开始时间 |
| endTime | long | | 链路结束时间 |
| latency | int | | 延迟，单位毫秒 |
| isError | int | | 是否存在异常 |
| dataBinary | byte[] | | 数据的二进制，通过 Base64 编码 |
| version | int | | Segment 版本，出于兼容性设计 |

### 9.1.3　指标模型结构

指标模型（Metrics）需要继承 Metrics 类，指标数据是 OAP 将 Source 数据通过 OAL 脚本聚合分析生成的存储模型。如下 OAL 脚本语句：

```
service_instance_sla = from(ServiceInstance.*).percent(status == true);
```

service_instance_sla（服务实例稳定性）指标模型计算是通过分析 ServiceInstance Source 数据中，标识稳定性属性为成功（status == true）的数据占所有数据的百分比得出。其中 Metrics Name 变量 service_instance_sla 定义索引名称，from 关键字后面使用的 Scope ServiceInstance 就定义了逻辑属性 entity_id 和 service_id，使用运算规则 percent 会使 service_instance_sla 指标模型增加相应的百分比详细属性。所以指标的存储模型是 Metrics Name 定义索引名称，索引结构由 Source 定义逻辑主键属性，OAL 运算规则定义详细的分析结果属性。（9.3 节会以此 OAL 脚本为例，来讲述指标存储模型与 OAL 的关系。）

### 9.1.4 采样模型结构

采样模型（TopN）需要继承 TopN 类。基类 TopN 有以下 4 个重要属性。

- statement 属性：可用作描述采样数据的关键信息，比如用作记录描述 SQL 语句、Redis 操作命令等。
- latency 属性：用于记录采样数据的延迟属性，可以根据 latency 属性来实现排序算法，得到在一定时间内延迟比较高的采样数据。
- traceId 属性：用于描述采样数据的关联分布式链路 ID。
- serviceId 属性：用于记录服务 ID。

下面以 DB 采样，按照延迟排序的采样记录 TopNDatabaseStatement（目前采样模型默认只有 TopNDatabaseStatement），来详细介绍采样模型中的共有属性字段的类型与描述，参见表 9-3。

表 9-3　DB 采样模型共有属性字段的类型与描述

| 字段名称 | 字段类型 | 父类属性 | 字段描述 |
| --- | --- | --- | --- |
| timeBucket | long | 是 | 时间窗口，可用于查询 |
| statement | String | 是 | statement 描述，可用于存储 SQL 语句 |
| latency | long | 是 | 延迟，单位毫秒 |
| traceId | String | 是 | 分布式链路 ID |
| serviceId | int | 是 | 服务 ID |

## 9.2 存储模型间的联系

想了解模型间的联系，要先理解 OAP 整体的执行过程。在设计上，OAP 收集端是面向插件开发的，所有插件的父目录的位置是 oap-server/server-receiver-plugin。收集端的插件在接收各自指定的数据后，OAP 会用其构建出 SourceBuilder 来定义 Source。每种 Source 会通过指定的 Dispatcher 构建出 4 种存储模型，这 4 种模型间的联系如下。

1）SkyWalking 为优化传输效率和存储能力，其他模型会通过使用注册模型的 ID 与注册模型进行联系，通过 ID 获取对应注册模型的详细数据。

2）明细模型的特点是数据量大，在存储优化上会使用注册模型的 ID 与注册模型进行关联，进而提高存储能力。但是考虑到 UI 项目查询和展示，可能遇到的联合查询以及页面数据展示的问题，所以也会在构造明细模型时，将这些必要属性添加到明细模型中。

3）绝大多数的 OAL 都会生成指标模型，在 OAL 中的 Scope 定义 Source，基本就定义了指标明细的逻辑主键，以及运算的逻辑规则。指标模型数据结构通过逻辑主键与注册模型进行关联，通过实现 OAL 中 FUNCTION 的实现，来存储指标规则计算出的属性值。

4）采样模型通过自定义排序规则，存储一定时间内的采样数据。例如，DB 执行延迟采样的存储模型，是对 Trace Segment 明细记录，以 DB 操作的执行时间进行排序，并在一定时间内，选取 TopN 的 Trace Segment 明细记录，进行采样模型的存储。通过明细记录中的链路 ID 互相关联。

下面以 OAP 核心的 Trace 数据收集器 skywalking-trace-receiver-plugin 为例，展示数据在收集端，从接收数据到构建 SourceBuilder、定义 Source、Dispatcher 数据转换后，进入存储队列的流程，希望能使大家更了解 Trace Segment 数据转换为各个模型的过程，以及模型间的联系。图 9-1 所示为链路数据（skywalking-trace-receiver-plugin）收集到存储的时序图。

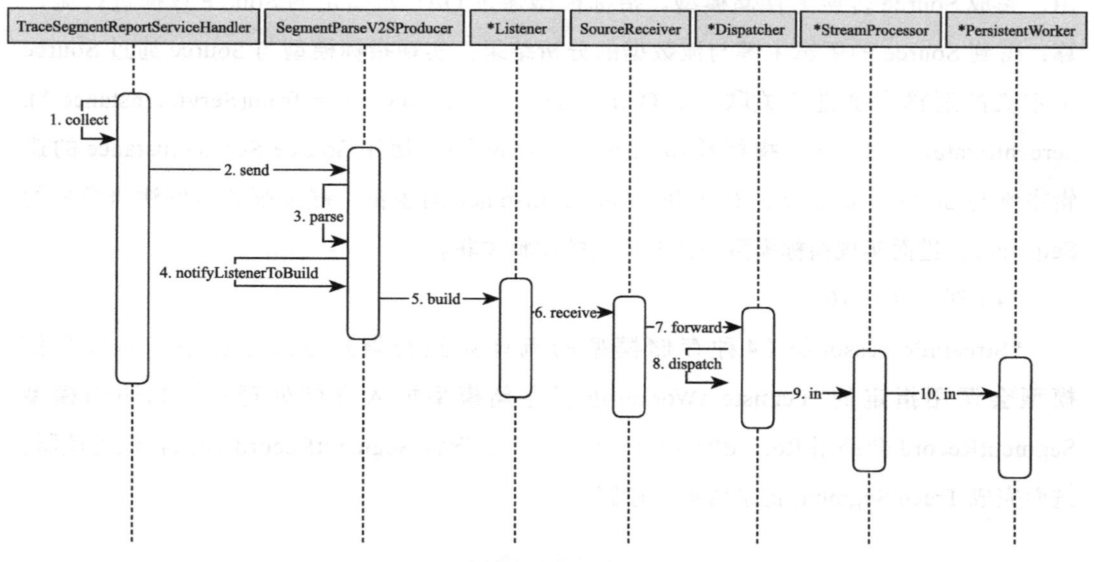


图 9-1 链路数据收集到存储的时序图

（1）时序 1

TraceSegmentReportServiceHandler 类负责收集 Trace Segment 数据，其中 collect 方

法是入口方法，接收 Trace Segment 流数据，通过调用 SegmentParseV2.Producer 类的 send 方法进行消费。

（2）时序 2 ～ 4

SegmentParseV2.Producer 类的 send 方法内部，会解析 Trace Segment 流数据，使用流数据中的注册模型 ID，进行此流数据与注册模型的关联。如服务或网络资源定义相关的属性，会与服务名称注册模型、网络地址注册模型进行关联，端点属性会与 Endpoint 注册模型进行关联。接下来，通知所有的监听器完成 Source Builder 构建。DB 执行延迟采样存储模型会通过 Trace Segment 中的延迟属性实现自定义排序算法，完成一段时间内 DB 延迟数据的采样，通过 TraceId 与链路明细数据进行关联，通过 DB 实例的 ServiceId 与注册模型进行关联。

（3）时序 5 ～ 8

*Listener 类（所有实现 SpanListener 的监听器）接收到上游传过来的 Trace Segment 数据后，会将构造完成的 Source 对象，进行指定的 Dispatcher 类的 dispatcher 方法调用，完成 Source 转换为存储模型。指标模型通过 OAL 对指定的 Source 数据进行流计算，得到 Source 的逻辑主键与流数据的分析结果，实现指标模型与 Source 通过 Source 中定义的逻辑主键进行关联，如 OAL ：service_instance_sla = from(ServiceInstance.*).percent(status == true);。指标模型 service_instance_sla 使用 Source ServiceInstance 的逻辑主键与 ServiceInstance 进行关联，ServiceInstance 的逻辑主键是服务实例注册模型的 Sequence，进而实现指标模型与注册模型的逻辑关联。

（4）时序 9 ～ 10

*StreamProcessor 类（4 种存储模型的流计算执行器）的 in 方法中，入参存储模型会调用指定的 *PersistentWorker 进行存储模型插入存储处理器，如明细模型 SegmentRecord 会调用 RecordPersistentWorker，实现将 SegmentRecord 插入存储处理器，进而完成 Trace Segment 记录数据的存储。

## 9.3 存储模型与 OAL 的关系

存储模型可以通过 OAL 快速构建指标模型，OAP 接收端的各个插件在接收到消息后，会根据接收到的数据，通过硬编码构建大量Source。每个Source会通过SourceDispatcher转换为存储模型，其中在OAL Scope属性中定义的Source，会通过OAL定义的FUNCTION进行运算，转换指标存储模型，而存储模型中的属性是由Source的逻辑主键和FUNCTION类的属性组成的。下面会以默认OAL脚本中的服务实例稳定性计算，来具体阐述OAL与存储模型的关系。

默认OAL脚本在oap-server/server-starter项目的资源文件夹中的official_analysis.oal文件中，服务实例稳定性的存储模型计算的OAL脚本是：

```
service_instance_sla = from(ServiceInstance.*).percent(status == true);
```

指标模型service_instance_sla是通过计算主体ServiceInstance的Source数据得来，ServiceInstance继承了Source类，即为描述接收到的遥感数据实体中可用于流式计算的服务实例数据，其逻辑主键与ServiceInstanceInventory（服务实例注册模型）进行关联。ServiceInstance的包路径位置是org.apache.skywalking.oap.server.core.source.ServiceInstance，其重要属性的字段类型与描述参见表9-4。

表9-4 服务实例实体字段的类型与描述

| 字段名称 | 字段类型 | 字段描述 |
| --- | --- | --- |
| scope | int | ServiceInstanceInventory的唯一标识，在全部应用服务列表中不允许重复 |
| timeBucket | long | 时间窗口，单位秒，格式为yyyyMMddHHmm |
| entityId | String | 逻辑主键，即id |
| id | int | 服务实例ID |
| serviceId | int | 服务ID |
| name | String | 服务实例名称：<br>服务实例ID在ServiceInstanceInventory关联的name属性<br>格式：skywalking.agent.serviceName-pid:进程号@机器名 |
| serviceName | String | 服务名称：<br>服务ID在ServiceInventory关联的name属性<br>格式：Agent配置文件中的service_name属性 |
| endpointName | String | 端点名称：<br>端点名称ID在EndpointInventory关联的name属性 |
| latency | int | 延迟 |
| status | boolean | 状态（true为成功） |
| responseCode | int | 响应状态码：与type组合使用 |
| type | RequestType | 协议类型：database、HTTP、RPC、gRPC |

OAL脚本的FUNCTION函数是percent，函数的入参是status == true，实现函数

percent 的类路径是 org.apache.skywalking.oap.server.core.analysis.metrics.PercentMetrics，其重要属性的字段的类型与描述参见表 9-5。

表 9-5 PercentMetrics 类属性字段的类型与描述

| 字段名称 | 字段类型 | 字段描述 |
|---|---|---|
| total | int | 总量，用于计算全部经过流式计算的数据 |
| match | long | 匹配量，匹配到 OAL 脚本的流式计算数据 |
| percentage | String | 百分比，在调用计算函数时，会完成单位时间窗口内百分比的计算 |
| timeBucket | int | 时间窗口 |

PercentMetrics 类中，使用 @Entrance 注解完成 OAL 脚本中 percent 函数的数据聚合。

```
@Entrance
public final void combine(@Expression boolean isMatch) {
    if (isMatch) {
        match++;
    }
    total++;
}
```

入参 isMatch 为 status == true，即 ServiceInstance 的属性 status 是否为成功。当成功时，匹配数量递增，同时增加全部流式数据的统计；反之，当 status 不成功时，不增加匹配数量。通过计算函数 calculate 来计算服务实例的稳定性，calculate 源码如下：

```
@Override public void calculate() {
    percentage = (int)(match * 10000 / total);
}
```

通过 match 和 total 进行比较，计算出一个时间窗口内 status 为成功的数据占全部的比值，进而计算出每个服务实例的稳定性。服务实例稳定性指标模型的 UI 展示如图 9-2 所示。

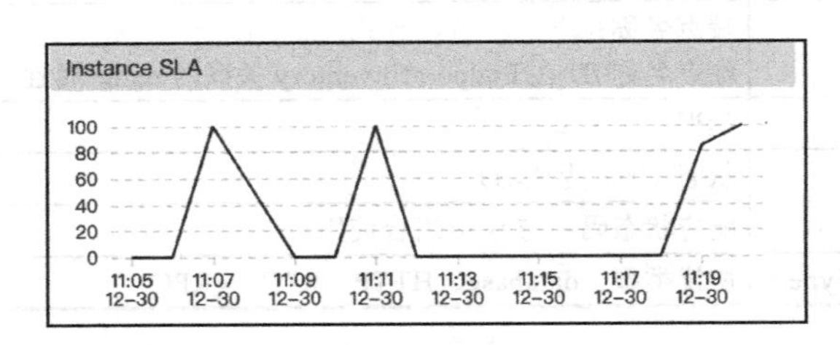


图 9-2 服务实例稳定性的 UI 展示图

## 9.4　本章小结

SkyWalking OAP 将存储模型分为 4 种，分别是注册模型、明细模型、指标模型和采样模型。以本章讲述的 Trace Segment 收集插件中 4 种存储模型的联系，以及使用 OAL 实现的服务实例稳定性指标模型为切入点，可以对 OAP 中大量的 Source 使用 OAL 进行适用于用户的二次开发。

相信通过第 8 ～ 10 章的学习，读者已经对后端有了较为清晰的理解，从下一章开始，我们将进行一些二次开发相关的探讨。

Chapter 10 第 10 章

# Java 探针插件开发

本章主要介绍 SkyWalking 项目的 Java 探针插件开发，包括相关的必备知识和开发实践。通过本章的学习，读者将对 SkyWalking 项目的 Java 探针插件开发有清晰的认识，并具备独立开发探针插件的能力。

## 10.1 基础概念

本节主要介绍 SkyWalking 的 Java 探针插件开发过程中，所涉及核心对象的基本概念，主要包括 Span、Trace Segment、ContextCarrier 和 ContextSnapshot。掌握这些核心对象后，就可以很容易地学习 10.2 节介绍的核心对象相关的 API。

### 10.1.1 Span

Span 是分布式追踪系统中一个非常重要的概念，可以理解为一次方法调用、一个程序块的调用、一次 RPC 调用或者数据库访问。如果想更加深入地了解 Span 概念，可以学习一下论文 " Google Dapper, a Large-Scale Distributed Systems Tracing Infrastructure"（简称 "Google Dapper"）[⊖]和 OpenTracing。

⊖ https://ai.google/research/pubs/pub36356

SkyWalking 的 Span 概念与“Google Dapper”论文和 OpenTracing 类似，但还进行了扩展，可依据是跨线程还是跨进程的链路，将 Span 粗略分为两类：LocalSpan 和 RemoteSpan。

LocalSpan 代表一次普通的 Java 方法调用，与跨进程无关，多用于当前进程中关键逻辑代码块的记录，或在跨线程后记录异步线程执行的链路信息。

RemoteSpan 可细分为 EntrySpan 和 ExitSpan：

- EntrySpan 代表一个应用服务的提供端或服务端的入口端点，如 Web 容器的服务端的入口、RPC 服务器的消费者、消息队列的消费者；
- ExitSpan（SkyWalking 的早期版本中称其为 LeafSpan），代表一个应用服务的客户端或消息队列的生产者，如 Redis 客户端的一次 Redis 调用、MySQL 客户端的一次数据库查询、RPC 组件的一次请求、消息队列生产者的生产消息。

### 10.1.2 Trace Segment

Trace Segment 是 SkyWalking 中特有的概念，通常指在支持多线程的语言中，一个线程中归属于同一个操作的所有 Span 的聚合。这些 Span 具有相同的唯一标识 SegmentID。Trace Segment 对应的实体类位于 org.apache.skywalking.apm.agent.core.context.trace.TraceSegment，其中重要的属性如下。

- TraceSegmentId：此 Trace Segment 操作的唯一标识。使用雪花算法生成，保证全局唯一。
- Refs：此 Trace Segment 的上游引用。对于大多数上游是 RPC 调用的情况，Refs 只有一个元素，但如果是消息队列或批处理框架，上游可能会是多个应用服务，所以就会存在多个元素。
- Spans：用于存储，从属于此 Trace Segment 的 Span 的集合。
- RelatedGlobalTraces：此 Trace Segment 的 Trace Id。大多数时候它只包含一个元素，但如果是消息队列或批处理框架，上游是多个应用服务，会存在多个元素。
- Ignore：是否忽略。如果 Ignore 为 true，则此 Trace Segment 不会上传到 SkyWalking 后端。
- IsSizeLimited：从属于此 Trace Segment 的 Span 数量限制，初始化大小可以通过 config.agent.span_limit_per_segment 参数来配置，默认长度为 300。若超过配置

值，在创建新的 Span 的时候，会变成 NoopSpan。NoopSpan 表示没有任何实际操作的 Span 实现，用于保持内存和 GC 成本尽可能低。

- CreateTime：此 Trace Segment 的创建时间。

### 10.1.3 ContextCarrier

分布式追踪要解决的一个重要问题是跨进程调用链的连接，ContextCarrier 的就是为了解决这个问题。如客户端 A、服务端 B 两个应用服务，当发生一次 A 调用 B 的时候，跨进程传播的步骤如下。

1）客户端 A 创建空的 ContextCarrier。

2）通过 ContextManager#createExitSpan 方法创建一个 ExitSpan，或者使用 ContextManager#inject 在过程中传入并初始化 ContextCarrier。

3）使用 ContextCarrier.items() 将 ContextCarrier 所有元素放到调用过程中的请求信息中，如 HTTP HEAD、Dubbo RPC 框架的 attachments、消息队列 Kafka 消息的 header 中。

4）ContextCarrier 随请求传输到服务端。

5）服务端 B 接收具有 ContextCarrier 的请求，并提取 ContextCarrier 相关的所有信息。

6）通过 ContextManager#createEntrySpan 方法创建 EntrySpan，或者使用 ContextManager#extract 建立分布式调用关联，即绑定服务端 B 和客户端 A。

### 10.1.4 ContextSnapshot

除了跨进程，跨线程也是需要支持的，例如异步线程（内存中的消息队列）在 Java 中很常见。跨线程和跨进程十分相似，都需要传播上下文，唯一的区别是，跨线程不需要序列化。以下是跨线程传播的步骤。

1）使用 ContextManager#capture 方法获取 ContextSnapshot 对象。

2）让子线程以任何方式，通过方法参数或由现有参数携带来访问 ContextSnapshot。

3）在子线程中使用 ContextManager#continued。

## 10.2 核心对象相关 API 的使用

本节主要介绍 SkyWalking 的 Java 探针插件开发过程中涉及的重要 API 的使用，使读者能够掌握每个 API 的用法，进而使用正确的 API 完成 Java 探针插件的开发。

（1）ContextCarrier#items

在跨进程链路追踪的案例场景中，我们使用 ContextCarrier#items 完成两个进程的链路数据管理。以 HTTP 请求为例，我们需要处理以下两个场景。

场景一，将发送进程的链路信息绑定到 header 中并通过客户端发送出去，具体代码如下：

```
CarrierItem next = contextCarrier.items();
while (next.hasNext()) {
    next = next.next();
    httpRequest.setHeader(next.getHeadKey(), next.getHeadValue());
}
```

场景二，接收服务器通过解析 header 将链路信息绑定到本次接收处理中，具体代码如下：

```
CarrierItem next = contextCarrier.items();
while (next.hasNext()) {
    next = next.next();
    next.setHeadValue(request.getHeader(next.getHeadKey()));
}
```

（2）ContextManager#createEntrySpan

一个应用服务的提供端或服务端的接收端点，如 Web 容器的服务端入口、RPC 服务器或消息队列的消费者，在被调用时，都需要创建 EntrySpan，这时需要使用 ContextManager#createEntrySpan 来完成，具体代码如下：

```
ContextManager.createEntrySpan(operationName, contextCarrier);
```

ContextManager#createEntrySpan API 有以下两个很关键的入参。

- operationName：定义此 EntrySpan 的操作方法名称，如 HTTP 接口的请求路径。注意，operationName 必须是有穷尽的，比如 RESTful 接口匹配 /path/{id}，一定不要将 id 的真实值记录进来，因为 SkyWalking 在数据上报的时候，出于减少 operationName 长度和链路消息传输性能的考虑，会将 operationName 映射在本地映射字典表中，使用 operationName 的映射值进行传输。因此，要保证 operationName 是有穷尽的，否则会造成字典表过大。

- contextCarrier：为了绑定跨进程的追踪，需要将上游链路的追踪信息通过 ContextCarrier#items 绑定到本链路中，具体 API 使用见 ContextCarrier#items 的使用。

（3）ContextManager#extract

在消息队列或是批处理框架中，上游是多个应用服务，所以会存在多个元素，在这种场景下需要使用 ContextManager#extract 将多个上游应用的追踪信息绑定到当前链路中。下面是消息队列 Kafka 框架在批处理情况下，将多个上游应用链路绑定到一起，具体代码如下：

```
for (ConsumerRecord<?, ?> record : consumerRecords) {
    ContextCarrier contextCarrier = new ContextCarrier();
    CarrierItem next = contextCarrier.items();
    while (next.hasNext()) {
        next = next.next();
        Iterator<Header> iterator = record.headers().headers
            (next.getHeadKey()).iterator();
        if (iterator.hasNext()) {
            next.setHeadValue(new String(iterator.next().value()));
        }
    }
    ContextManager.extract(contextCarrier);
}
```

（4）ContextManager#createExitSpan

在一个应用服务的客户端或消息队列生产者的发送端点，如 Redis 客户端的一次内存访问、MySQL 客户端的一次数据库查询或 RPC 组件的一次请求，当发生请求时，客户端进程需要使用 ContextManager#createExitSpan 来创建 ExitSpan。具体代码如下：

```
ContextManager.createExitSpan(operationName, contextCarrier, peer);
```

ContextManager#createExitSpan API 有以下 3 个很关键的入参。

- operationName：定义此 ExitSpan 的操作方法名称。注意，operationName 一定是有穷尽的，详情与 ContextManager#createEntrySpan 的入参 operationName 一致。
- contextCarrier：为了绑定跨进程的追踪，需要将本线程的链路的追踪信息绑定到 header 中，具体 API 使用见 ContextCarrier#items 的使用。

- peer：下游的地址，具体格式为ip:port。若下游系统无法下探针，如Redis、MySQL等资源，则需要将下游所有的地址写入peer参数中，具体格式为ip:port;ip:port。

（5）ContextManager#inject

ContextManager#inject是个不太常用的API，当需要自己控制创建ExitSpan方法中的ContextManager#inject的调用时机时，可以使用此API完成。

（6）ContextManager#createLocalSpan

对于进程中关键的本地逻辑代码块的链路追踪，或在跨线程后，开启对异步线程执行的链路追踪，需要使用ContextManager#createLocalSpan来创建LocalSpan。具体代码如下：

```
ContextManager.createLocalSpan(operationName)
```

ContextManager#createLocalSpan API有一个很关键的入参：operationName。operationName定义此LocalSpan的操作方法名称。注意，operationName一定是有穷尽的，详情与ContextManager#createEntrySpan的入参operationName一致。

（7）ContextManager#capture

在跨进程进行链路追踪的时候，我们需要传递父线程的链路快照，这时需要ContextManager#capture来获取快照。快照的传递，通常是由修改参数的数据或方法传递到子线程的。获取当前线程的快照的具体代码如下：

```
ContextSnapshot snapshot = ContextManager.capture()
```

（8）ContextManager#continued

在子线程中关联父进程快照需要使用ContextManager#continued，具体代码如下：

```
ContextManager.continued(contextSnapshot);
```

（9）ContextManager#stopSpan

无论哪个类型的Span，都需要通过调用stop方法来结束此Span的追踪，具体代码如下：

```
ContextManager.stopSpan(span);
```

（10）ContextManager#isActive

在不确定当前线程中是否存在未结束的Span的情况下，贸然调用stop方法会导致探针的异常，所以使用此API判断当前线程中是否有活跃的Span。具体代码如下：

```
ContextManager.isActive();
```

（11）ContextManager#activeSpan

此API用来获取当前进程中的活跃Span，具体代码如下：

```
AbstractSpan activeSpan = ContextManager.activeSpan();
```

（12）AbstractSpan#setComponent

Component可以理解为组件，是Span中的重要属性，SkyWalking支持的探针组件都定义在文件org.apache.skywalking.apm.network.trace.component.ComponentsDefine和/oap-server/server-core/src/test/resources/component-libraries.yml中，将Component赋予Span需要使用AbstractSpan#setComponent这个API，例如将Tomcat组件赋予Span的代码如下：

```
span.setComponent(ComponentsDefine.TOMCAT);
```

（13）AbstractSpan#setLayer

Layer可以理解为Span的简单显示，对于页面展示有很重要的意义。目前在SkyWalking中Layer有5种类型，分别是：

- 代表数据库的SpanLayer.Database；
- 代表RPC框架的SpanLayer.RPCFramework；
- 代表Web服务器接收HTTP请求的SpanLayer.Http；
- 代表消息队列的SpanLayer.MQ；
- 代表缓存数据库的SpanLayer.Cache。

比如当前Span的组件是数据库类型的组件，我们需要使用如下API，对当前Span进行标记。

```
span.setLayer(SpanLayer.Database);
SpanLayer.asDB(span);// 推荐
```

（14）AbstractSpan#tag

有时候，我们需要在当前Span中增加对应的tag，使用AbstractSpan#tag可以进行

Span 的记录，下面这些 tag 的 key 是有特殊意义的。

- Tags.URL：key 为 url，记录传入请求的 URL。
- Tags.STATUS_CODE ：key 为 status_code，记录响应的 HTTP 状态代码，多用于记录状态码大于等于 400 的情况。
- Tags.DB_TYPE：key 为 db.type，记录数据库类型，例如 SQL、Redis、Cassandra 等。
- Tags.DB_INSTANCE：key 为 db.instance，记录数据库实例名称。
- Tags.DB_STATEMENT：key 为 db.statement，记录数据库访问的 SQL 语句。
- Tags.DB_BIND_VARIABLES：key 为 db.bind_vars，记录 SQL 语句的绑定变量。
- Tags.MQ_QUEUE：key 为 mq.queue，记录消息中间件的队列名称。
- Tags.MQ_BROKER：key 为 mq.broker，记录消息中间件的代理地址。
- Tags.MQ_TOPIC：key 为 mq.topic，记录消息中间件的主题名称。
- Tags.HTTP.METHOD：key 为 http.method，记录 HTTP 请求的方法。

下面是两种记录 tag 的方法：

```
Tags.URL.set(span, request.getURI().toString());// 推荐
span.tag("key", "value");
```

（15）AbstractSpan#log

log 通常是记录当前方法出现异常时，将堆栈信息存入此 Span，或者根据一个时间点记录具有多个字段的公共日志。API 使用如下：

```
span.log(System.currentTimeMillis(), even)
ContextManager.activeSpan().errorOccurred().log(t);
```

（16）AbstractSpan#errorOccurred

在此 Span 追踪上下文的范围内，在自动检测机制中发生错误几乎意味着抛出异常，我们需要使用此 API 来标记此 Span 出现异常。

```
ContextManager.activeSpan().errorOccurred();
```

（17）AbstractSpan#setPeer

peer 表示对端资源，格式为 ip:port。若下游系统无法下探针，如 Redis、MySQL 等资源。需要将下游所有的地址写入 peer 参数中，具体格式是 ip:port;ip:port，具体 API 如下：

```
span.setPeer("ip: port");
```

（18）AsyncSpan

在一些场景中，当 Span 的 tag、log、结束时间等属性要在另一个线程中设置时，需要使用此 API 来完成，具体步骤如下：

1）在原始上下文中调用 AsyncSpan#prepareForAsync；

2）将该 Span 传播到其他线程，并完成相应属性的记录；

3）在全部操作就绪之后，可在任意线程中调用 #asyncFinish 结束调用；

4）当所有 Span 的 AsyncSpan#prepareForAsync 完成后，追踪上下文会结束，并一起被回传到后端服务（根据 API 执行次数判断）。

## 10.3 探针插件工程结构

本节主要介绍 SkyWalking 探针插件的工程结构。通过对本节的学习，读者可以快速理解 SkyWalking 探针插件工程源码中，每个包在探针插件实现中的作用，以及包下的每个类是如何设计的。本节是下一节开发探针插件实战的基础。

### 10.3.1 工程结构简介

探针插件结构主要包括两个部分：定义拦截形式，实现拦截形式的拦截器。例如，Apache Dubbo 插件工程结构如图 10-1 所示。

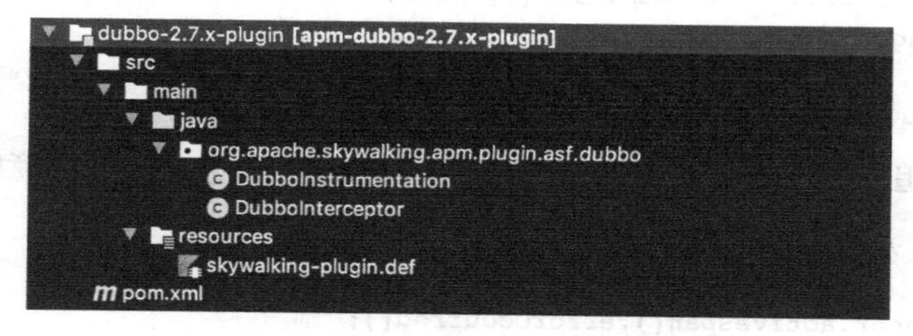


图 10-1 Apache Dubbo 插件工程结构

其中 DubboInstrumentation 类定义 Dubbo 探针插件的拦截形式，在其他探针插件中，建议使用后缀 *Instrumentation 来表示一个探针插件的拦截形式类名。探针插件拦截方法的结构主要由两部分组成：匹配器定义和拦截器实现。当插件的方法被匹配器匹配成功时，就会执行探针插件的拦截器。

DubboInterceptor 类是实现 Dubbo 的拦截器，在 DubboInstrumentation 类中，由定义拦截点所使用的拦截器实现。同样，建议使用后缀 *Interceptor 来表示实现拦截形式的拦截器类名。拦截器中用户可以根据需求，在拦截点的执行前、执行后和执行异常时实现需求。要让 SkyWalking Agent 发现并加载探针插件，需要在资源文件夹中创建 skywalking-plugin.def 文件，以字典表数据结构的形式，定义探针与拦截形式的对应关系。其中 key 值为插件名称，要求全局唯一，推荐的命名规范为目标组件 + 版本号，value 值为拦截形式的类路径 + 类名。

Apache Dubbo skywalking-plugin.def 源码为：

```
dubbo=org.apache.skywalking.apm.plugin.asf.dubbo.DubboInstrumentation
```

## 10.3.2 定义拦截形式

对于通过使用字节码工具实现的 SkyWalking Agent 来说，可以实现任意的拦截形式。受限于篇幅，这里只介绍类增强的拦截定义和两种最常用的方法拦截形式定义。

1）类增强的拦截定义：定义类增强的拦截，需要继承 AbstractClassEnhancePluginDefine，并重写方法。代码如下：

```
protected abstract ClassMatch enhanceClass();
```

返回对象 ClassMatch 类，拦截类的匹配方式有很多，用户也可根据需要，开发自定义的匹配方式。下面介绍三种官方已经实现的匹配方式的实现。

- byName，通过类路径 + 类名，实现拦截类的匹配。注意，不要使用 *.class.getName() 来获得类路径 + 类名，会有潜在的 ClassLoader 问题。
- byClassAnnotationMatch，通过类注解，实现拦截类的匹配。注意，不支持从父类继承的注解。
- byHierarchyMatch, 通过父类或者接口，实现拦截类的匹配。注意，如果存在接口、抽象类、类间的多层继承关系，则可能出现多次拦截的情况，所以如无必要不建议使用 byHierarchyMatch，因为很可能造成非预期情况发生。

类增强的拦截定义的示例源码：

```
@Override
protected ClassMatch enhanceClassName() {
    return byName("org.apache.dubbo.monitor.support.MonitorFilter");
}
```

2）构造器方法的拦截形式：定义构造器方法的拦截，需要继承基类 AbstractClassEnhancePluginDefine，并重写方法。代码如下：

```
public abstract ConstructorInterceptPoint[] getConstructorsInterceptPoints();
```

其中返回值 ConstructorInterceptPoint[] 的每个元素 ConstructorInterceptPoint，需要定义两个方法：第一个方法 getConstructorMatcher，即构造器方法的匹配器，第二个方法 getConstructorInterceptor，即构造器方法的探针插件拦截器。通过定义这两个方法，实现 ConstructorInterceptPoint 元素对象的创建。当增强类的构造器方法被调用，且此构造器方法被匹配器完全匹配的时候，执行此构造器方法的探针插件拦截器。

3）实例方法的拦截形式：定义实例方法的拦截，需要继承 ClassInstanceMethodsEnhancePluginDefine，并重写方法。代码如下：

```
public abstract InstanceMethodsInterceptPoint[]
    getInstanceMethodsInterceptPoints();
```

其中返回值 InstanceMethodsInterceptPoint[] 的每个元素 InstanceMethodsInterceptPoint 需要定义三个方法：第一个方法 getMethodsMatcher，即实例方法的匹配器；第二个方法 getMethodsInterceptor，即实例方法探针插件的拦截器；第三个方法 isOverrideArgs，即是否重写参数，如果要重写入参对象，需要将 isOverrideArgs 方法的返回值改为 true。静态方法的拦截形式与实例方法的拦截形式基本一样，继承 ClassStaticMethodsEnhancePluginDefine 重写相应的抽象方法即可。实例方法的拦截形式的示例源码：

```
@Override
public InstanceMethodsInterceptPoint[] getInstanceMethodsInterceptPoints() {
    return new InstanceMethodsInterceptPoint[] {
        new InstanceMethodsInterceptPoint() {
            // 实例方法拦截匹配器
            ElementMatcher<MethodDescription> getMethodsMatcher();
            // 对应的拦截类
            String getMethodsInterceptor();
            // 拦截器中更改引用参数
            boolean isOverrideArgs();
```

```
            }
        };
    }
```

### 10.3.3　实现拦截形式的拦截器

探针插件的拦截器类，给予开发者对所拦截的方法，在执行前、执行后、执行异常时，进行无侵入的拦截，通过调用 SkyWalking Agent 核心 API，完成链路追踪的开发。实例方法拦截器基类源码如下。

```
public interface InstanceMethodsAroundInterceptor {

    // 方法执行前
    void beforeMethod(EnhancedInstance objInst, Method method,
        Object[] allArguments, Class<?>[] argumentsTypes,
        MethodInterceptResult result) throws Throwable;

    // 方法执行后
    Object afterMethod(EnhancedInstance objInst, Method method,
        Object[] allArguments, Class<?>[] argumentsTypes,
        Object ret) throws Throwable;

    // 方法执行异常
    void handleMethodException(EnhancedInstance objInst, Method method,
        Object[] allArguments,
        Class<?>[] argumentsTypes,
        Throwable t);
}
```

注意，对于 beforeMethod 方法，如果想要修改入参，要在定义拦截形式时，将 isOverrideArgs 方法的返回值改为 true，否则修改参数不会生效。

## 10.4　探针插件开发实战

本节首先简述 SkyWalking 插件实现过程，主要介绍跨进程插件 Dubbo 和跨线程 Spring @Async 插件的开发。开发插件前，要先了解要开发插件的项目的调用关系。由于 SkyWalking Agent 端专注于节点的拓扑结构和链路的串联，所以在了解要开发插件的项目时，要特别关注以下几点：链路的调用链、跨线程连接点、对端资源的集群的信息聚合。通过本节的学习，读者可以掌握如何找到最好的埋点位置，掌握跨进程、跨线程插件的开发过程。

每个插件的设计通过三个部分来介绍：框架简介、定义拦截和实现拦截器。

### 10.4.1 设计探针插件

掌握被增强插件的框架和正确使用 Agent 提供的 API 就可以完成插件的设计。如果对被增强插件的框架不是很理解，可以从以下三方面入手，以链路追踪的视角来完成插件的设计。

#### 1. 框架的拦截器（过滤器）

对于面向协议实现跨进程调用的框架而言，都会给使用者拦截器或是过滤器的实现扩展。框架拦截器（过滤器）的拦截器设计，通常会用于在不破坏业务逻辑的前提下，对业务逻辑的执行过程进行扩展。这样的设计很符合以无侵入的方式来实现链路追踪。通过对拦截器（过滤器）的增强，当框架接收或发送流量时，实现链路追踪监控。以 Apache Dubbo RPC 框架为例，Apache Dubbo 的拦截器是消费方与提供方在发送调用过程时，对 RPC 的每次远程方法执行，都会进行拦截。拦截后调用信息会以参数的形式进入拦截器实现的代码块。因此，插件的开发者可以从框架暴露的拦截器设计及源码入手，进一步设计插件。

#### 2. 核心的执行方法

对于任何框架而言，总有一个或者几个最核心的方法来处理所有的执行过程。推荐读者从线程执行的栈针分析或者网上搜索框架的源码分析，来最终找出一个适用的核心执行方法，用作设计探针中的拦截方法。以 Apache Kafka 消息队列框架为例，对于生产者客户端，我们可以通过 Debug 线程执行的栈针分析出，Kafka 生产者发送消息都会经过 org.apache.kafka.clients.producer.KafkaProducer#doSend(ProducerRecord<K, V> record, Callback callback) 方法来完成。对此方法进行拦截并增强，可以获取到每条发送的信息；将 ContextCarrier 对象中面向传输的属性扩展到这些消息中，可以完成链路数据的绑定；对 doSend 方法的开始、结束时间、是否异常等属性进行记录，可以获取 Apache Kafka 消息队列的生产者每次发送消息的执行情况。

### 3. 链路数据的绑定

在跨线程、跨进程发生时，需要进行链路数据的绑定。如果不进行链路数据的绑定，就会出现链路断裂的情况。

对于跨线程而言，SkyWalking Agent 提供两种方式，使用 ContextSnapshot 或是 Async Span 的 API 实现跨线程的链路数据绑定。如果可以准确找到异步线程发生的执行位置，推荐使用 ContextSnapshot API；对于响应式框架发生的异步线程，推荐使用 Async Span 的 API。

对于跨进程而言，可以首先寻找框架使用的传输协议，是否有面向传输的消息头部，例如 HTTP Header 属性、Apache Dubbo 传输对象的 Attachment 属性，都可以用于链路数据的绑定。如果框架的传输结构体中没有这些属性也不要紧，可以通过重写传输结构体的方法，将链路数据绑定到传输结构体中，但是一定要注意消费者在没有接入探针情况下的兼容性。

带着上面的思路，以实现链路追踪的问题去分析和了解框架。相信读者能掌握，用哪种形式的拦截和链路数据的绑定来设计插件。接下来的两个小节，通过讲解 RPC 框架 Aapche Dubbo、Spring @Async 框架，让大家理解跨进程与跨线程的插件是如何设计的。

## 10.4.2　Apache Dubbo 探针插件

### 1. 框架简介

Apache Dubbo 是国内最流行的 RPC 框架。本节主要以链路视角，对 Apache Dubbo 的调用链进行介绍，根据调用链路的特点，设计拦截点、拦截器及链路数据绑定，进而实现插件。Apache Dubbo 调用链如图 10-2[⊖]所示。

下面部分是消费者调用链，上面部分是提供者调用链，Dubbo 服务的提供者和消费者的调用链路都会经过 Filter（过滤器）层。这也是上一小节提到的拦截器（过滤器），供使用者实现业务无侵入的功能扩展。在 Dubbo 框架中，官方默认使用 MonitorFilter 来收集调用数据，并将其发送到监视中心，所以 Dubbo 的探针插件对 MonitorFilter 类进行增强，并对 MonitorFilter 类中核心方法 invoke 进行拦截，在插件的拦截器类中实现链路信

⊖ 图片来源：Apache Dubbo 官方介绍调用链路图。想了解更多细节，可以访问 http://dubbo.apache.org/zh-cn/docs/dev/design.html。

息与流量的绑定与传递，进而实现提供者和消费者调用链路的串联。

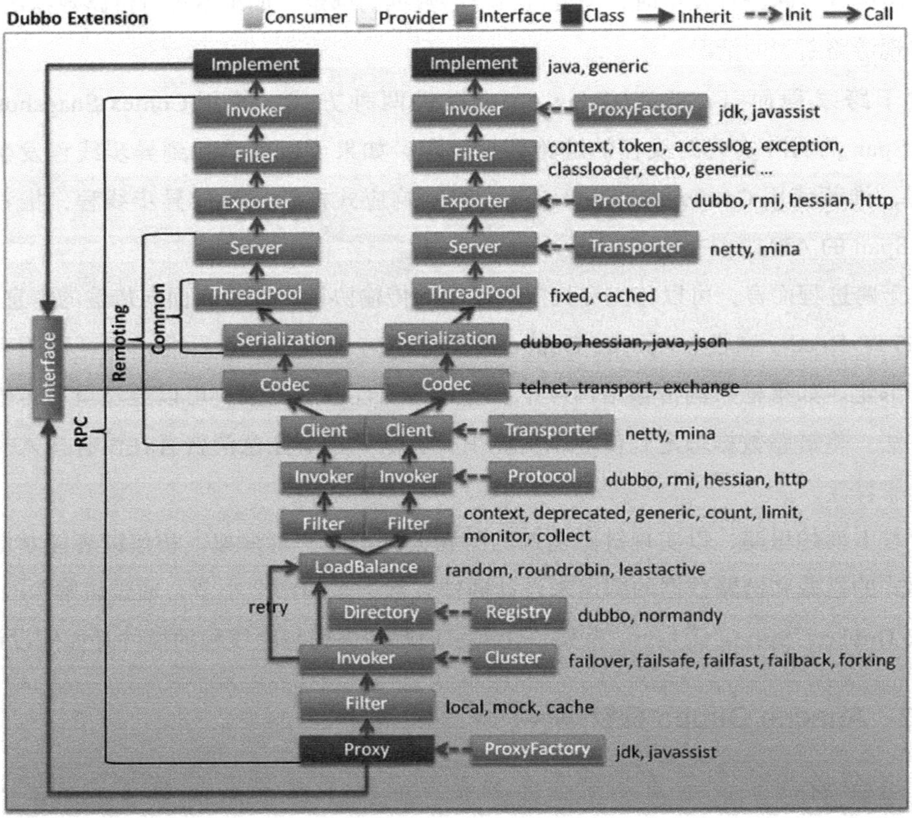

图 10-2 Apache Dubbo 调用链

### 2. 定义拦截

根据上一小节以链路追踪的视角对 RPC 框架 Dubbo 调用链路的学习，探针插件要对 org.apache.dubbo.monitor.support.MonitorFilter#invoke 方法进行增强，增加核心方法 invoke 的拦截器。拦截的定义需要依据方法是静态方法还是实例方法，链路信息与流量的绑定需要考察流量中是否有用于在业务请求之外传递的附加信息。带着这两个问题，学习 MonitorFilter#invoke 源码得知，invoke 方法是实例方法，Dubbo 流量请求有 attachments 属性用于使用者对流量增加附加信息，所以可以通过此属性完成链路信息与流量的绑定，完成链路信息跨进程传播。Apache Dubbo 拦截定义的源码如下。

```
public class DubboInstrumentation extends ClassInstanceMethodsEnhancePluginDef
        ine {
    @Override
    protected ClassMatch enhanceClass() {
        //增强的实例类
        return NameMatch.byName("org.apache.dubbo.monitor
            .support.MonitorFilter");
    }

    @Override
    public ConstructorInterceptPoint[] getConstructorsInterceptPoints() {
        //不增强构造器方法
        return null;
    }

    @Override
    public InstanceMethodsInterceptPoint[] getInstanceMethodsInterceptPoints()
    {
        return new InstanceMethodsInterceptPoint[] {
            new InstanceMethodsInterceptPoint() {
                //增强的实例类方法匹配器
                @Override
                public ElementMatcher<MethodDescription> getMethodsMatcher() {
                    return named("invoke");
                }

                //方法的拦截类
                @Override
                public String getMethodsInterceptor() {
                    return "org.apache.skywalking.apm.plugin.asf
                        .dubbo.DubboInterceptor";
                }

                //不更改引用参数
                @Override
                public boolean isOverrideArgs() {
                    return false;
                }
            }
        };
    }
}
```

### 3. 定义拦截器

Dubbo 服务的调用链路在经过 MonitorFilter#invoke 方法时，就会进入探针插件的拦截器类 DubboInterceptor。对于 Dubbo 服务的消费者而言，需要进行 ExitSpan 的定义，具体操作是调用 createExitSpan 和 stopSpan 两个方法的 API，并在方法之间，将链路信息绑定到 Dubbo RPC Context 对象的 Attachment 属性中，传递给 Dubbo 服务的提供者。对于 Dubbo 服务的提供者而言，需要进行 EntrySpan 的定义，具体操作是调用 createEntrySpan 和 stopSpan 两个方法的 API，并在调用 createEntrySpan 方法时，将消费者传递过来的链路信息进行解析，绑定到当前线程的链路信息中，从而实现消费者与提供者链路的串联。MonitorFilter#invoke 实例方法的源码如下。

```
public class DubboInterceptor implements InstanceMethodsAroundInterceptor {

    @Override
    public void beforeMethod(EnhancedInstance objInst, Method method,
            Object[] allArguments, Class<?>[] argumentsTypes,
            MethodInterceptResult result) throws Throwable {
        Invoker invoker = (Invoker)allArguments[0];
        Invocation invocation = (Invocation)allArguments[1];
        RpcContext rpcContext = RpcContext.getContext();
        boolean isConsumer = rpcContext.isConsumerSide();
        URL requestURL = invoker.getUrl();

        AbstractSpan span;
        final String host = requestURL.getHost();
        final int port = requestURL.getPort();
        //判断是否是上游消费者
        if (isConsumer) {
            final ContextCarrier contextCarrier = new ContextCarrier();
            //创建 ExitSpan
            span = ContextManager.createExitSpan(operationName,
                contextCarrier, host + ":" + port);
            CarrierItem next = contextCarrier.items();
            //将上游消费者的链路信息放到 attachment 中传递给下游生产者
            while (next.hasNext()) {
                next = next.next();
                rpcContext.getAttachments().put(next.getHeadKey(),
                    next.getHeadValue());
            }
        } else {
```

```
            // 将 attachment 中的链路信息放到本链路中
            ContextCarrier contextCarrier = new ContextCarrier();
            CarrierItem next = contextCarrier.items();
            while (next.hasNext()) {
                next = next.next();
                next.setHeadValue(rpcContext.getAttachment(next.getHeadKey()));
            }
            // 创建 EntrySpan
            span = ContextManager.createEntrySpan(operationName, contextCarrier);
        }
        // 将 Span 的 tag 存入 url
        Tags.URL.set(span, url);
        // 将 Span 定义为 Dubbo 类型的组件
        span.setComponent(ComponentsDefine.DUBBO);
        // 将 Span 的 Layer 设为 RPC 框架
        SpanLayer.asRPCFramework(span);
    }

    @Override
    public Object afterMethod(EnhancedInstance objInst,
    Method method, Object[] allArguments, Class<?>[] argumentsTypes,
    Object ret) throws Throwable {
        Result result = (Result)ret;
        if (result != null && result.getException() != null) {
            ContextManager.activeSpan().errorOccurred().log(result.getException());
        }
        // 关闭 Span
        ContextManager.stopSpan();
        return ret;
    }
}
```

要让探针插件被加载，还需要在 SkyWalking Agent 插件 skywalking-plugin.def 定义文件中，定义 Dubbo 的拦截，源码如下：

```
dubbo=org.apache.skywalking.apm.plugin.asf.dubbo.DubboInstrumentation
```

这样就完成了 Dubbo 探针插件的开发。

### 10.4.3 Spring @Async 探针插件

#### 1. 框架简介

Spring 已是国内 Java 后端服务开发的行业标准。异步线程组件 @Async 主要实现主业务流程与附加业务逻辑的线程异步解耦。例如生成订单后，发送短信，通过在发送短信上使用 Spring @Async 实现发送短信的异步化。在使用 Spring 框架的项目中，当方法被带有 Spring 的 @Async 注解标记时，表明它应在单独的线程上运行。该方法的返回类型也会变为 CompletableFuture<T>，这也是异步实现的要求。图 10-3 所示为 Spring 的 @Async 异步组件类图。

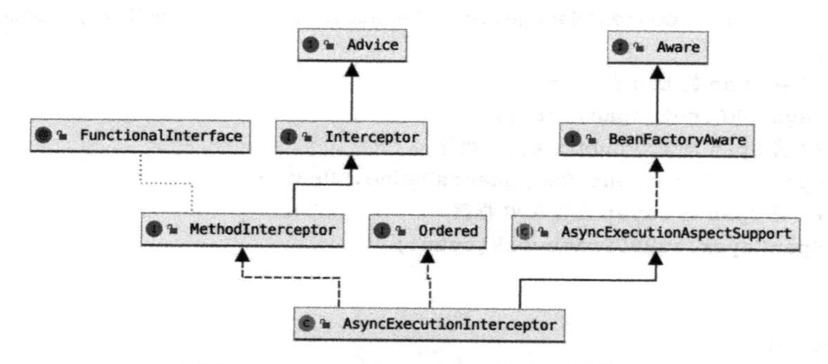


图 10-3 Spring 的 @Async 异步组件类图

可以看到，异步执行拦截器 AsyncExecutionInterceptor 实现了方法拦截器 MethodInterceptor，通过使用 AOP 中的切入点，完成被调用方法的拦截，最终实现方法的执行，由异步线程执行。异步线程执行方法的源码如下。

```
@Nullable
protected Object doSubmit(Callable<Object> task, AsyncTaskExecutor executor,
        Class<?> returnType) {
    if (CompletableFuture.class.isAssignableFrom(returnType)) {
        return CompletableFuture.supplyAsync(() -> {
            try {
                return task.call();
            } catch (Throwable var2) {
                throw new CompletionException(var2);
            }
        }, executor);
    } else if (ListenableFuture.class.isAssignableFrom(returnType)) {
        return ((AsyncListenableTaskExecutor)executor).submitListenable(task);
    } else if (Future.class.isAssignableFrom(returnType)) {
        return executor.submit(task);
    } else {
        executor.submit(task);
        return null;
    }
}
```

异步执行拦截器 AsyncExecutionInterceptor 的 invoke 方法会将被 @Async 注解标记的方法构造为任务 task，在 doSubmit 方法交给线程池执行，这里就是跨线程的关键所在。从链路追踪的视角看，在调用 doSubmit 方法时，需要将父线程的 ContextSnapshot（Trace 快照）绑定到 task 参数，并重新调用任务类的执行方法，在子线程执行任务参数的方法调用时，创建 LocalSpan，并完成父子线程的链路信息绑定。

## 2. 定义拦截

根据上一小节以链路追踪的视角对异步框架 Spring @Async 组件的理解，探针插件要对 org.springframework.aop.interceptor.AsyncExecutionAspectSupport#doSubmit 方法进行增强，增加核心方法 doSubmit 的拦截器。拦截的定义需要依据方法是静态方法还是实例方法，链路信息与线程的绑定需要扩展相应的任务对象。带着这两个问题，学习 AsyncExecutionAspectSupport#doSubmit 源码得知，doSubmit 方式是实例方法，方法第一个入参 Callable<Object> task，是需要扩展的异步任务对象。所以我们需要重写 Callable<Object> task 完成 ContextSnapshot（Trace 快照）在异步线程中的传递。Spring @Async 组件拦截定义的源码如下。

```
public class AsyncExecutionInterceptorInstrumentation extends ClassInstanceMet
    hodsEnhancePluginDefine {

    @Override
    public ConstructorInterceptPoint[] getConstructorsInterceptPoints() {
        // 不增强构造器方法
        return new ConstructorInterceptPoint[0];
    }

    @Override
    public InstanceMethodsInterceptPoint[] getInstanceMethodsInterceptPoints() {
        return new InstanceMethodsInterceptPoint[]{
            new InstanceMethodsInterceptPoint() {
                @Override
                public ElementMatcher<MethodDescription> getMethodsMatcher() {
                    // 增强的实例类方法匹配器，且第一个参数为 Callable
                    return named("doSubmit").and(takesArgumentWithType(0,
                        "java.util.concurrent.Callable"));
                }

                @Override
```

```
                public String getMethodsInterceptor() {
                    //方法的拦截类
                    return "org.apache.skywalking.apm.plugin.spring.async.
                        DoSubmitMethodInterceptor";
                }

                @Override
                //开启参数修改
                public boolean isOverrideArgs() {
                    return true;
                }
            }
        };
    }

    @Override
    public ClassMatch enhanceClass() {
        //增强的实例类
        return byName("org.springframework.aop.interceptor
            .AsyncExecution AspectSupport");
    }
}
```

### 3. 定义拦截器

当主线程调用被 @Async 标记的方法时，该方法会被封装成为任务对象，任务对象会在 AsyncExecutionAspectSupport#doSumbit 方法交由异步线程池执行，当任务对象经过 doSumbit 方法时，就会进入探针插件拦截的拦截器 DoSubmitMethodInterceptor。此时，需要在拦截器 DoSubmitMethodInterceptor 完成任务对象的重写，首先是在任务对象中增加 ContextSnapshot（Trace 快照）属性，并且重写任务对象在子线程的执行方法，该执行方法是完成 LocalSpan 的创建，并通过 ContextSnapshot（Trace 快照）属性与父线程进行链路绑定。

重写 Callable<Object> task 的 SWCallable 对象源码代码如下。

```
public class SWCallable<V> implements Callable<V> {

    private static final String OPERATION_NAME = "SpringAsync";

    private Callable<V> callable;

    // 父线程的链路快照属性 ContextSnapshot（Trace 快照）
```

```
    private ContextSnapshot snapshot;

    SWCallable(Callable<V> callable, ContextSnapshot snapshot) {
        this.callable = callable;
        this.snapshot = snapshot;
    }

    @Override
    public V call() throws Exception {
        // 重写子线程的执行方法，并完成 LocalSpan 的创建
        AbstractSpan span = ContextManager.createLocalSpan(SWCallable
            .OPERATION_NAME);
        span.setComponent(ComponentsDefine.SPRING_ASYNC);
        try {
            // 通过 ContextSnapshot（Trace 快照）属性与父线程进行链路绑定
            ContextManager.continued(snapshot);
            return callable.call();
        } catch (Exception e) {
            ContextManager.activeSpan().errorOccurred().log(e);
            throw e;
        } finally {
            ContextManager.stopSpan();
        }
    }
}
```

在执行 AsyncExecutionAspectSupport#doSumbit 前，需要获取主线程的 ContextSnapshot（Trace 快照）并重写任务对象。Spring @Async 组件链路快照传递的源码如下。

```
public class DoSubmitMethodInterceptor implements InstanceMethodsAroundInterce
        ptor {

    @Override
    public void beforeMethod(EnhancedInstance objInst, Method method, Object[]
            allArguments, Class<?>[] argumentsTypes, MethodInterceptResult
            result) throws Throwable {
        // 判断若当前链路存在，则将快照保存在第一个参数对象中
        if (ContextManager.isActive()) {
            // 获取主线程的链路快照 ContextManager.capture()，并重写任务对象为 SWCallable
            allArguments[0] = new SWCallable((Callable) allArguments[0],
                ContextManager.capture());
        }
    }
}
```

要让探针插件被加载，还需要在 SkyWalking Agent 插件的 skywalking-plugin.def 定义文件中，定义 Spring @Async 的拦截，源码如下：

```
spring-async-annotation=org.apache.skywalking.apm.plugin.spring.async.define.
    AsyncExecutionInterceptorInstrumentation
```

这样完成了 Spring @Async 探针插件的开发。

## 10.5 本章小结

SkyWalking 探针插件开发主要有两个步骤，定义拦截的形式和实现拦截形式的拦截器。拦截形式取决于框架的链路流程，读者可以通过跨进程 RPC 框架 Apache Dubbo 和跨线程框架 Spring @Async 来理解如何设计拦截形式。之后根据框架的链路特点，使用合理的链路对象的 API 来完成插件的开发，最终实现链路追踪。

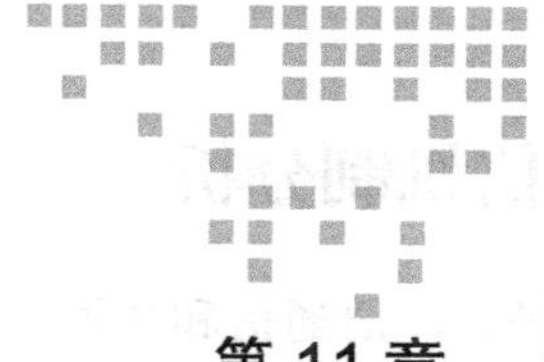

第 11 章　*Chapter 11*

# 探针和后端消息通信模式开发

本章主要介绍 SkyWalking 探针端和后端的消息通信模式原理以及扩展方式。通过本章的学习，读者将会对探针与后端的通信模式有一定的理解，并可以按照 SkyWalking 的扩展方式进行自定义扩展。

## 11.1　为什么官方默认不提供多种方式

探针与后端消息通信模式主要分为两类：注册通信和数据上报通信。对于这两类通信模式，SkyWalking 官方都支持以 gRPC 和 HTTP/1.1 的方式来进行通信。默认不使用消息队列，是因为从经济和资源利用的角度考虑，消息队列本身的部署、性能消耗和存储，实际上并不经济。从监控的角度来看，也不推荐消息队列。APM 和日志收集最大的差别在于，APM 需要快速分析 Trace 数据并生成指标数据、拓扑数据以及告警，消息队列作为二次缓存，会大幅提高分析延迟。

同时，对于 SkyWalking 来说，重要的是保证核心通信模式的稳定，并提供开放的扩展方式，让庞大的社区组织来进行具体通信模式的扩展，这样能够极大提升 Apache SkyWalking 的社区活跃度，让越来越多的人参与到项目的开发之中，也能将开源精神传递得更广泛。所以虽然我们不推荐，但我们也并不排斥。本章会介绍如何通过官方接口，扩展这种新的通信模式。

## 11.2 通信机制分析

本节将进行注册通信和数据上报通信的原理剖析，旨在让读者掌握探针与后端的数据通信流程细节及源码结构。

### 11.2.1 探针与后端的注册通信

在介绍探针与后端的注册通信之前，先介绍 SkyWalking 的以下基本属性概念。

- Service：代表一个服务系统，通过探针配置中的 Config.Agent.service_name 来进行界定，名称相同的 Service 即为同一个 Service。
- ServiceInstance：Service 中的某个具体的进程实例。
- NetworkAddress：网络 IP 地址，例如调用 MySQL 的地址。
- EndpointName：端口名称，例如 HTTP 的 URL。
- SERVICE_ID：Agent 在本地内存中维护的由后端分发的 Service 维度的唯一 ID。
- SERVICE_INSTANCE_ID：Agent 在本地内存中维护的由后端分发的 ServiceInstance 维度的唯一 ID。
- NetworkAddressDictionary：其中维护了探针所遇到的网络地址以及后端给这些网络地址分发的唯一 ID 的键值对。其功能是在重复网络地址上报时，可以用唯一 ID 代替真实网络地址进行上传，减少网络数据包大小，提升性能。
- EndpointNameDictionary：其中维护了探针所遇到的端口名称以及后端给这些端口名称分发的唯一 ID 的键值对。功能同上。
- Commands：由 Backend 返回给 Agent 的指令消息，由 Agent 执行 Commands。

SkyWalking 中探针与后端的注册通信主要分为以下 5 种。

- ServiceRegister：根据 Config.Agent.service_name 请求后端获取 ServiceId。
- ServiceInstanceRegister：根据 ServiceId+UUID 请求后端获取 ServiceInstanceId。
- ServiceInstancePing：定时心跳通信，Backend 会返回 Commands。
- NetworkAddressRegister：定时将未派发唯一 ID 的网络地址发送给后端以获取 ID。

- EndPointNameRegister：定时将未派发唯一 ID 的端口名称发送给后端以获取 ID。

### 1. Agent 注册端分析

Agent 发起注册通信的主要目的是将大量的重复信息（如应用名称、IP 地址、端口名称等）通过一次网络通信注册到后端，后端派发一个唯一 ID，后续 Agent 只需要用此 ID 与后端进行通信，从而减少网络中数据通信的压力，后端也会使用此 ID 来进行后续的流式计算。

图 11-1 展示了 Agent 注册端中 5 种注册通信的流程图。

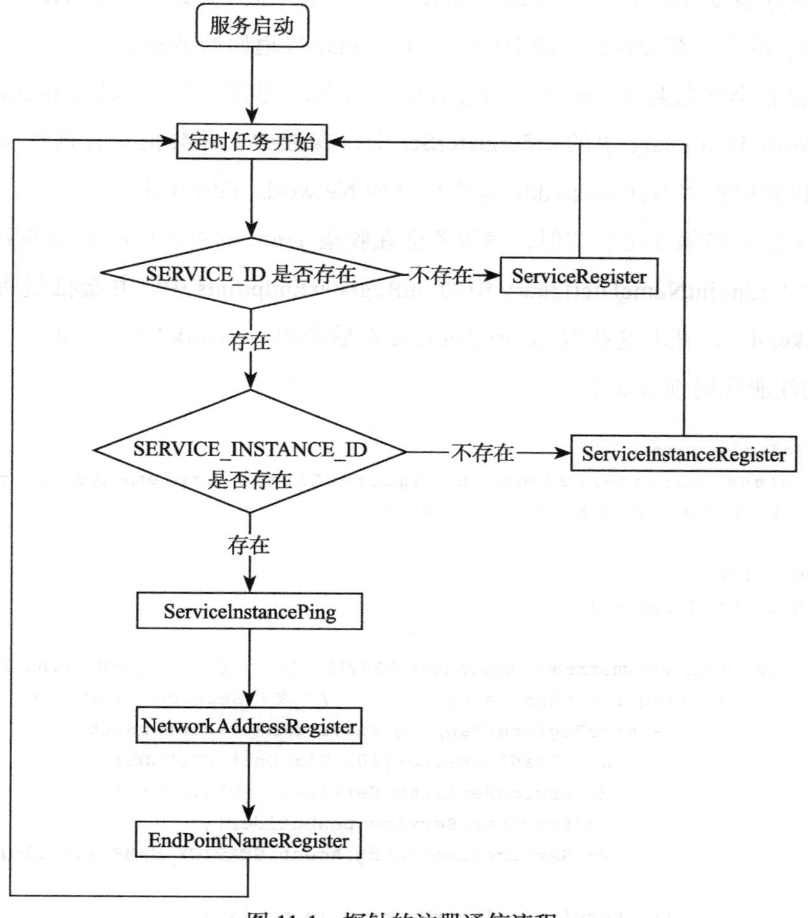


图 11-1　探针的注册通信流程

举个例子说明一下，当一个 Config.Agent.service_name 为 demo_app 的服务启动之

后，会发生以下过程。

1）该服务会发起一个参数为 demo_app 的 ServiceRegister 请求，以此来获取 ServiceName 为 demo_app 的服务在后端的唯一 ServiceId。

2）该服务发起一个参数为 ServiceId+UUID+ 当前时间戳 + 机器 OS 信息的 ServiceInstanceRegister 请求，以此来获取当前服务实例在后端的唯一 ServiceInstanceId。

3）在前两步都成功后，该服务内存中会一直保存着 ServiceId 和 ServiceInstanceId，并开始同步执行步骤 4 ～ 6。

4）该服务会以 ServiceInstanceId+UUID+ 当前时间戳为参数发起 serviceInstancePing 请求，后端会持续更新最新的心跳时间并将 Commands 返回给 Agent。

5）该服务会在收集 Trace 数据的过程中，将其所遇到的 NetworkAddress 都保存在 NetworkAddressDictionary 中的 unRegisterServices 参数中，并会批量将这些参数发送给 Backend，以获取这些 NetworkAddress 在后端的 NetworkAddressId。

6）这一步与步骤 5 比较类似，该服务会在收集 Trace 的过程中将其所遇到的端口名称都保存在 EndpointNameDictionary 中的 unRegisterEndpoints 中，并会批量将这些参数发送给 Backend，以获取这些 NetworkAddress 在后端的 NetworkAddressId。

具体的注册代码细节如下。

```
@DefaultImplementor
public class ServiceAndEndpointRegisterClient implements BootService,
        Runnable, GRPCChannelListener {
    ...
    @Override
    public void run() {
        ...
        if (RemoteDownstreamConfig.Agent.SERVICE_ID == DictionaryUtil.nullValue()) {
            if (registerStub != null) {    // 发起 ServiceRegister 请求
                ServiceRegisterMapping serviceRM= registerStub
                    .withDeadlineAfter(10, TimeUnit.SECONDS)
                    .doServiceRegister(Services.newBuilder()
                    .addServices(Service.newBuilder()
                    .setServiceName(Config.Agent.SERVICE_NAME)).build());

                if (serviceRegisterMapping != null) {
                    List<KeyIntValuePair> registereds = serviceRM.getServicesList();
                    for (KeyIntValuePair registered : registereds) {
```

```
                    if (Config.Agent.SERVICE_NAME.equals(registered.getKey())) {
                        Agent.SERVICE_ID = registered.getValue();
                        // 保存Backend返回的ServiceId
                        shouldTry = true;
                    }
                }
            }
        }
    } else {
        if (registerStub!= null) {
            if (Agent.SERVICE_INSTANCE_ID == DictionaryUtil.nullValue()) {
                ServiceInstanceRegisterMapping iM= registerStub
                    .withDeadlineAfter(10, TimeUnit.SECONDS)
                    .doServiceInstanceRegister(ServiceInstances.newBuilder()
                    .addInstances(ServiceInstance.newBuilder()
                    .setServiceId(RemoteDownstreamConfig.Agent.SERVICE_ID)
                    .setInstanceUUID(INSTANCE_UUID)
                    .setTime(System.currentTimeMillis())
                    .addAllProperties(OSUtil.buildOSInfo()))
                    .build());  // 发起ServiceInstanceRegister请求

                for (KeyIntValuePair serviceInstance : iM.getServiceInstancesList()) {
                    if (INSTANCE_UUID.equals(serviceInstance.getKey())) {
                        int serviceInstanceId = serviceInstance.getValue();
                        if (serviceInstanceId != DictionaryUtil.nullValue()) {

                            // 保存Backend返回的ServiceInstanceId
                            Agent.SERVICE_INSTANCE_ID = serviceInstanceId;

                            // 保存注册成功的时间戳
                            Long now = nowSystem.currentTimeMillis();
                            Agent.INSTANCE_REGISTERED_TIME = now;
                        }
                    }
                }
            } else {
                final Commands commands = serviceInstancePingStub
                 .withDeadlineAfter(10, TimeUnit.SECONDS)
                 .doPing(ServiceInstancePingPkg.newBuilder()
                 .setServiceInstanceId(Agent.SERVICE_INSTANCE_ID)
                 .setTime(System.currentTimeMillis())
                 .setServiceInstanceUUID(INSTANCE_UUID)
                 .build());  // 发起心跳通信，Backend返回Commands信息
```

```
                        NetworkAddressDictionary.INSTANCE
                            .syncRemoteDictionary(
                            registerBlockingStub.withDeadlineAfter(10,
                            TimeUnit.SECONDS)); // 发起 NetworkAddress 注册

                        EndpointNameDictionary.INSTANCE
                            .syncRemoteDictionary(registerBlockingStub
                            .withDeadlineAfter(10,
                            TimeUnit.SECONDS))
                            ;// 发起 Endpoint 注册

                         ServiceManager.INSTANCE
                            .findService(CommandService.class)
                            .receiveCommand(commands); // 执行 Backend 返回的 Commands
                    }
                }
            }
        }
        ...
}
```

2. Backend 接收端分析

上一小节分析了注册通信机制中 Agent 注册端的内部流程，对于 Backend 而言，接收接口也与 Agent 的注册接口一一对应，主要分成以下两个类。

- org.apache.skywalking.oap.server.receiver.register.provider.handler.v6.grpc.RegisterServiceHandler，完成 doServiceRegister、doServiceInstanceRegister、doEndpointRegister、doNetworkAddressRegister 功能。
- org.apache.skywalking.oap.server.receiver.register.provider.handler.v6.grpc.ServiceInstancePingServiceHandler，主要完成 doServiceInstancePing 功能。

下面将通过源码进行 Backend 接收端的分析。

1）doServiceRegister：根据 Agent 发送过来的 ServiceName 返回其唯一 ServiceNameId。

```
@Override public void doServiceRegister(Services request, StreamObserver<Servi
        ceRegisterMapping> responseObserver) {
    ServiceRegisterMapping.Builder builder = ServiceRegisterMapping
        .newBuilder();
    request.getServicesList().forEach(service -> {
```

```
            String serviceName = service.getServiceName();
            if (logger.isDebugEnabled()) {
                logger.debug("Register service, service code: {}", serviceName);
            }
            // 创建 ServiceId 或者获取已经存在的 ServiceName 对应的 ServiceId
            int serviceId = serviceInventoryRegister
                .getOrCreate(serviceName, null);

            if (serviceId != Const.NONE) {
                KeyIntValuePair value = KeyIntValuePair.newBuilder()
                    .setKey(serviceName)
                        .setValue(serviceId).build();
                builder.addServices(value);
            }
        });

        responseObserver.onNext(builder.build());
        responseObserver.onCompleted();
    }
```

源码分析：在发送方的 Request 中存在多个 ServiceName（Agent 发送方只会发送一个），服务端遍历所有 ServiceName 并调用 serviceInventoryRegister.getOrCreate() 来获取或者新建 ServiceId（对于此方法内部更深一步的实现不在本章的分析范围内，有兴趣的读者可以自行阅读源码），然后将这个 ServiceId 与其 ServiceName 组成 Pair 并返回给发送方。

2）doServiceInstanceRegister：根据 Agent 发送过来的 ServiceId+UUID+ 当前时间戳 + 机器 OS 来获取此实例的唯一 ID。

```
@Override public void doServiceInstanceRegister(ServiceInstances request,
    StreamObserver<ServiceInstanceRegisterMapping> responseObserver) {

    ServiceInstanceRegisterMapping.Builder builder =
        ServiceInstanceRegisterMapping .newBuilder();

    request.getInstancesList().forEach(instance -> {
        ServiceInventory serviceInventory = serviceInventoryCache
            .get(instance.getServiceId());

        JsonObject instanceProperties = new JsonObject();
        List<String> ipv4s = new ArrayList<>();
        // 将探针发送过来的实例的 OS 信息根据如下不同的类别进行整理
```

```
    for (KeyStringValuePair property : instance.getPropertiesList()) {
        String key = property.getKey();
        switch (key) {
            case HOST_NAME:
                instanceProperties.addProperty(HOST_NAME, property.getValue());
                break;
            case OS_NAME:
                instanceProperties.addProperty(OS_NAME, property.getValue());
                break;
            case LANGUAGE:
                instanceProperties.addProperty(LANGUAGE, property.getValue());
                break;
            case "ipv4":
                ipv4s.add(property.getValue());
                break;
            case PROCESS_NO:
                instanceProperties.addProperty(PROCESS_NO, property.getValue());
                break;
        }
    }
    instanceProperties.addProperty(IPV4S, ServiceInstanceInventory
        .PropertyUtil .ipv4sSerialize(ipv4s));
    // 根据不同信息构建当前实例的名称
    String instanceName = serviceInventory.getName();
    if (instanceProperties.has(PROCESS_NO)) {
        instanceName += "-pid:" + instanceProperties.get(PROCESS_NO)
            .getAsString();
    }
    if (instanceProperties.has(HOST_NAME)) {
        instanceName += "@" + instanceProperties.get(HOST_NAME).getAsString();
    }
    // 创建 ServiceInstanceId 或者获取已经存在的 ServiceInstance 对应的 ServiceInstanceId
    int serviceInstanceId = serviceInstanceInventoryRegister .getOrCreate
        (instance.getServiceId(),instanceName,
        instance.getInstanceUUID(),
        instance.getTime(), instanceProperties);

    if (serviceInstanceId != Const.NONE) {
    builder.addServiceInstances(KeyIntValuePair.newBuilder()
        .setKey(instance.getInstanceUUID())
        .setValue(serviceInstanceId));
    }
});
```

```
        responseObserver.onNext(builder.build());
        responseObserver.onCompleted();
    }
```

源码分析：在 ServiceInstanceRegister 中，接收方从 Request 的数据中根据 ServiceId 获取当前服务的名称，再根据系统 OS 信息进行信息拼装，最后主要通过 serviceInstanceInventoryRegister.getOrCreate() 来获取或者新建 ServiceInstanceId。

3）doEndpointRegister：根据 Agent 发送过来的端口名称返回其唯一 ID。

```
@Override public void doEndpointRegister(Enpoints request, StreamObserver
        <EndpointMapping> responseObserver) {
    EndpointMapping.Builder builder = EndpointMapping.newBuilder();

    request.getEndpointsList().forEach(endpoint -> {
        int serviceId = endpoint.getServiceId();
        String endpointName = endpoint.getEndpointName();
        // 创建 serviceId 对应的 Endpoint 的 Id，或者返回已经创建好的
        int endpointId = inventoryService.getOrCreate(
            serviceId, endpointName,DetectPoint
            .fromNetworkProtocolDetectPoint(endpoint.getFrom()));

        if (endpointId != Const.NONE) {
            builder.addElements(EndpointMappingElement.newBuilder()
                .setServiceId(serviceId)
                .setEndpointName(endpointName)
                .setEndpointId(endpointId)
                .setFrom(endpoint.getFrom()));
        }
    });

    responseObserver.onNext(builder.build());
    responseObserver.onCompleted();
}
```

源码分析：接收端从发送方的 Request 中获取 ServiceId 和 EndpointName，并通过 inventoryService.getOrCreate() 来获取其对应的唯一 ID，并返回给发送方。

4）doNetworkAddressRegister：根据 Agent 发送过来的网络地址返回其唯一 ID。

```
@Override
public void doNetworkAddressRegister(NetAddresses request, StreamObserver<NetA
        ddressMapping> responseObserver) {
    NetAddressMapping.Builder builder = NetAddressMapping.newBuilder();
```

```
        request.getAddressesList().forEach(networkAddress -> {
            // 创建 networkAddress 对应的 AddressId，或者返回已经创建好的
            int addressId = networkAddressInventoryRegister
                .getOrCreate (networkAddress, null);

            if (addressId != Const.NONE) {
                builder.addAddressIds(KeyIntValuePair.newBuilder()
                    .setKey(networkAddress)
                    .setValue(addressId));
            }
        });

        responseObserver.onNext(builder.build());
        responseObserver.onCompleted();
    }
```

源码分析：接收端从发送方的 Request 中获取 NetworkAddress，并通过 networkAddressInventoryRegister.getOrCreate() 来获取其对应的唯一 ID，再返回给发送方。对于网络地址注册通信来说，并不像 doServiceInstanceRegister 和 doEndpointRegister 那样需要发送方传 ServiceId，因为 NetworkAddress 是全局性的，而服务实例和服务端口则不同，它们的名称都是服务级别的。

5）ServiceInstancePing：定时心跳通信，Backend 会返回 Commands。

```
@Override public void doPing(ServiceInstancePingPkg request, StreamObserver
    <Commands> responseObserver) {

    int serviceInstanceId = request.getServiceInstanceId();

    long heartBeatTime = request.getTime();

    // 进行 ServiceInstance 的心跳时间更新
    serviceInstanceInventoryRegister.heartbeat(serviceInstanceId,
        heartBeatTime);

    // 根据 serviceInstanceId 查询对应的实例信息
    ServiceInstanceInventory serviceInstanceInventory =
        serviceInstanceInventoryCache.get(
    serviceInstanceId);
    if (Objects.nonNull(serviceInstanceInventory)) {
        serviceInventoryRegister.heartbeat(
            serviceInstanceInventory.getServiceId(),
```

```
            heartBeatTime);
        responseObserver.onNext(Commands.getDefaultInstance());
    } else {
        // 如果为空，说明当前探针端所持有的 ServiceId 和 ServiceInstanceId 都是不合法数据，
        // 需要重置探针端，让探针端重新注册来获取合法的 ServiceId 和 ServiceInstanceId

        // 构造重置指令
        final ServiceResetCommand resetCommand =
                commandService.newResetCommand(
            request.getServiceInstanceId(),
            request.getTime(),
            request.getServiceInstanceUUID());
        final Command command = resetCommand.serialize().build();
        final Commands nextCommands = Commands.newBuilder().addCommands
            (command).build();
        responseObserver.onNext(nextCommands);
    }

    responseObserver.onCompleted();
}
```

源码分析：相对于其他注册通信接口来说，doPing 接口的功能可能更多样化。在 doPing 方法中，接收端从 Request 中取出对应的 ServiceInstanceId 和 heartBeatTime 进行数据更新，然后依次更新 ServiceInstance 的更新时间和 Service 的更新时间；如果 ServiceInstance 所对应的信息不存在，即当前发送过来的 ServiceInstanceId 是个非法 ID（一种可能的情况是 Agent 正在正常运行的时候，Backend 的持久化数据被删掉了），则接收端会封装一个 ServiceResetCommand（服务重置指令）返回给 Agent 发送端，Agent 发送端接收到服务端发送的指令后会进行对应的操作。

### 11.2.2　探针与后端的数据上报通信

数据上报通信即探针在收集完 Trace 数据之后，将数据发送给后端进行后续的数据分析，主要分为 Agent 发送方和后端接收方。

#### 1. Agent 发送方分析

SkyWalking 默认的数据上报的通信方式为 gRPC，其入口类为 org.apache.skywalking.apm.agent.core.remote.TraceSegmentServiceClient。

具体上报数据代码如下：

```
@DefaultImplementor
public class TraceSegmentServiceClient implements BootService, IConsumer
    <TraceSegment>, TracingContextListener, ... {
    ...
    public void boot() throws Throwable {
        ...
        // 初始化内存队列
        carrier = new DataCarrier<TraceSegment>(CHANNEL_SIZE, BUFFER_SIZE);
        carrier.setBufferStrategy(BufferStrategy.IF_POSSIBLE);
        carrier.consume(this, 1);
    }

    ...
    @Override
    public void consume(List<TraceSegment> data) {
        // 初始化 gRPC 发送 client
        StreamObserver<UpstreamSegment> observer= serviceStub
        .withDeadlineAfter(10, TimeUnit.SECONDS)
        .collect(......);
        try {
            for (TraceSegment segment : data) {
                UpstreamSegment upstreamSegment = segment.transform();
                // 进行发送数据
                upstreamSegmentStreamObserver.onNext(upstreamSegment);
            }
        } catch (Throwable t) {
            logger.error(t, "Transform and send UpstreamSegment to collector
                fail.");
        }
        upstreamSegmentStreamObserver.onCompleted();
        ...
    }
    ...

    @Override
    // SkyWalking 探针在收集完 Trace 数据之后会调用此方法，将 Trace 数据传递进来
    public void afterFinished(TraceSegment traceSegment) {
        if (traceSegment.isIgnore()) {
            return;
        }
        if (!carrier.produce(traceSegment)) {
            if (logger.isDebugEnable()) {
```

```
                logger.debug("One trace segment has been abandoned,
                    cause by buffer is full.");
            }
        }
    }
    ...
}
```

下面以此类为入口来分析 SkyWalking 探针与后端的数据上报通信的整个流程。

TraceSegmentServiceClient 这个类主要继承了以下接口：

- org.apache.skywalking.apm.agent.core.boot.BootService
- org.apache.skywalking.apm.commons.datacarrier.consumer.IConsumer
- org.apache.skywalking.apm.agent.core.context.TracingContextListener

上面这三个接口完成了 TraceSegmentServiceClient 的创建、收集 Trace 数据、发送 Trace 数据的所有过程。下面来分析这几个接口的具体功能。

（1）org.apache.skywalking.apm.agent.core.boot.BootService

```
public interface BootService {
    void prepare() throws Throwable;
    void boot() throws Throwable;
    void onComplete() throws Throwable;
    void shutdown() throws Throwable;
}
```

SkyWalking 探针通过 org.apache.skywalking.apm.agent.core.boot.ServiceManager 来管理此对象及其生命周期，此接口共有 4 个接口：prepare()、boot() 和 onComplete()，分别对应于当前对象的准备、开始、完成阶段，在这些阶段，主要做这个对象的初始化工作；shutdown() 对应于当前对象的销毁时刻，在这个阶段，主要做对象的销毁工作。

BootService 接口是 SkyWalking 探针的核心接口，读者有兴趣的话可以通过阅读源码来获取更多的信息。

（2）org.apache.skywalking.apm.commons.datacarrier.consumer.IConsumer

```
public interface IConsumer<T> {
    void init();
    void consume(List<T> data);
    void onError(List<T> data, Throwable t);
    void onExit();
}
```

此接口为SkyWalking轻量级队列内核的消费接口，此部分内容在第4章有详细介绍。

（3）org.apache.skywalking.apm.agent.core.context.TracingContextListener

```
public interface TracingContextListener {
    void afterFinished(TraceSegment traceSegment);
}
```

这个接口是获取Trace数据的核心，SkyWalking探针在收集完Trace数据之后会调用void afterFinished(TraceSegment traceSegment); 方法将Trace数据传递进来。

在了解了上述接口及其功能之后，这们来看一下这些接口之间是如何协同工作、将Trace数据上报至后端的。具体过程归结如下。

1）TraceSegmentServiceClient对象实例化开始。

2）TraceSegmentServiceClient.boot()：初始化探针内部的轻量级队列DataCarrier。

3）当探针TracingContext收集完Trace数据之后，就会回调TracingContextListener.afterFinished(TraceSegment traceSegment)接口（此接口是在boot()初始化之后注册上去的），此接口内部将Trace数据转写入DataCarrier之中。

4）当DataCarrier队列中存在数据的时候，就会调用IConsumer.consumer(List data)，TraceSegmentServiceClient正是在这里才真正将Trace数据通过gRPC发送给后端的。

### 2. 后端接收方分析

后端接收方的入口在org.apache.skywalking.oap.server.receiver.trace.provider.handler.v6.grpc.TraceSegmentReportServiceHandler，因为SkyWalking优秀的封装性，对于Trace数据的计算处理过程全部被封装在了collect(StreamObserver<Commands>)中的SegmentParseV2.Producer segmentProducer的send方法之中。具体代码如下：

```
public class TraceSegmentReportServiceHandler extends ...{
    private final SegmentParseV2.Producer segmentProducer;
    public TraceSegmentReportServiceHandler(SegmentParseV2.Producer
            segmentProducer, ModuleManager moduleManager) {
        this.segmentProducer = segmentProducer;
        ...
    }

    @Override
```

```
    public StreamObserver<UpstreamSegment> collect(StreamObserver<Commands>
        observer) {
        return new StreamObserver<UpstreamSegment>() {
            @Override public void onNext(UpstreamSegment segment) {
                segmentProducer.send(segment, SegmentSource.Agent);
            }
            ...
        };
    }
}
```

## 11.3 如何扩展通信模式

SkyWalking 官方只提供了 gRPC 这一种通信方式，但是对于一些用户来说，官方的 gRPC 可能并不是最优的方式（可能因为其公司内部有其他更为稳定和健全的基础设施），所以本节主要就来为读者展示如何扩展新的通信模式，比如使用其他通信模式来扩展注册通信及数据上报通信。

因为 SkyWalking 是通过 SPI 进行扩展的，对于 Agent 探针的通信类都可以在 apm-agent-core Module 下的 src/main/resourcs 目录下的 org.apache.skywalking.apm.agent.core.boot.BootService 文件中查看到。

```
org.apache.skywalking.apm.agent.core.remote.TraceSegmentServiceClient
org.apache.skywalking.apm.agent.core.context.ContextManager
org.apache.skywalking.apm.agent.core.sampling.SamplingService
org.apache.skywalking.apm.agent.core.remote.GRPCChannelManager
org.apache.skywalking.apm.agent.core.jvm.JVMService
org.apache.skywalking.apm.agent.core.remote.ServiceAndEndpointRegisterClient
org.apache.skywalking.apm.agent.core.context.ContextManagerExtendService
org.apache.skywalking.apm.agent.core.commands.CommandService
org.apache.skywalking.apm.agent.core.commands.CommandExecutorService
```

org.apache.skywalking.apm.agent.core.remote.TraceSegmentServiceClient 是探针与后端的数据上报通信的入口。

org.apache.skywalking.apm.agent.core.remote.ServiceAndEndpointRegisterClient 是探针与后端的注册通信的入口。

阅读过源码的读者可能已经注意到，TraceSegmentServiceClient 和 ServiceAnd

EndpointRegisterClient 类上有一个 @DefaultImplementor 注解。这个注解是 SkyWalking 探针端定义了一些核心功能类的默认实现，任何需要扩展 SkyWalking 探针端的核心功能类都需要增加 @OverrideImplementor 注解，并且 @OverrideImplementor 注解中的 value 必须为对应扩展的核心功能类的默认实现类和继承默认实现类。也就是说，如果我们想要扩展注册通信和数据上报类，那么在我们新实现的类上必须分别注明

@OverrideImplementor(ServiceAndEndpointRegisterClient.class) 和 @OverrideImplementor(TraceSegmentServiceClient.class)，以及分别继承 ServiceAndEndpointRegisterClient 和 TraceSegmentServiceClient。

我们本次的扩展都是以独立 Module 的形式，通过 SkyWalking 的 SPI 扩展方式进行独立扩展，最终只需要将扩展的 jar 包放置在 SkyWalking 的固定目录即可进行扩展。

## 11.3.1 使用 HTTP 扩展注册通信

11.2 节介绍了探针与后端的注册通信，其中涉及 5 种注册通信。本节的主要目的是介绍如何对注册通信进行扩展，通信方式的扩展与每种注册通信的内部逻辑并无直接关联，因此每种注册通信的扩展方式都是一样的。下面将专门介绍服务注册、服务实例注册和心跳通信，即 ServiceRegister、ServiceInstanceRegister、ServiceInstancePing 的后端与探针的实现方式（随书代码会包括全部注册方式的实现）。

### 1. Agent 探针端

接下来，我们一起进行 Agent 探针端的扩展，只需两步。

1）新增一个 HttpClient 类，用来封装 HTTP 通信的内部细节，其后端注册地址通过 Java 环境变量进行注入。

```
public enum HttpClient {
    INSTANCE;
    private CloseableHttpClient closeableHttpClient;
    private Gson gson;
    private String backendRegisterAddress;

    HttpClient() {
        closeableHttpClient = HttpClients.createDefault();
        gson = new Gson();
        // 获取后端接口地址
```

```
            backendRegisterAddress = System.getProperties()
                .getProperty("backendRegisterAddress");
            if (StringUtil.isEmpty(backendRegisterAddress)) {
                throw new RuntimeException("load http register plugin,
                    but Address is null");
            }
        }

        // 进行 Http 调用
        public String execute(String path, Object data) throws IOException {
            HttpPost httpPost = new HttpPost("http://" + getIpPort() + path);
            httpPost.setEntity(new StringEntity(gson.toJson(data)));
            CloseableHttpResponse response = closeableHttpClient.execute(httpPost);
            HttpEntity httpEntity = response.getEntity();
            return EntityUtils.toString(httpEntity);
        }

        // 进行地址的负载均衡
        private String getIpPort() {
            if (!StringUtil.isEmpty(backendRegisterAddress)) {
                String[] ipPorts = backendRegisterAddress.split(",");
                if (ipPorts.length == 0) {
                    return null;
                }
                ThreadLocalRandom random = ThreadLocalRandom.current();
                return ipPorts[random.nextInt(0, ipPorts.length)];
            }
            return null;
        }
    }
```

2）SkyWalking 默认实现的 gRPC 注册通信的类为 ServiceAndEndpointRegisterClient。我们需要新建一个继承自 ServiceAndEndpointRegisterClient 的新类 ServiceAndEndpoint-HttpRegisterClient，使用 @OverrideImplementor(ServiceAndEndpointRegisterClient.class) 进行注解，并在 resources/META-INF/services 目录下增加 org.apache.skywalking.apm.agent.core.boot.BootService 文件，在 BootService 中增加这个类的声明并实现如下方法。

- run()。大体结构与 ServiceAndEndpointRegisterClient 保持一致，区别在于 ServiceAndEndpointRegisterClient 中主要通过 gRPC 进行接口通信，而在 Service-AndEndpointHttpRegisterClient 中则使用 HTTP 进行接口通信。

- 其他方法与ServiceAndEndpointRegisterClient类一致即可。

run()方法的内部细节如下：

```
if (RemoteDownstreamConfig.Agent.SERVICE_ID == DictionaryUtil.nullValue()) {
    // 意味着还注册成功，如果注册成功的话，这个ServiceId是非nullValue
    JsonArray jsonElements = gson.fromJson(
        HttpClient.INSTANCE.execute(
            SERVICE_REGISTER_PATH,
            Lists.newArrayList(Config.Agent.SERVICE_NAME)),
            JsonArray.class);// 请求后端注册接口，并反序列化返回参数

    if (jsonElements != null && jsonElements.size() > 0) {
        for (JsonElement jsonElement : jsonElements) {
            JsonObject jsonObject = jsonElement.getAsJsonObject();
            String serviceName = jsonObject.get(SERVICE_NAME).getAsString();
            int serviceId = jsonObject.get(SERVICE_ID).getAsInt();

            // 过滤出与当前ServiceName的ServiceId
            if (Config.Agent.SERVICE_NAME.equals(serviceName)) {
                // 进行赋值，后续就不会再进行注册逻辑
                RemoteDownstreamConfig.Agent.SERVICE_ID = serviceId;
                shouldTry = true;
            }
        }
    }
} else {
    if (RemoteDownstreamConfig.Agent.SERVICE_INSTANCE_ID == DictionaryUtil.
            nullValue()) {
        // 与Service注册对应的，Service实例注册
        JsonArray jsonArray = new JsonArray();
        JsonObject mapping = new JsonObject();
        jsonArray.add(mapping);
        // 构建出Service实例注册的请求参数
        mapping.addProperty(SERVICE_ID, RemoteDownstreamConfig.Agent.SERVICE_
            ID);// ServiceId
        mapping.addProperty(INSTANCE_UUID, AGENT_INSTANCE_UUID); // 随机生成的UUID
        mapping.addProperty(REGISTER_TIME, System.currentTimeMillis());
                                                            // 注册的当前时间
        // 实例的一些OS参数
        mapping.addProperty(INSTANCE_PROPERTIES, gson.toJson(
            OSUtil.buildOSInfo()));

        JsonArray response = gson.fromJson(
```

```
        HttpClient.INSTANCE.execute(
            SERVICE_INSTANCE_REGISTER_PATH,
            jsonArray),
            JsonArray.class);
        for (JsonElement serviceInstance : response) {
            String agentInstanceUUID = serviceInstance
                .getAsJsonObject()
                .get(INSTANCE_UUID)
                .getAsString();

            if (AGENT_INSTANCE_UUID.equals(agentInstanceUUID)) {
                // 过滤出当前实例的 ServiceId 并进行赋值
                int serviceInstanceId = serviceInstance
                    .getAsJsonObject()
                    .get(INSTANCE_ID)
                    .getAsInt();
                if (serviceInstanceId != DictionaryUtil.nullValue()) {
                    Agent.SERVICE_INSTANCE_ID = serviceInstanceId;
                    Agent.INSTANCE_REGISTERED_TIME = System.currentTimeMillis();
                }
            }
        }
    } else {// 进行心跳通信的注册参数的构造
        JsonObject jsonObject = new JsonObject();
        jsonObject.addProperty(INSTANCE_ID, Agent.SERVICE_INSTANCE_ID);
        jsonObject.addProperty(HEARTBEAT_TIME, System.currentTimeMillis());
        jsonObject.addProperty(INSTANCE_UUID, AGENT_INSTANCE_UUID);

        // 进行心跳通信
        JsonObject response = gson.fromJson(
            HttpClient.INSTANCE.execute(
                SERVICE_INSTANCE_PING_PATH,
                jsonObject),
                JsonObject.class);

        // 获取服务端下发的指令信息
        final Commands commands = gson.fromJson(
                            response.get(INSTANCE_COMMAND).getAsString(),
                            Commands.class);
        ServiceManager.INSTANCE.findService(CommandService.class).
            receiveCommand (commands);

        NetworkAddressHttpDictionary.INSTANCE.syncRemoteDictionary();
```

```
        EndpointNameHttpDictionary.INSTANCE.syncRemoteDictionary();
    }
}
```

#### 2. Backend 接收端

对于后端 Backend 接收端而言，在 SkyWalking 5 版本的时候，Backend 是支持 HTTP 模式的，但是在 6 版本的时候因为一些原因只保留了 gRPC 注册模式，去掉了 HTTP 注册模式。因此可以参考 SkyWalking 5 版本的 HTTP 注册模式来进行 SkyWalking 新版本的 HTTP 注册通信模式的开发。

注册通信的 Backend 接收端是在 skywalking-register-receiver-plugin module 之中，其中 org.apache.skywalking.oap.server.receiver.register.provider.handler.v5.rest 路径下的是 SkyWalking 5 版本时代 HTTP 注册模式的接收端。

前面我们分析注册通信分为 5 种，那么对于 HTTP 的接收端来说，也需要开放 5 个接口。

在开始写接口之前，笔者先介绍如何用 SkyWalking 封装 API 创建注册通信的 HTTP 接口（这种方式使用 SkyWalkingCore 中的 Host 和 Port 来进行接口暴露）。

SkyWalking 通过 org.apache.skywalking.oap.server.library.server.jetty.JettyJsonHandler，接口封装了 HttpServlet，我们只需要继承 JettyJsonHandler 并实现其中的三个抽象方法：

```
public abstract String pathSpec(); // 定义当前 HTTP 接口的 Path
protected abstract JsonElement doGet(HttpServletRequest req) //用于定义 Get 方法
protected abstract JsonElement doPost(HttpServletRequest req) //用于定义 Post 方法
```

并在 org.apache.skywalking.oap.server.receiver.register.provider.RegisterModule-Provider 的 start 方法中将当前的 JettyJsonHandler 新增至 JettyHandlerRegister 之中即可完成 HTTP 接口的暴露。

如下为 SkyWalking 5 时期的 HTTP 注册接口代码：

```
public class RegisterModuleProvider extends ModuleProvider {

    @Override public void start() {
        //v1
        JettyHandlerRegister jettyHandlerRegister = getManager()
            .find(SharingServerModule.NAME)
            .provider()
```

```
            .getService(JettyHandlerRegister.class);
        jettyHandlerRegister.addHandler(new ApplicationRegisterServletHandler(
            getManager()));
        jettyHandlerRegister.addHandler(new InstanceDiscoveryServletHandler(ge
            tManager()));
        jettyHandlerRegister.addHandler(new InstanceHeartBeatServletHandler(ge
            tManager()));
        jettyHandlerRegister.addHandler(
        new NetworkAddressRegisterServletHandler(getManager()));
        jettyHandlerRegister.addHandler(new ServiceNameDiscoveryServiceHandler
            (getManager()));
    }
}
```

介绍了如何在 SkyWalking 既有模式下开发 HTTP 接口，现在我们就开始真正实现 HTTP 注册通信的 Backend 接收端。

具体步骤如下。

1）新增 HttpRegisterModule 并设置 ModuleName 为 http-receiver-register。

```
public class HttpRegisterModule extends ModuleDefine {
    public HttpRegisterModule() {
        super("http-receiver-register");
    }
    @Override
    public Class[] services() {
        return new Class[0];
    }
}
```

2）新增 HttpRegisterModuleProvider 并继承 RegisterModuleProvider，设置此 Provider 的 ModuleDefine 为 HttpRegisterModule，并在 /resources/META-INF/services 目录下添加 ModuleDefine 和 ModuleProvider 声明，声明分别为 HttpRegisterModule 和 HttpRegisterModule Provider 的限定类名。

```
public class HttpRegisterModuleProvider extends RegisterModuleProvider {
    @Override
    public Class<? extends ModuleDefine> module() {
        return HttpRegisterModule.class;
    }
    @Override
```

```
    public void start() {
        super.start();
        // 获取 JettyHandlerRegister 实例
        JettyHandlerRegister jettyHandlerRegister = getManager()
            .find(SharingServerModule.NAME)
            .provider()
            .getService(JettyHandlerRegister.class);
        // TODO 待添加 Handler
    }
}
```

3）新增 ServiceRegisterServletHandler 类并实现 JettyJsonHandler。

实现如下方法。

- 在其构造函数中将 ModuleManager moduleManager 传入，这个 moduleManager 是获取 IServiceInventoryRegister 的入口，而 SkyWalking 也是通过 IServiceInventory Register 来获取对应的 Service 的唯一 ID。
- 实现 pathSpec() 方法为“/service/register”。
- 实现 doPost() 方法，在此方法中完成对于 ServiceName 至 ID 的转换（具体转换过程读者可以参考 SkyWalking 的默认实现）。
- 将此 Handler 在 HttpRegisterModuleProvider 的 start 方法中注册至 JettyHandler-Register 之中。

具体代码如下：

```
public class ServiceRegisterServletHandler extends JettyJsonHandler {

    private final IServiceInventoryRegister serviceInventoryRegister;
    private Gson gson = new Gson();
    private static final String SERVICE_NAME = "sn";
    private static final String SERVICE_ID = "si";

    public ServiceRegisterServletHandler(ModuleManager moduleManager) {
        // 获取 ServiceRegister 的执行入口实例
        serviceInventoryRegister = moduleManager
                                .find(CoreModule.NAME)
                                .provider()
                                .getService(IServiceInventoryRegister.class);
    }
    @Override public String pathSpec() {
        return "/v6/service/register";  // 声明 Http 接口 Path
```

```
    }
    @Override protected JsonElement doGet(HttpServletRequest req) throws
            ArgumentsParseException {
        throw new UnsupportedOperationException();    // 不支持 Get 方法
    }
    @Override protected JsonElement doPost(HttpServletRequest req)
        throws ArgumentsParseException {
        JsonArray responseArray = new JsonArray();
        try {
            JsonArray serviceNames = gson.fromJson(req.getReader(),
                JsonArray.class);
            for (int i = 0; i < serviceNames.size(); i++) {
                String serviceName = serviceNames.get(i).getAsString();
                // 新增或者获取 ServiceId
                int serviceId = serviceInventoryRegister
                    .getOrCreate (serviceName, null);
                JsonObject mapping = new JsonObject();
                mapping.addProperty(SERVICE_NAME, serviceName);
                mapping.addProperty(SERVICE_ID, serviceId);
                responseArray.add(mapping);
            }
        } catch (IOException e) {
            logger.error(e.getMessage(), e);
        }
        return responseArray;  // 返回
    }
}
```

4）上述步骤完成以后，只需要在后端的 application.yml 配置中增加

```
http-receiver-register:
  default:
```

即可完成扩展的启用。

## 11.3.2　使用 Kafka 扩展数据上报通信

本节将会带领大家使用目前常见的消息队列 Kafka 来扩展数据上报通信。

### 1. Agent 发送端

这里包含两个操作。

1）新增一个 Kafka 的发送 Client 类，此类的功能就只是完成 Kafka Producer 的初始

化以及消息的发送，Kafka 的 Brokers 和 Topic 都使用 Java 环境变量进行注入。

具体的代码如下：

```
/**
 * @author caoyixiong
 */
public class KafkaClient {
    private static final ILog logger = LogManager.getLogger(KafkaClient.
        class);
    private Gson gson = new Gson();
    private Producer<String, byte[]> producer;
    private String brokers;
    private String topic;

    public KafkaClient() {
        // 通过环境变量获取brokers和topic参数信息
        brokers = System.getProperties().getProperty("skyWalkingKafkaBrokers");
        topic = System.getProperties().getProperty("skyWalkingKafkaTopic");
        if (StringUtil.isEmpty(brokers)) {
            throw new RuntimeException("load kafka upload trace plugin, but kafka
                brokers is null");
        }
        if (StringUtil.isEmpty(topic)) {
            throw new RuntimeException("load kafka upload trace plugin, but kafka
                topic is null");
        }
        logger.info("skyWalkingKafkaBrokers is " + brokers);
        logger.info("skyWalkingKafkaTopic is " + topic);
        // 初始化Kafka Producer实例
        Properties properties = new Properties();
        properties.put(CommonClientConfigs.BOOTSTRAP_SERVERS_CONFIG, brokers);
        properties.put(ProducerConfig.RETRIES_CONFIG, 3);
        properties.put(ProducerConfig.BATCH_SIZE_CONFIG, 16 * 1024);
        properties.put(ProducerConfig.LINGER_MS_CONFIG, 5);
        properties.put(ProducerConfig.BUFFER_MEMORY_CONFIG, 32 * 1024 * 1024);
        properties.put(ProducerConfig.MAX_REQUEST_SIZE_CONFIG, 10 * 1024 * 1024);
        properties.put(ProducerConfig.COMPRESSION_TYPE_CONFIG, "lz4");
        properties.put(ProducerConfig.KEY_SERIALIZER_CLASS_CONFIG,
            StringSerializer.class.getName());
        properties.put(ProducerConfig.VALUE_SERIALIZER_CLASS_CONFIG,
            ByteArraySerializer.class.getName());
        Thread.currentThread().setContextClassLoader(null);
        producer = new KafkaProducer<String, byte[]>(properties);
```

```
    }

    // 发送 Kafka 消息
    public void send(UpstreamSegment upstreamSegment) {
        producer.send(new ProducerRecord<String, byte[]>(
            this.topic,
            upstreamSegment.toByteArray()),
            new KafkaCallBack(upstreamSegment));
    }

    public void close() {
        producer.close();
    }
    // Kafka 发送的回调函数
    class KafkaCallBack implements Callback {
        private final UpstreamSegment upstreamSegment;

        public KafkaCallBack(UpstreamSegment upstreamSegment) {
            this.upstreamSegment = upstreamSegment;
        }

        @Override
        public void onCompletion(RecordMetadata metadata, Exception exception) {
            if (exception == null) {
                // send success
                logger.error("trace segment send success");
            } else {
                logger.error("trace segment send failure");
            }
        }
    }
}
```

2）新增 SkyWalking 的 Kafka 数据上报类。此类继承自 TraceSegmentServiceClient，被 @OverrideImplementor(TraceSegmentServiceClient.class) 注解，并在 resources/META-INF/services 目录下添加 SPI 的实现声明。

根据 11.2.2 节的分析，需要完成这件事情：

1）完成上一步骤中的 KafkaClient 实例化；

2）完成 DataCarrier 的实例化；

3）将当前对象增加到 TracingContext.ListenerManager 之中，这样 SkyWalking 探针

才能在收集完 Trace 数据之后，将 Trace 数据传递进来；

4）在上一步骤中 Trace 数据传递进来之后，转写入内存队列 DataCarrier 之中；

5） 在 org.apache.skywalking.apm.commons.datacarrier.consumer.IConsumer.consmuer(List<T>) 中完成将 Trace 数据通过 Kafka 发送至后端的操作；

6）在对象销毁的时候，将当前对象移出 TracingContext.ListenerManager，并关闭 DataCarrier 和 KafkaClient。

具体代码如下：

```
/**
 * @author caoyixiong
 * @Date: 2019/9/22
 */
@OverrideImplementor(TraceSegmentServiceClient.class)
public class TraceSegmentKafkaServiceClient extends TraceSegmentServiceClient {
    private static final ILog logger = LogManager.getLogger(TraceSegmentServic
        eClient.class);
    private volatile DataCarrier<TraceSegment> carrier;
    private KafkaClient kafkaClient;
    @Override
    public void prepare() throws Throwable {
    }
    @Override
    public void boot() throws Throwable {
        kafkaClient = new KafkaClient();  // 初始化 KafkaClient
        carrier = new DataCarrier<TraceSegment>(CHANNEL_SIZE,
            BUFFER_SIZE); // 初始化 DataCarrier
        carrier.setBufferStrategy(BufferStrategy.IF_POSSIBLE);
        carrier.consume(this, 1);
    }
    @Override
    public void onComplete() throws Throwable {
        // 将此对象加入到 TracingContext 的回调之中，当 Trace 数据收集完之后，
        // 回调下面的 afterFinished 方法
        TracingContext.ListenerManager.add(this);
    }

    @Override
    public void shutdown() throws Throwable {
        TracingContext.ListenerManager.remove(this);
        carrier.shutdownConsumers();
```

```
            kafkaClient.close();
        }
        @Override
        public void init() {
        }
        @Override
        public void consume(List<TraceSegment> data) {  // 消费 Trace 数据
            try {
                for (TraceSegment segment : data) {
                    UpstreamSegment upstreamSegment = segment.transform();
                    kafkaClient.send(upstreamSegment);  // 将数据发送至 Kafka
                }
            } catch (Throwable t) {
                logger.error(t, "Transform and send UpstreamSegment to collector
                    fail.");
            }
        }
        @Override
        public void onError(List<TraceSegment> data, Throwable t) {

        }
        @Override
        public void onExit() {
        }
        @Override
        public void afterFinished(TraceSegment traceSegment) {
            if (traceSegment.isIgnore()) {
                return;
            }
            if (!carrier.produce(traceSegment)) {
                if (logger.isDebugEnable()) {
                    logger.debug("One trace segment has been abandoned, cause by
                        buffer is full.");
                }
            }
        }
    }
```

### 2. Backend 接收端

新扩展的 Kafka 的接收端总体与 SkyWalking 的 gRPC 的接收端大同小异。主要实现包含如下 7 步。

1）实现 Kafka 的 Consumer 端，定时从 KafkaServer 拉取消息，并由对应的 Kafka

Handler进行消费。

```
/**
 * @author caoyixiong
 */
public class KafkaServer {
    private static final Logger logger = LoggerFactory.getLogger(KafkaServer.
        class);
    private final String brokers;
    private final String topic;
    private CopyOnWriteArrayList<KafkaHandler> kafkaHandlers = new CopyOnWrite
        ArrayList<>();
    private Consumer<String, byte[]> consumer;

    public KafkaServer(String brokers, String topic) {
        this.brokers = brokers;
        this.topic = topic;
        initialize();
    }
    // 添加消费消息的Handler
    public void addHandler(KafkaHandler kafkaHandler) {
        kafkaHandlers.add(kafkaHandler);
    }
    // 初始化Kafka Consumer
    private void initialize() {
        Properties props = new Properties();
        props.put("bootstrap.servers", brokers);
        props.put("group.id", "sw_group");
        props.put("enable.auto.commit", "true");
        props.put("auto.commit.interval.ms", 1000);
        props.put("session.timeout.ms", 120000);
        props.put("max.poll.interval.ms", 600000);
        props.put("max.poll.records", 100);
        props.put("key.deserializer",
            "org.apache.kafka.common.serialization.StringDeserializer");
        props.put("value.deserializer",
            "org.apache.kafka.common.serialization.ByteArrayDeserializer");
        consumer = new KafkaConsumer<String, byte[]>(props);
        consumer.subscribe(Collections.singletonList(topic));
    }
    // 开始进行消费消息
    public void start() {
        new Thread(new Runnable() {
            @Override
```

```
            public void run() {
                while (true) {
                    ConsumerRecords<String, byte[]> records =
                        consumer.poll(1000);
                    logger.info("获取的 kafka 消息: " + records.count());
                    for (KafkaHandler kafkaHandler : kafkaHandlers) {
                        kafkaHandler.doConsumer(records);
                    }
                }
            }
        }).start();
    }
}
```

2）新增 KafkaUploadTraceServiceModuleConfig 来维护 Kafka 的 Brokers 和 Topic 参数。

```
/**
 * @author caoyixiong
 */
class KafkaUploadTraceServiceModuleConfig extends TraceServiceModuleConfig {
    private String kafkaBrokers;
    private String topic;
    ...
}
```

3）新增 KafkaUploadTraceModule，并设置 ModuleName 为 kafka-upload-trace。

```
/**
 * @author caoyixiong
 */
public class KafkaUploadTraceModule extends ModuleDefine {
    public static final String NAME = "kafka-upload-trace";
    public KafkaUploadTraceModule() {
        super(NAME);
    }
    @Override
    public Class[] services() {
        return new Class[]{ISegmentParserService.class};
    }
}
```

4）新增 TraceSegmentReportKafkaServiceHandler 用来进行 Trace 数据的消费。

```
/**
 * @author caoyixiong
 */
public class TraceSegmentReportKafkaServiceHandler implements KafkaHandler {
    // 在 11.2.2 节中介绍过，此为 SkyWalking Trace 数据的计算入口
    private final SegmentParseV2.Producer segmentProducer;
    public TraceSegmentReportKafkaServiceHandler(
            SegmentParseV2.Producer segmentProducer, ModuleManager
            moduleManager) {
        this.segmentProducer = segmentProducer;
    }

    @Override
    public void doConsumer(ConsumerRecords<String, byte[]> records) {
        // 进行循环消费消息
        for (ConsumerRecord<String, byte[]> record : records) {
            HistogramMetrics.Timer timer = histogram.createTimer();
            try {
                segmentProducer.send(UpstreamSegment.parseFrom(
                                        record.value()),
                                        SegmentSource.Agent);
            } catch (InvalidProtocolBufferException e) {
                logger.error(e.getMessage(), e);
            } finally {
                timer.finish();
            }
        }
    }
}
```

5）新增继承自 TraceModuleProvider 的 KafkaUploadTraceModuleProvider，并将其 Module-Config 设置为 KafkaUploadTraceServiceModuleConfig，ModuleDefine 设置为 KafkaUploadTraceModule，其实现方法基本与 TraceModuleProvider 相同，区别在于 start() 方法中需要启动步骤 1 的 KafkaConsumer Server 和消费消息的 TraceSegmentReport-KafkaServiceHandler。

```
/**
 * @author caoyixiong
 */
public class KafkaUploadTraceModuleProvider extends TraceModuleProvider {

    private final KafkaUploadTraceServiceModuleConfig moduleConfig;
```

```
    ...

    public KafkaUploadTraceModuleProvider() {
        this.moduleConfig = new KafkaUploadTraceServiceModuleConfig();
    }

    @Override public Class<? extends ModuleDefine> module() {
        return KafkaUploadTraceModule.class;
    }

    @Override public ModuleConfig createConfigBeanIfAbsent() {
        return moduleConfig;
    }

    ...

    @Override public void start() throws ModuleStartException {
        // 初始化 Kafka Service
        KafkaServer kafkaServer = new KafkaServer(
            moduleConfig.getKafkaBrokers(),
            moduleConfig.getTopic());
        // 初始化消费 Kafka 消息的 Handler
        TraceSegmentReportKafkaServiceHandler handler =
        new TraceSegmentReportKafkaServiceHandler(segmentProducerV2,
            getManager());
        kafkaServer.addHandler(handler);
        // 开始消费 Kafka 消息
        kafkaServer.start();
    }
    ...
}
```

6）在 resources/META-INF/services 目录下增加 ModuleDefine 和 ModuleProvider 的 SPI 声明。

7）在后端的 application.yml 配置中增加以下代码即可启用扩展。

```
kafka-upload-trace:
  default:
    kafkaBrokers: 127.0.0.1:9092  // Kafka Brokers 地址
    topic: test                   // 对应的 Topic
    // 余下的参数作用均和 SkyWalking 默认的 receiver-trace 中的参数配置相同
    bufferPath: ${SW_RECEIVER_BUFFER_PATH:../trace-buffer/}  # Path to trace
      buffer files, suggest to use absolute path
```

```
bufferOffsetMaxFileSize: ${SW_RECEIVER_BUFFER_OFFSET_MAX_FILE_SIZE:100} #
  Unit is MB
bufferDataMaxFileSize: ${SW_RECEIVER_BUFFER_DATA_MAX_FILE_SIZE:500} # Unit
  is MB
bufferFileCleanWhenRestart: ${SW_RECEIVER_BUFFER_FILE_CLEAN_WHEN_
  RESTART:false}
sampleRate: ${SW_TRACE_SAMPLE_RATE:10000} # The sample rate precision is
  1/10000. 10000 means 100% sample in default.
slowDBAccessThreshold: ${SW_SLOW_DB_THRESHOLD:default:200,mongodb:100} #
  The slow database access thresholds. Unit ms.
```

## 11.4 本章小结

本章主要介绍了 SkyWalking 中探针与后端的注册通信、探针与后端的数据上报通信的基本原理，以及如何根据 SkyWalking 预置的扩展方式来扩展其他通信方式，读者也可以根据本章内容自行扩展其他通信方式。

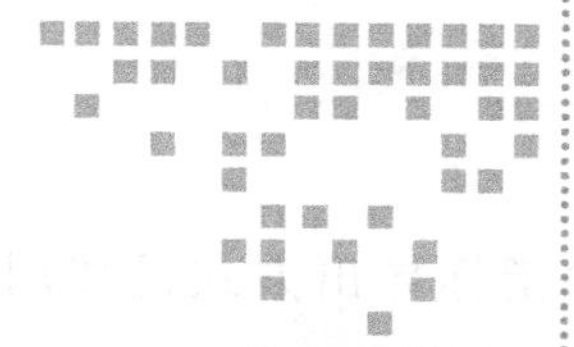

第12章 Chapter 12

# SkyWalking OAP Server 监控与指标

SkyWalking 作为应用性能观测工具，本身具有较强的自运维能力。为了维持无人值守时长期运行的稳定性，设计之初的以下特性均直接或间接实现了该目的。

- ❑ 存储模块有生命周期设置，可以定时清理过期数据，省去运维人员定时清理的烦恼。
- ❑ 自带高可用集群，有效应对集群不可用的情况。
- ❑ 各主要组件带有文件缓存功能。当集群暂时不可用时，可以缓存数据，待集群恢复后再重新处理。

虽具备上述特性，但 SkyWalking 一旦被部署在生产环境中，依然会面临以下挑战：

- ❑ Agent 数据发送滞留；
- ❑ 数据写入延迟；
- ❑ OAP 所在节点资源紧张，导致进程卡顿；
- ❑ 后台存储相关问题。

同时，对于生产系统，一般企业需要提供告警能力。虽然其 SLO 很可能低于一类生产系统，但还是需要对生产级 SkyWalking 设置相应的告警指标。

针对以上情况，SkyWalking 后端分析服务 OAP 的 Telemetry 模块被用来管理监控指标的暴露：

```
telemetry:
none:
```

首选的指标导出方式是使用Prometheus，使用下面的配置就可以开启OAP的Prometheus指标导出端点：

```
telemetry:
prometheus:
```

该端点默认暴露在http://0.0.0.0:1234/或http://0.0.0.0:1234/metric上，使用上述端点来配置Prometheus服务的抓取规则。

如果想要改变监听地址和端口，例如要将监听地址改为127.0.0.1:1534，配置如下：

```
telemetry:
prometheus:
host: 127.0.0.1
port: 1534
```

Prometheus抓取数据后，可以在Grafana中查看指标。SkyWalking提供了两种Grafana模板：Trace模板和Service Mesh模板。用户可针对自身场景选择其一或组合使用二者进行监控，更可以以这两种模板为基础进行自定义开发。

## 12.1 针对Trace场景的监控指标

Trace模板的地址为https://github.com/apache/skywalking/blob/v6.6.0/docs/en/setup/backend/telemetry/trace-mode-grafana.json。

如图12-1所示为Trace模板安装后的效果。

Trace场景的监控指标解读如下。

（1）进程性能指标

如图12-2所示，该类指标包括进程数量（instances number）、CPU、Java虚拟机垃圾回收时间（GC Time）和虚拟机内存（Memory）。

后三者主要反映了单个进程的情况。SkyWalking在处理大量Trace数据时，需要消耗较高的资源，同时某种资源受到限制也会反过来影响其他指标。例如，内存过小会造成 GC 升高，最终导致 CPU 资源消耗过大。用户或运维人员应监控这些指标，为 SkyWalking 配置合理的资源。

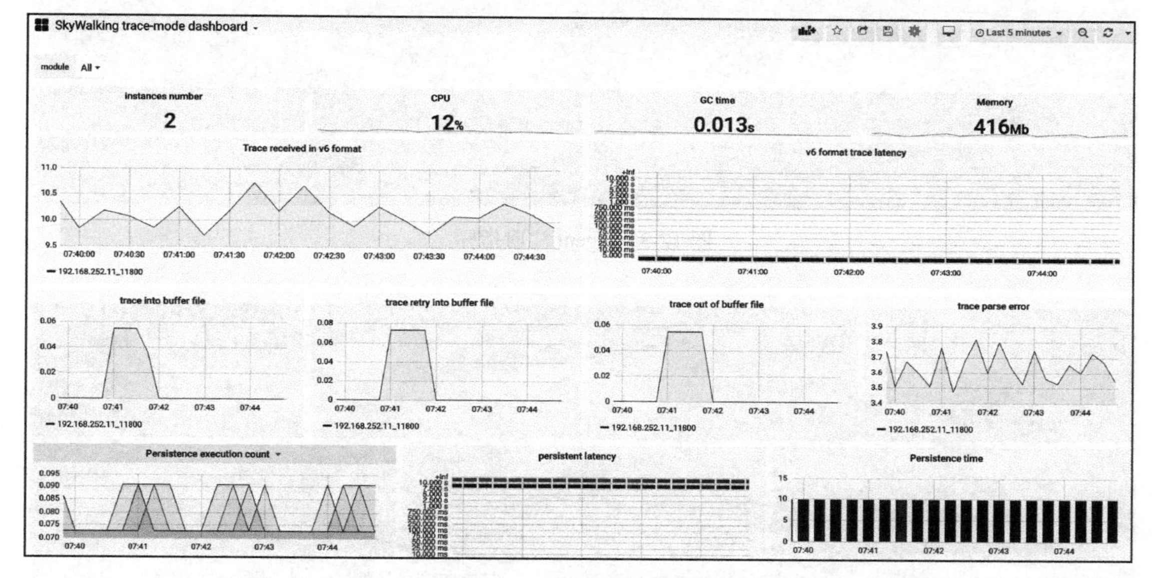


图 12-1　Trace 场景监控指标

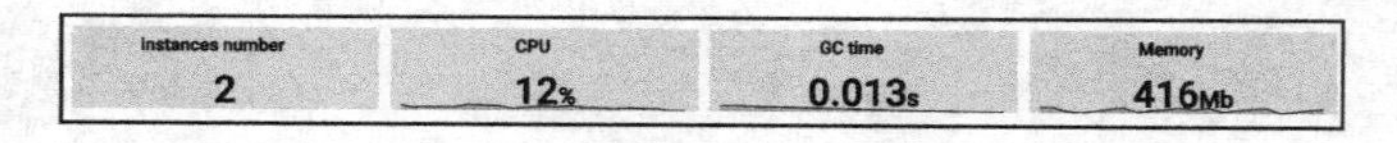


图 12-2　进程性能指标

进程数量是针对集群场景设计的，如果其值小于最小集群数量，应进行报警。原因是过小的集群无法应对很大的流量，会导致系统整体的雪崩效应。

（2）Agent 注册指标

Agent 注册时关键指标如图 12-3 所示，“register worker latency-”之后连接模块名称。模块有 Service、Network、Service_Instance 和 Endpoint。如果发现某个服务在应该存在的时间区间内无法查询出来，可以观察该指标。

（3）数据接收指标

如图 12-4 所示，数据接收指标包括写缓存延迟、重写缓存比例、出缓存数量、Trace 数据处理失败数量等。数据接收时会根据后台处理情况，将数据写入文件缓存，减小内存的压力。但是如果文件系统存在故障，会导致数据无法接收。所以有许多针对文件写入和读取的接收指标，帮助用户定位相关问题。

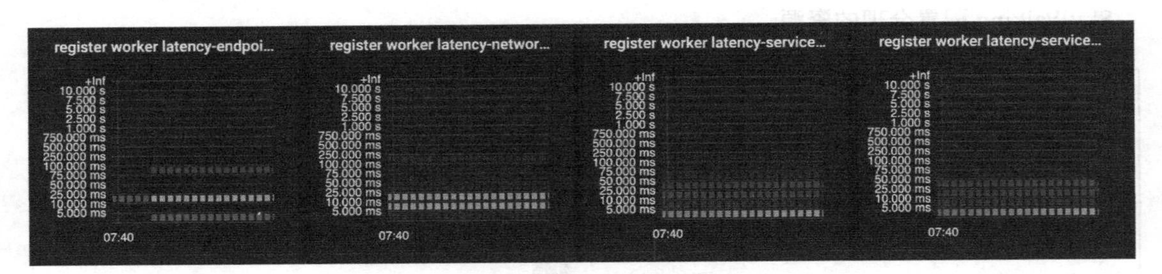


图 12-3　Agent 注册指标

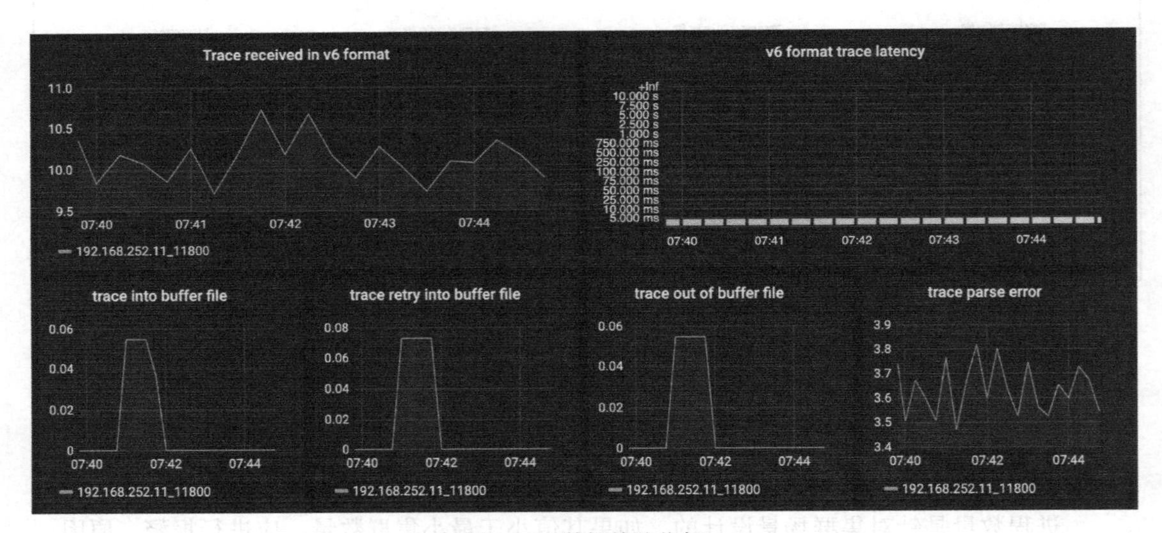


图 12-4　数据接收指标

（4）分析聚合指标

聚合计算是将分散的指标进行合并计算的过程，同时伴有下采样（Downsampling）过程，即将默认的分钟指标聚合为更高维度的小时、天和月指标。

聚合只有一个指标，如图 12-5 所示，但其标签会根据上述维度产生很多独立的监控指标。用户应首先处理关键性能问题，或根据配置的监控指标进行处理。

（5）存储指标

SkyWalking 采用批量存储，每隔几秒钟进行一次刷盘操作，如图 12-6 所示。故监控指标集中展示了刷盘 Timer 的执行数量、执行延迟等情况。如果刷盘效率较低，应结合进程性能指标进一步判断是 OAP 的问题还是后台存储的问题。

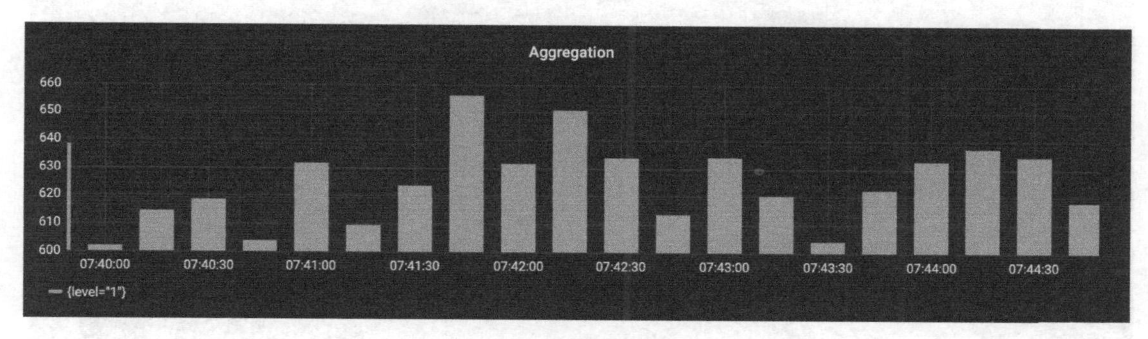


图 12-5　聚合分析指标

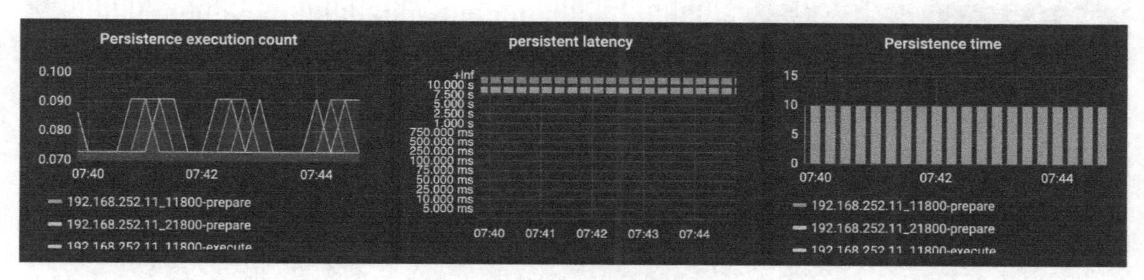


图 12-6　存储指标

## 12.2　针对 Service Mesh 场景的监控指标

Service Mesh 模板地址如下：https://github.com/apache/skywalking/blob/v6.6.0/docs/en/setup/backend/telemetry/mesh-mode-grafana.json。

安装后效果如图 12-7 所示。

Service Mesh 指标与 Trace 指标分类相同，但是指标的名称有差异，具体体现在数据接收指标上。Trace 页面该指标反映的是接收追踪数据的情况，相应地，Service Mesh 反映的是接收 Service Mesh 数据量的情况。（具体含义参见 12.1 节。）

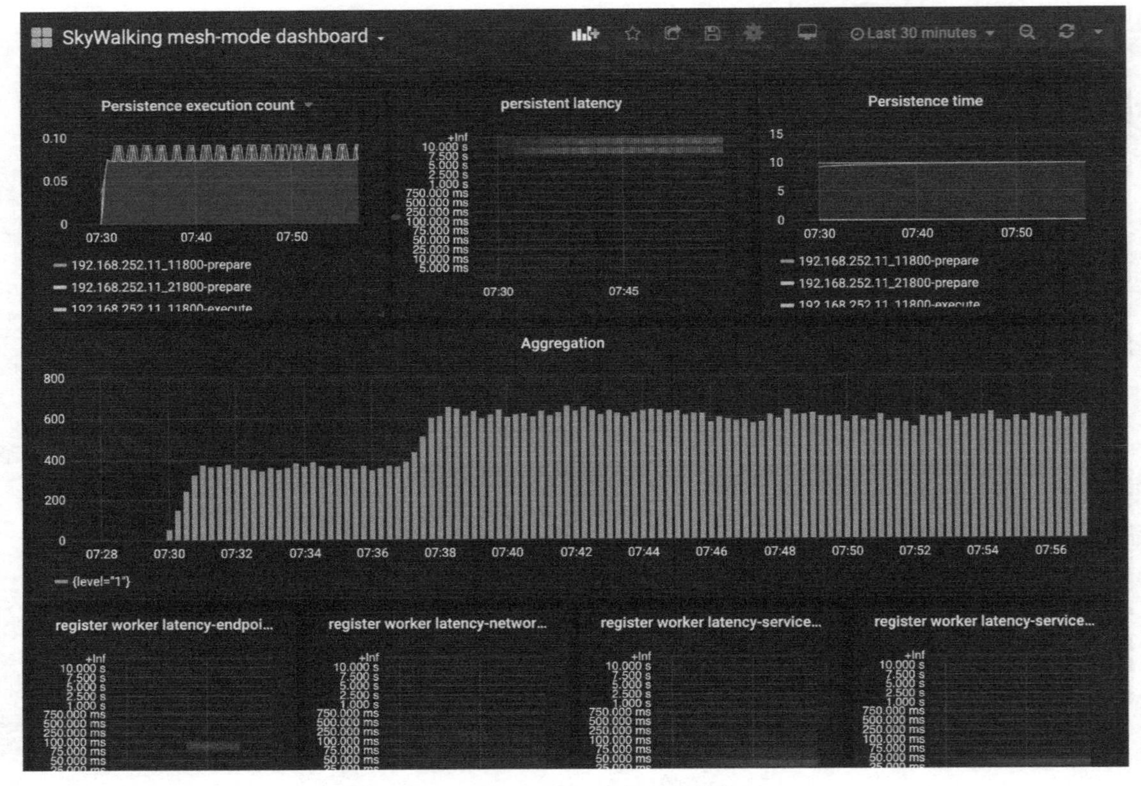


图 12-7 Service Mesh 场景监控指标

## 12.3 自监控

SkyWalking作为监控类系统能否监控自己的运行状态呢？答案是肯定的，SkyWalking提供了另一种自监控能力：

```
receiver-so11y:
default:
telemetry:
so11y:
```

它比Prometheus多了一个接收器，用以采集Prometheus端口的监控指标，并转换为SkyWalking的指标，即SkyWalking自监控是依赖于Prometheus模块的。

由此可见，SkyWalking针对自身进程的监控指标与其监控微服务应用的指标有很大差别。微服务应用关心的是服务调用的质量，而 SkyWalking 作为数据处理平台，除了调用还有很多与数据处理及存储相关的指标，导致 SkyWalking 自己的模型很难适应监控本身，故默认为基于 Prometheus 的实现模式。

在生产系统中，用户除了监控 OAP 的性能还要监控后台的存储。SkyWalking 产生的一系列数据不仅会最终写入这些存储里，而且在其运行期间会对存储进行大量的查询操作，因此用户应根据存储特点，设置适宜的监控体系来进行可用性管理。

## 12.4 本章小结

本章我们学习了 SkyWalking OAP Server 针对 Trace 和 Service Mesh 场景的自监控。并使用 Prometheus+Grafana 的组合来实现监控指标的搜集和可视化展示。不断调整参数，设计更为合适的监控体系是我们始终需要关注的重要问题之一。通过本章的学习，读者不仅可以了解到如何监控 OAP Server 的运行状态，也可以了解到影响其运行的关键组件以及它们之间的交互方式，从而为更好地运维 OAP Server 打下坚实的基础。

Chapter 13 第 13 章

# 下一代监控体系——SkyWalking 观测 Service Mesh

1.4.3 节简单介绍了 Service Mesh 的相关背景知识，本章将为读者介绍 SkyWalking 是如何观测 Service Mesh 的。

Service Mesh 的监控往往被称为可观测性（Observability），其内涵是要超越传统的监控体系的。它一般包括监控、告警、可视化、分布式追踪与日志分析。可见可观测性是监控的一个超集。监控认为目标系统是一个“黑盒”，通过观察其关键指标来展现系统状态，并报告异常情况。而可观测性在此基础上增加了“问题定位”的功能，通过可视化、分布式追踪和日志分析功能来提供给用户交互式定位问题的能力。

传统应用的 SRE 只能够通过监控系统发现失败的目标应用，而后由产品工程师来从代码层面最终定位到具体问题。对于维护基于 Service Mesh 的微服务集群，SRE 就需要可观测性赋予的各种综合能力来发现更加具体的问题，这种过程类似于在微服务集群中进行调试操作。

可观测性是 Service Mesh 原生就需要解决的核心问题。由于 Service Mesh 被认为是新一代的基础设施，在其上构建可观测组件将会比在应用中构建更为便捷。同时，随着基础设施的落地与标准的逐步成型，可观测组件将会进行稳定的演进，而不会随着应用技术栈的变迁而推倒重来。基于以上原因，作用于 Service Mesh 之上的可观测性将会有更强的生命力与更大的商业潜力。

本章首先介绍 SkyWalking 的可观测性模型，然后以 Istio 和 Envoy 为例来介绍 SkyWalking 对它们的观测手段和未来技术的演进趋势。

## 13.1　SkyWalking 可观测性模型

### 13.1.1　监控指标

SkyWalking 主要使用“黑盒”追踪模型来生成 Service Mesh 的监控指标。与经典“黑盒”算法不同，SkyWalking 并不会使用回归模型生成单条 Trace 数据，而是直接使用分析引擎构建监控指标和拓扑图。

如图 13-1 所示，SkyWalking 从 Service Mesh 数据平面获取到图中被标记为奇数的请求数据（1，3，5，7，9，11）。传统的“黑盒”算法会尝试还原被标记为偶数的链路，从而形成完整的调用链。而 SkyWalking 会直接进行汇总统计，计算出两节点之间的监控指标，再使用这些成对的数据构建出一段时间内的拓扑图。

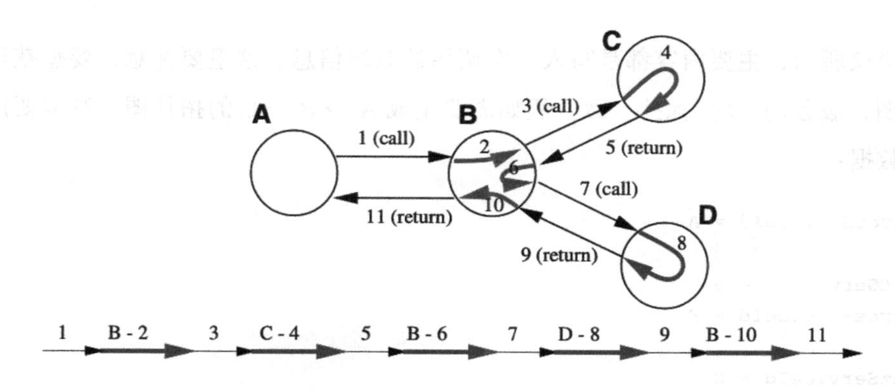


图 13-1　Service Mesh 流量图

故 SkyWalking 在 Service Mesh 模式下，Trace 功能是缺失的，而其他功能是完好的。这是在效率和功能完整性之间的平衡。当然，如果希望使用 Trace 功能，可以通过另外一套SkyWalking集群实现。

通用Service Mesh的协议保存在https://github.com/apache/skywalking-data-collect-protocol/blob/v6.6.0/service-mesh-probe/service-mesh.proto。目前SkyWalking仅仅支持Istio，如果用户希望支持其他的Service Mesh平台，可以使用该协议向SkyWalking写入监控数据。

让我们看一下协议的核心内容：

```
message ServiceMeshMetric {
    int64 startTime = 1;
    int64 endTime = 2;
    string sourceServiceName = 3;
    int32 sourceServiceId = 4;
    string sourceServiceInstance = 5;
    int32 sourceServiceInstanceId = 6;
    string destServiceName = 7;
    int32 destServiceId = 8;
    string destServiceInstance = 9;
    int32 destServiceInstanceId = 10;
    string endpoint = 11;
    int32 latency = 12;
    int32 responseCode = 13;
    bool status = 14;
    Protocol protocol = 15;
    DetectPoint detectPoint = 16;
}
```

如协议所示，主要内容都是写入一次调用的双端信息。这里要注意，要想获得正确的拓扑图，服务的ID要保持一致。假如需要生成A→B→C的拓扑图，则需要产生如下两条数据：

```
sourceServiceId = A
...
destServiceId = B
sourceServiceId = B
...
destServiceId = C
```

### 13.1.2 告警与可视化

Service Mesh的监控指标与分布式追踪的指标是使用统一的引擎聚合计算的，故其告警体系完全可以复用。这里唯一需要注意的是维度的映射。

以 Kubernetes 环境为例，其内置资源非常丰富，到底用什么资源来映射到 SkyWalking 的 Service 呢？这里选择范围是很广泛的，Deployment、Service、Statefulset 看起来都可以，甚至一些 Custom Resource 也是可以的。这就需要使用者进行相关的设计，根据自己系统的状况来将特定的目标进行映射。目前官方的做法是使用 Statefulset 来映射到 Service，因为它可以指向多种二级资源，监控性非常好。如果用户有定制化需求，也可以自行添加。

可视化与告警类似，只要维度定义得当，监控指标和拓扑图就会依照维度进行完美展示。

### 13.1.3　分布式追踪和日志

通过前面的学习，读者应该理解了分布式追踪的基本原理。从理论上讲，Service Mesh 并不能给追踪带来任何变化。由于 Service Mesh 仅仅控制了流量的入口和出口，仅仅在 proxy 和 sidecar 上增加追踪上下文的注入并不能将整个上下文在集群内传播，所以服务本身需要被注入追踪上下文。

可能有读者会认为，既然如此，那么就不要在 Service Mesh 组件内增加传播模块了，还能减少额外的消耗而不影响追踪链路。需要说明的是，追踪标记点越多，其实越能更好地理解系统状态，帮助定位问题。

这里举一个例子来说明在 Service Mesh 组件上增加追踪能力的作用。一个服务如果响应超时，传统上我们是不能区分是网络问题还是服务本身的问题的。但是有了 Service Mesh 的 inbound agent，我们就可以从该 agent 有无数据来判断是哪种问题：如果 inbound 有数据，说明是目标服务的问题；如果 inbound 没有数据，则很可能是网络问题。

对于日志，SkyWalking 从系统设计上并不涵盖日志的搜集和存储，但是部分用户在实践中，会使用 LocalSpan 将业务日志写入其中。同时由于 7.0.0 以后 SkyWalking 会引入业务扩展字段，可以预见未来将会有更多用户将 SkyWalking 作为接收和分析日志的系统。日志、分布式追踪与监控指标的结合也是 SkyWalking 后端分析的发展目标。

## 13.2 观测 Istio 的监控指标

SkyWalking 主要是接受 Istio 的监控指标来进行聚合分析。由于 Istio 并不支持 SkyWalking 的追踪上下文传播的功能，故这部分不在讨论范围内。现在让我们讨论一下 SkyWalking 与 Istio 的两种集成模式。

### 13.2.1 Mixer 模式集成

除了网络流量控制服务以外，Istio 同时提供了对 Telemetry 数据集成的功能。Telemetry 组件主要通过 Mixer 进行集成，如图 13-2 所示，而这恰恰就是 SkyWalking 首先与 Istio 集成的点。早期 Istio 可以进行进程内的集成，即将集成代码添加到其源码进行变异，以达到最高性能。后来 Istio 为了降低系统的集成复杂性，将该功能演变为进程外的适配器。目前 SkyWalking 就是采用这种进程外适配器进行集成的。

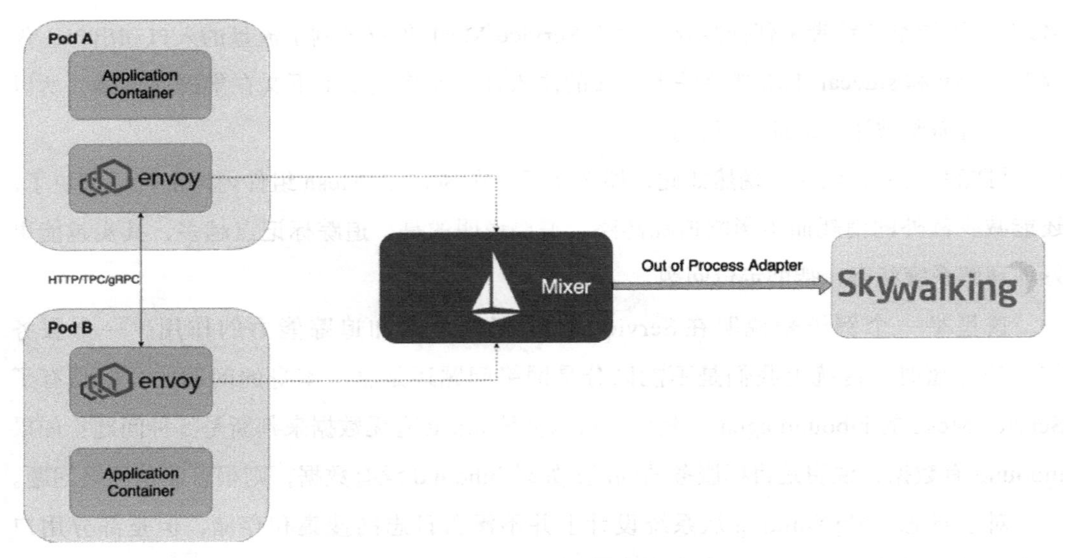


图 13-2 SkyWalking 集成 Mixer

未来 Mixer 2.0 版本将会采用 Envoy 的 WASM 系统模型进行构建，Mixer 插件将可以二进制形式被 Envoy 进行动态的变异加载。SkyWalking 社区会跟进该模式，以实现新的适配器模型。

集成后，我们就可以看到如图 13-3 和图 13-4 中所示的监控指标页面和服务拓扑图了。

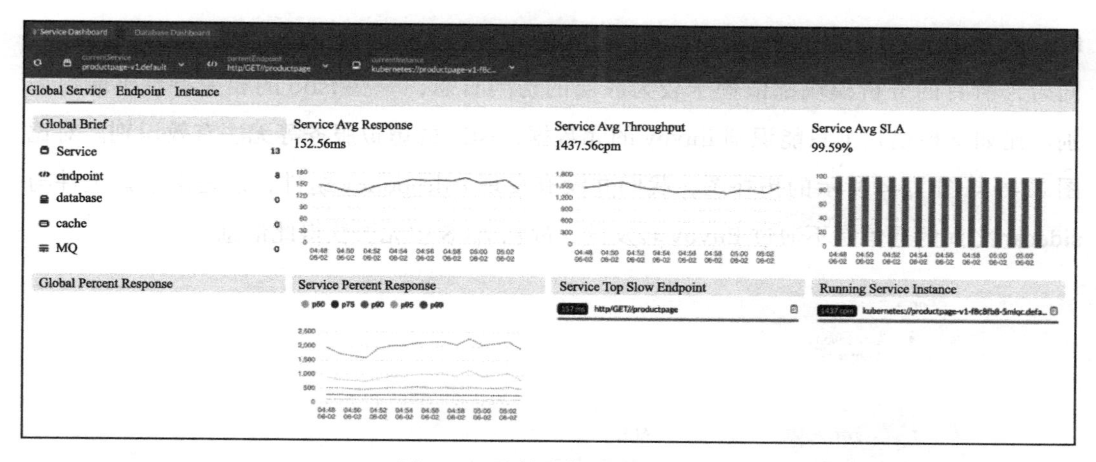


图 13-3　监控指标 Dashboard

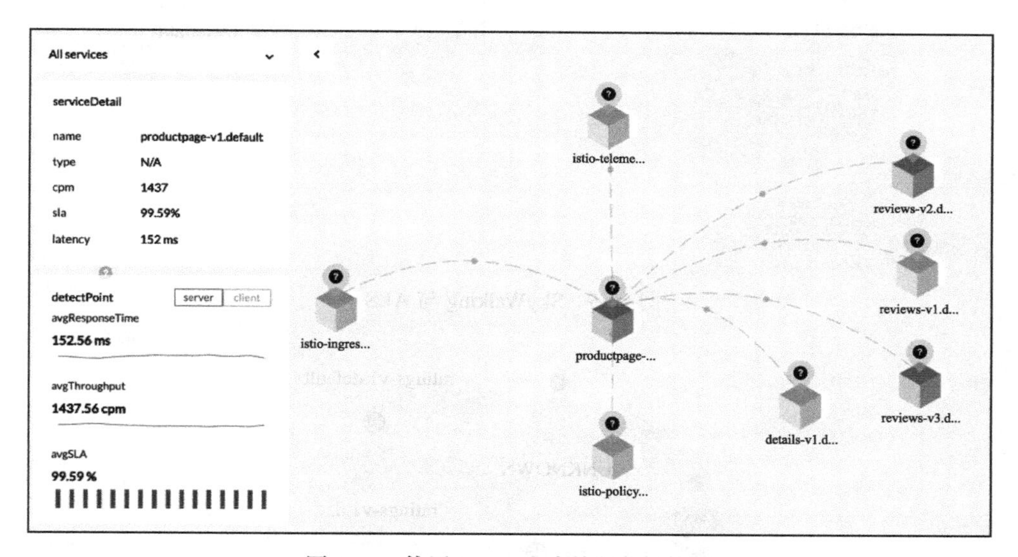


图 13-4　使用 Mixer 生成的服务拓扑图

## 13.2.2　ALS 模式集成

除了进行 Mixer 的集成以外，SkyWalking 同时可以与 Envoy 的 ALS（Access Log Service）进行相关的系统集成（见图 13-5），以达到 Mixer 类似的效果。与 Envoy 集成的优势在于，可以非常高效地将访问日志发送给 SkyWalking 的接收器，这样延迟最小。但缺点是目前的ALS发送数据非常多，会潜在影响SkyWalking的处理性能和网络带宽；同时，所有的分析模块都依赖于较为底层的访问日志，一些Istio的相关特性不能被识别。比如这种模式下只能识别Envoy的元数据，Istio的虚拟服务等无法有效识别。对比图13-6与图13-4所示的拓扑图，我们并没有发现istio-policy组件，这是由于该组件与sidecar之间的通信是不通过Envoy转发的，故从ALS中无法获得此信息。

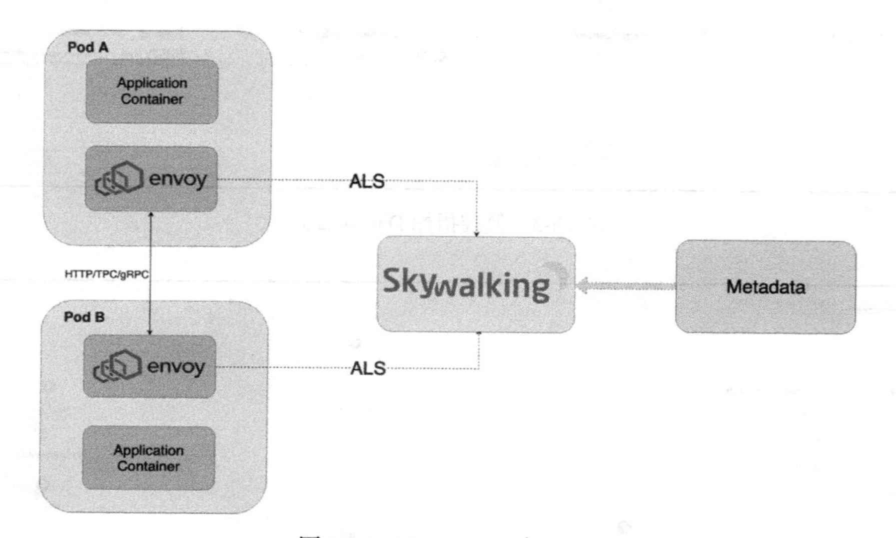


图13-5 SkyWalking与ALS

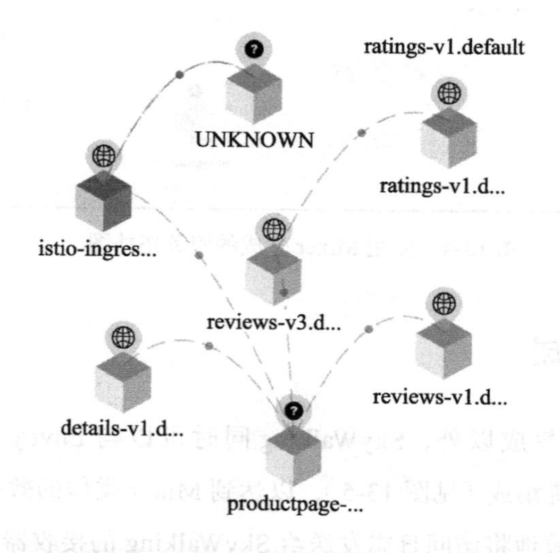


图13-6 使用ALS生成的服务拓扑图

## 13.3 观测 Istio 的技术发展

目前 Istio 和 SkyWalking 都处于高速发展之中。Istio 对于可观测的演进主要有以下几个方面。

- Mixer 被移除。Mixer 由于其性能问题将被移除，13.2 节介绍的第一种集成模式很快会成为历史。
- Envoy WASM 将会替代 Mixer 成为可观测的主力。

未来，SkyWalking 将会深度与 Envoy WASM 技术结合，它会带来如下好处。

- 开发灵活。WASM 技术类似 Nginx 的 LuaJIT，依靠 C++ 与 Rust 语言，可以获得很好的灵活性。
- 性能优良。由于 WASM 代码会被编译到 Envoy 内部，其性能有很好的保证。
- 功能丰富。根据不能的场景，可以提供不同的插件组合，组合出更丰富的功能。

基于以上的特点，SkyWalking 对于 Envoy 和 Istio 可能有以下演进方向的影响。

- 使 Envoy 和 Istio 支持 SkyWalking 专用的追踪传播协议。
- 精细控制 Envoy 发送到 OAP 的数据粒度，目前 ALS 模式传入的数据过于繁杂，且不能裁剪，使用 WASM 插件后希望可以进行更细的控制。
- 支持更多的控制平面。由于使用 Envoy 作为数据平面的 Service Mesh 系统已经有一定规模，使用 WASM 模式可以避免与特定控制平面绑定，从而支持更多的系统。

## 13.4 本章小结

本章介绍了 SkyWalking 对 Service Mesh 的监控模型，并重点阐述了其与 Istio 的集成。通过本章，读者会对 SkyWalking 观测 Service Mesh 场景有深入的了解，并从中窥探该方向未来的发展路径。

Chapter 14 第 14 章

# SkyWalking 未来初探

SkyWalking 7 是项目在 2020 年发布的最新版本，该版本对之前的 v6 版本保持着高度的兼容性、相同的内核及设计模式，因此读者不用担心之前学习的内容发生大的变化。当然，作为一个全新的版本，SkyWalking 7 也有很多独特的地方。

## 14.1 SkyWalking 7 新特性

SkyWalking 7 保持着高速的持续迭代，我们无法罗列所有的升级，因为截至撰写本书时，已经有超过百项的修改。下面重点介绍一些对用户有深刻影响的新特性。

### 14.1.1 Java 探针不再支持 JDK 1.6 和 1.7

由于大部分商业和开源 JDK 以及 Java 类库已经放弃了对 JDK 1.8 以下版本的支持，SkyWalking 社区在 2019 年年底做完问卷调查后得出结论，放弃支持，以保证 SkyWalking 依赖库的安全和稳定。

对于极少部分的 JDK 1.6、1.7 用户，可以使用 SkyWalking 6.x 的探针，SkyWalking 7 依然支持它们上报的数据。

### 14.1.2 支持新的生产级存储实现

SkyWalking v6 中，我们一直支持 H2、MySQL、TiDB、Elasticsearch 作为存储实现。其中，H2 主要用于演示和实验，MySQL 适用于小型使用场景，TiDB 由于本身技术较新，使用范围和使用案例的回馈还十分有限。Elasticsearch 6.x 和 7.x 则是当之无愧的超大规模存储部署的首选。SkyWalking 的大型用户使用 Elasticsearch 作为存储，每天收集百亿以上的监控信息。

同时，SkyWalking 社区也在不断寻找其他的可能性。v7 中，我们新加入了两个选项。

- 使用了同在 Apache 社区的 ShardingSphere。它对 MySQL 的水平扩展能力的补充，能够很好地满足中型用户的使用场景。同时，由于 ShardingSphere Proxy 对应用透明的特性，我们不需要修改 SkyWalking 的代码，通过原生提供的路由规则即可以完成集成。
- InfluxDB + MySQL 混合存储方案。InfluxDB 是一款广泛使用的时序数据库。对于监控数据而言，90% 以上的数据具有高度的时序特性。同时，我们依然保持使用 MySQL/H2 作为元数据的存储，这部分无法存在于时序数据库中。对于中型用户与购买了 InfluxDB 企业版本的大型用户，这会在使用成本上比 Elasticsearch 更低。同时，这种实现也给了喜欢 OpenTSDB 存储的用户参考切换新的实现的机会。

### 14.1.3 HTTP 请求参数采集

参数采集，这是一个被问及最多也是争议最大的功能。SkyWalking 团队了解参数值对于性能诊断的重要性，但同时，参与参数造成的巨大性能消耗，对系统可能产生毁灭性的打击。在 v7 中，我们提供了两个需要用户手动打开的参数：

- plugin.tomcat.collect_http_params
- plugin.springmvc.collect_http_params

这两个参数结合 plugin.http.http_params_length_threshold 控制参数值长度，可以对请求的参数进行收集。当然，此时，被监控系统和 SkyWalking 都需要承受不小的负担。在 14.2 节中，我们也会介绍性能剖析这种更经济高效的诊断模式。

### 14.1.4 HTTP 收集协议和 Nginx 监控

Java、PHP、Go、.NET Core、Node.js 一直是最为主要的 SkyWalking 探针支持范围，在 7.0.0 中，我们恢复了在整个 v6 中都不再提供的 HTTP/1.1 网络协议。Nginx + Lua 的探针（https://github.com/apache/skywalking-nginx-lua）在 Apache APISIX 项目的帮助下，也成功和大家见面了。Nginx 作为国内最常用的负载均衡和网关中间件，对其监控的支持很好地弥补了之前的一个功能缺失，也使得调用链追踪和拓扑更为完整和准确。

### 14.1.5 Elasticsearch 存储的进一步优化

Elasticsearch 作为目前运用最为广泛的存储实现，在 6.0~6.3 期间，已经经历了多次重构和优化，目前很好地工作在大量的生产环境中。在 v7 中，我们决心加入更多的监控指标，包括拓扑的细节，甚至其他的监控端，此时 Elasticsearch 索引数量成为新的挑战。从 7.0.0 开始，我们将更多的索引进行了合并，分钟、小时、天指标精度的索引合并成为一个索引，整体的索引数量下降了 50%。同时，因为小时、天指标精度只有分钟精度的 1/60 和 1/1440，索引合并后索引的性能和原始的分钟索引性能几乎没有差异。

这个特性让我们更为放心地扩展更多的监控指标。同时，在这里小小地剧透一下，SkyWalking 一直在探究浏览器监控的可能性和落地方案。这个升级也是为前景更广阔的浏览器监控做好准备。

## 14.2 代码性能剖析

SkyWalking 7 新功能上的核心特性当属性能剖析。它真正做到了在生产环境对单个方法的执行性能进行评估和诊断。而且，它结合 SkyWalking APM 的 Metrics 和分布式追踪能力，能够在高压力、高敏感度的生产环境安全进行性能剖析。

### 14.2.1 性能剖析基本原理

性能剖析建立在大部分程序运行模型是基于线程这种通用概念，而且绝大部分业务逻辑是运行在单线程中的。

代码级性能剖析就是利用方法栈快照，并对方法执行情况进行分析和汇总，对代码执行速度进行估算。

性能剖析激活时，会对指定线程周期性进行线程栈快照，并将所有的快照进行汇总分析，如果两个连续的快照含有同样的方法栈，则说明此栈中的方法大概率在这个时间间隔内都处于执行状态。从而，通过这种连续快照的时间间隔累加成为估算的方法执行时间。时间估算方法如图 14-1 所示。

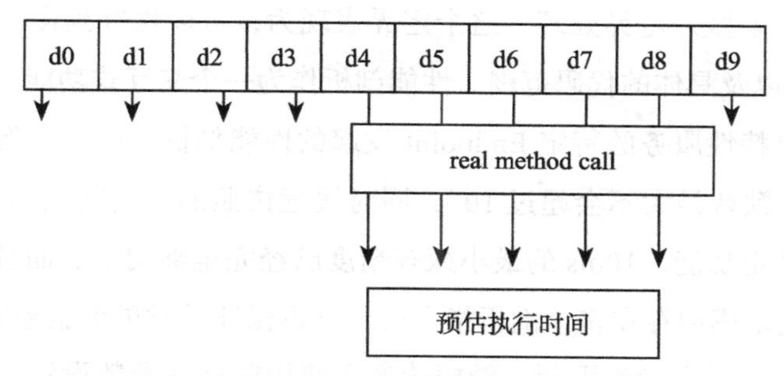


图 14-1　时间估算方法

在图 14-1 中，d0~d9 代表 10 次连续的内存栈快照，实际方法执行时间在 d3~d4 之间，结束时间在 d8~d9 之间。性能剖析无法告诉你方法的准确执行时间，但是它会估算出方法执行时间为 d4~d8 的 4 个快照采集间隔时间之和，这已经是非常精确的时间估算了。

### 14.2.2　性能剖析的功能特点

性能剖析可以很好地对线程的堆栈信息进行监控，主要有以下优势：

- 精确的问题定位，直接到代码方法和代码行；
- 无须反复增删埋点，大大减少人力开发成本；
- 不用承担过多埋点对目标系统和监控系统的压力和性能风险；
- 按需使用，平时对系统无消耗，使用时消耗稳定。

这些优点是传统的监控方法无法具备的强大优势。我们曾经在 InfoQ 中文站发表的文章中也提到过这一点，文章名为“在线代码级性能剖析，补全分布式追踪的最后一块‘短板’”。

### 14.2.3　使用场景

大家看到上一小节的说明，应该很容易理解性能剖析原理，那么，回到读者最常问的问题，它的性能消耗怎么样。因为很多人了解到，线程快照是会消耗大量性能的。但事实上，这取决你在多大范围内进行线程快照。

SkyWalking作为一个强大的APM系统，无论是功能还是性能上，都是完全为生产环境的高质量监控做准备的。在7.0.0之前版本中，通过拓扑图、指标和分布式追踪，能够很好地对性能问题做好定界处理。这个定界表现为，可以探针到慢请求的服务、服务实例、Endpoint，以及具体的代码范围。性能剖析作为一个交互式功能，是在前置的定界操作完成后，针对特性服务的特定Endpoint发起的性能剖析。而且在剖析过程中，并行度受到严格限制（默认最大不会超过10），同时线程快照的时间间隔不能低于10ms。对于针对慢方法的特定功能，10ms的最小探查精度已经完全够用了。而且，性能剖析也是不允许在同一时间范围内存在多个剖析指令的，这也保证了对单个服务的压力可控。

总之，我们设置了大量的限制，希望读者在使用前做好参数设置，确保精确和有效的性能剖析。

另外，从7.1.0开始，性能剖析会自动激活14.1.3节中介绍的参数采集功能，后续可能会激活更多的高级特性，帮助用户结合Trace和剖析结果，确定代码短板。

## 14.3 SkyWalking 8 Roadmap

SkyWalking 8将只会保持探针和后端协议的逻辑一致性，在SkyWalking 3.2发布之后的2年，结束对老版本协议的支持。8.0首次重新规范协议，同时，彻底移除注册、ID交换等元数据信息，使系统运维和升级的便利性得到提高。

## 14.4 本章小结

本章概要介绍了SkyWalking的新特性。项目和社区都在不断发展，关注我们的GitHub仓库https://github.com/apache/skywalking，或者订阅官方开发者邮件列表dev@skywalking.apache.org都是第一时间获取SkyWalking最新动态的好办法。发送邮件到dev-subscribe@skywalking.apache.org并根据回复操作，即可成功订阅官方开发者邮件列表。